理工系の数学入門コース
演習
［新装版］

▼

複素関数演習

JN048556

理工系の
数学入門コース
演習
［新装版］
▼

複素関数演習
COMPLEX ANALYSIS

表　実・迫田誠治
Minoru Omote　Seiji Sakoda

An Introductory Course of
Mathematics for
Science and Engineering

Problems and Solutions

岩波書店

演習のすすめ

この「理工系の数学入門コース/演習」シリーズは，演習によって基礎的計算力を養うとともに，それを通して，理工学で広く用いられる数学の基本概念・手法を的確に把握し理解を深めることを目的としている．

　各巻の構成を説明しよう．各章の始めには，動機づけとしての簡単な内容案内がある．章は節ごとに，次のように構成されている．

(1) 「解説」　各節で扱う内容を簡潔に要約する．重要な概念の導入，定理，公式，記号などの説明をする．

(2) 「例題」　解説に続き，例題と問題がある．例題は基礎的な事柄に対する理解を深めるためにある．精選して詳しい解答(場合によっては別解も)をつけてある．

(3) 「問題」　難問や特殊な問題を避けて，応用の広い基本的，典型的なものを選んである．

(4) 「解答」　各節の問題に対する解答は，すべて巻末にまとめられている．解答はスマートさよりも，基本的手法の適用と理解を重視している．

(5) 　頭を休め肩をほぐすような話題を「コーヒーブレイク」に，また，解法のコツ，計算のテクニック，陥りやすい間違いへの注意などの一言を「Tips」として随所に加えてある．

　本シリーズは「理工系の数学入門コース」(全8巻)の姉妹シリーズである．併用するのがより効果的ではあるが，本シリーズだけでも独立して十分目的を達せられるよう配慮した．

　実際に使える数学を身につけるには，基本的な事柄を勉強するとともに，個々の問題を解く練習がぜひとも必要である．定義や定理を理解したつもりでも，いざ問題を解こうとすると容易ではないことは誰でも経験する．使えない公式をいくら暗記しても，真に理解したとはいえない．基本的概念や定理・公式を使って，自力で問題を解く．一方，問題を解くことによって，基本的概念の理解を深め，定理・公式の威力と適用性を確かめる．このくり返しによって，「生きた数学」が身についていくはずである．実際，数学自身もそのようにして発展した．

　いたずらに多くの問題を解く必要はない．また，程度の高すぎる問題や特別な手法を使う問題が解けないからといって落胆しないでよい．このシリーズでは，内容をよりよく理解し，確かな計算力をつけるのに役立つ比較的容易な演習問題をそろえた．「解答」には，すべての問題に対してくわしい解答を載せてある．これは自習書として用いる読者のためであり，著しく困難な問題はないはずであるから，どうしても解けないときにはじめて「解答」を見るようにしてほしい．

　このシリーズが読者の勉学を助け，理工学各分野で用いられる数学を習得するのに役立つことを念願してやまない．読者からの助言をいただいて，このシリーズにみがきをかけ，ますますよいものにすることができれば，それは著者と編者の大きな喜びである．

　　　1998年8月

編者　戸 田 盛 和
　　　和 達 三 樹

はじめに

本書は,「理工系の数学入門コース」第5巻『複素関数』の演習問題集であり,複素数と複素関数の構造の理解とその取扱い方を習得する手助けのために書かれたものである.

　現在複素数と複素関数は理工学のさまざまな分野で応用されて,重要な役割を果たしている.理論の基礎方程式そのものに虚数が現われる量子力学では,いろいろな物理量の計算に複素数が登場するのは当然のことである.しかし,量子力学だけにとどまらず,理工学のいろいろな分野で微分方程式の解を求める際に,また電磁気学や流体力学などにおける境界値問題を解くにあたって,複素数と複素関数はその威力を十分に発揮している.さらに,いろいろな段階で定積分の値を求める必要がでてくるが,これらの定積分の中には,実関数の範囲ではその値を求めることが困難なものもある.複素関数の基本的な公式である留数定理を応用することによって,これらの定積分の値を計算することが可能になる場合も多い.このため理工系の学生諸君には,複素数と複素関数の取扱いに習熟することが求められる.

　複素関数の場合に限らず,数学や物理学の学習において,数多くの演習問題を解くことがその理解のためにいかに重要であるかについては,これまでも繰り返し指摘されてきたことであるが,ここで改めてその重要性を強調しておき

たい．学習の途中で出会う定理や公式についても，単にそれらの定理や公式が成り立つことを示す証明を理解するだけでなく，それが関係するさまざまな問題を実際に解いてみることによって，定理や公式が成り立つための条件の意味とその重要性を理解できることが多い．そのような過程を経て理解することが，これらの公式の正しい応用につながるのである．

　読者のなかには，虚数および複素数そのものにいまでも心理的な抵抗を感じている人がいるかもしれない．本書の第1章では，複素数の代数的な演算に関する演習問題を載せてある．この章の演習問題を解くことによってその心理的な抵抗感から解放され，複素数と複素平面の取扱いに親しんで頂くと同時に，応用上重要なオイラーの公式を使いこなせるようになることを期待したい．

　複素関数にはそれが1回微分可能であれば，それは高階微分可能であるという複素関数に特有な性質がある．微分可能な複素関数をとくに正則関数とよんでいる．応用上重要な役割を果たすのはこの正則関数であるから，第2章以降では正則関数に関する問題が主役を果たしている．まず第2章では複素関数の微分に関する問題が，第3章では代表的な正則関数である指数関数と三角関数に関する問題が載せられている．第5章からは複素関数の積分を取り扱っている．複素関数の積分は複素平面上の線積分であるから，積分を実行するためには目的に則して適当な積分路を設定しなければならない．一方，積分路があらかじめ与えられている場合には，与えられた積分路を必要に応じて変形することが必要となることもある．積分路の決め方やその変形についての判断には，正則関数に対するコーシーの積分定理が用いられる．また複素関数を取り扱うにあたって，それをテイラー展開またはローラン展開することも有効であるが，これらの展開にはコーシーの積分公式を用いて正則関数を積分表示で表わすことが必要となる．複素関数の積分に関する演習問題は第5章から第7章の各章に載せてある．第8章では境界値問題への等角写像の応用に関する問題が取り上げられている．

　本書の問題は，各節ごとに例題と演習問題にわかれている．まず例題の解き方を十分に理解してから演習問題に取り組んで頂きたい．これらの問題作成に

あたっては，問題を解く訓練だけではなく，問題を解くことによって複素関数の理解がより深まることへの手助けになるように，工夫を凝らしたつもりである．またすべての例題と演習問題には解答をつけてあるが，ときには通常の解答の他に別解をつけるなど，これらの解答が可能なかぎり問題の詳細な解説になるよう心掛けた．解答を参考にすることなく例題や演習問題を解けた場合でも，解答欄に目を通して問題をもう一度眺め直すことを薦めたい．

　本書の執筆にあたっては，編者の和達三樹先生に多くの助言を頂いた．また岩波書店編集部の片山宏海氏には，問題が難しくなりすぎたところや解答のわかりにくい箇所の指摘など，多くのご尽力を頂いた．ここに心からお礼を申し上げたい．

　　1998 年 7 月　　日吉にて

表　　実

迫 田 誠 治

目　次

1

複素数と複素平面

実数を直線上の点で表わすことによって実数の構造とその関数の振舞いが理解しやすくなったのと同様に，複素数を複素平面上の点で表わすことによって，複素数の代数的構造と複素数を変数とする関数の振舞いが理解できる．ここではまず複素数の取扱いに慣れることを心掛けよう．

1-1 複素数とその四則演算

複素数　2乗して -1 になる数 i (これを**虚数単位**と呼ぶ)と，2つの実数 a, b によって表わされる数 α

$$\alpha = a + ib, \quad i^2 = -1 \tag{1.1}$$

を**複素数**と呼ぶ．(1.1)の a, b を，複素数 α の**実部**，**虚部**と呼び，それぞれ $\mathrm{Re}\,\alpha$, $\mathrm{Im}\,\alpha$ と表わす．

$$a = \mathrm{Re}\,\alpha, \quad b = \mathrm{Im}\,\alpha \tag{1.2}$$

2つの複素数 $\alpha = a + ib$, $\beta = c + id$ は，それぞれの実部と虚部が各々等しいとき，またそのときにかぎり互いに等しい．すなわち

$$\alpha = \beta \iff a = c,\ b = d \tag{1.3}$$

特に $\alpha\,(=a+ib)=0$ は，その実部 a と虚部 b が共に 0 であることを意味する．

$$\alpha = 0 \iff a = 0,\ b = 0 \tag{1.4}$$

複素数の四則演算　複素数の四則演算は，$i^2 = -1$ を考慮することによって，実数の場合と同じように実行することができる．複素数の四則演算では次の関係が成り立つ．

(1) 加法　$(a+ib)+(c+id) = (a+c)+i(b+d) \tag{1.5}$

(2) 減法　$(a+ib)-(c+id) = (a-c)+i(b-d) \tag{1.6}$

(3) 乗法　$(a+ib)(c+id) = ac+iad+ibc+i^2bd$

$$= (ac-bd)+i(ad+bc) \tag{1.7}$$

(4) 除法　$\dfrac{c+id}{a+ib} = \dfrac{(c+id)(a-ib)}{(a+ib)(a-ib)} \quad$ (ただし $a+ib \neq 0$)

$$= \frac{ac+bd}{a^2+b^2}+i\frac{ad-bc}{a^2+b^2} \tag{1.8}$$

任意の複素数 $\alpha_1, \alpha_2, \alpha_3$ の四則演算について，次の関係が成り立つ．

(1) 加法の結合則　$\alpha_1+(\alpha_2+\alpha_3) = (\alpha_1+\alpha_2)+\alpha_3 \tag{1.9}$

(2) 乗法の結合則　$\alpha_1(\alpha_2\alpha_3) = (\alpha_1\alpha_2)\alpha_3 \tag{1.10}$

(3) 分配則　$\alpha_1(\alpha_2+\alpha_3) = \alpha_1\alpha_2+\alpha_1\alpha_3 \tag{1.11}$

例題 1.1 (i) 次の 2 次方程式

$$(1+i)z^2 - 2z + (1-i) = 0$$

の解 z を求めよ.

(ii) 複素数 α と β の積 $\alpha\beta$ が 0 のとき, α と β のうち 1 つは 0 に等しいことを示せ.

[**解**] (i) 実数を係数とする 2 次方程式の場合と同様に, 根の公式を用いて解くこともできるが, その場合, 根の公式に複素数の 2 乗根が現われる. 複素数の 2 乗根(一般に n 乗根)の求め方は 1-3 節で取り扱うので, ここでは別の解法を与える(根の公式を用いる解法については例題 1.4 を参照). $z = x + iy$ とおくと, 与えられた方程式は

$$(x^2 - y^2 - 2xy - 2x + 1) + i(x^2 - y^2 + 2xy - 2y - 1) = 0$$

となる. この方程式が成り立つためには, 左辺の実部と虚部がそれぞれ 0 に等しくなければならないから, x と y は次の連立方程式

$$\begin{cases} x^2 - y^2 - 2xy - 2x + 1 = 0 & (1) \\ x^2 - y^2 + 2xy - 2y - 1 = 0 & (2) \end{cases}$$

をみたす. (1)+(2) より, $(x+y)(x-y-1)=0$. よって, $x = -y$ または $x = y+1$.

$x = -y$ のとき, y は 2 次方程式 $2y^2 + 2y + 1 = 0$ をみたす必要があるが, これは実数解をもたないから, この場合には (1) と (2) をみたす x と y は存在しない.

次に $x = y+1$ のとき, (2) は $y(y+1)=0$ となる. よって, $y=0$ または $y=-1$. $y=0$ のとき $x=1$, $y=-1$ のとき $x=0$.

したがって, 与えられた方程式の解 z は, $z=1$ または $z=-i$ となる.

(ii) $\alpha = a+bi$, $\beta = c+di$ とおくと, $\alpha\beta = (ac-bd) + i(ad+bc)$. よって, $\alpha\beta=0$ が成り立つためには, 次の式

$$ac - bd = 0 \tag{3}$$

$$ad + bc = 0 \tag{4}$$

が共にみたされることが必要となる. まず $a \neq 0$ のとき, (3) より $c = bd/a$. これを (4) に代入して $ad + bc = (a^2+b^2)d/a = 0$. よって $d=0$, したがって $c=0$. このとき $\alpha \neq 0$, $\beta = 0$. 次に $a=0$ のとき, (3) より, $bd=0$, (4) より, $bc=0$. よって, $b=0$ で c,d は任意. または $c=0$, $d=0$ で b は任意.

したがって, $\alpha=0$, β は任意, または $\beta=0$, α は任意となる. この結果, $\alpha\beta=0$ のとき, α と β のうち少なくとも 1 つは 0 に等しいことが示された.

[1] 次の複素数を (実部) $+i$ (虚部) の形に表わせ.

(1) $(1+3i)+(-2+5i)$
(2) $\left(\dfrac{1}{\sqrt{2}}+\dfrac{i}{\sqrt{2}}\right)+\left(\dfrac{-1}{\sqrt{2}}+\dfrac{i}{\sqrt{2}}\right)$

(3) $\left(\dfrac{1}{\sqrt{2}}+\dfrac{i}{\sqrt{2}}\right)^2$
(4) $\left(\dfrac{\sqrt{3}}{2}-\dfrac{i}{2}\right)\left(\dfrac{\sqrt{3}}{2}+\dfrac{i}{2}\right)$

(5) $\left(\dfrac{\sqrt{3}}{2}+\dfrac{i}{2}\right)^3$
(6) $\dfrac{1}{1+i}$

(7) $\dfrac{1-i}{1+i}$
(8) $\left(\dfrac{1}{2+i}\right)\left(\dfrac{1}{1-2i}\right)$

[2] 複素数 $\alpha=a+ib,\ \beta=c+id$ を係数とする次の 1 次方程式
$$\alpha z+\beta = 0 \qquad (\alpha \neq 0)$$
の解 z を求めよ.

[3] 2 次方程式 $z^2=-1$ の解 z を求めよ.

[4] (1) α, β を複素数として,任意の負でない整数 n に対して **2 項定理**
$$(\alpha+\beta)^n = \sum_{r=0}^{n}\binom{n}{r}\alpha^{n-r}\beta^r, \qquad \binom{n}{r}=\frac{n!}{r!(n-r)!}$$
が成立することを,帰納法を用いて証明せよ.

(2) (1)の結果を用いて
$$\left(\frac{1}{\sqrt{2}}+\frac{i}{\sqrt{2}}\right)^{4n} = (-1)^n$$
が成り立つことを示せ.ただし,$\sum_{r=0}^{2n}(-1)^r\binom{4n}{2r}=(-4)^n$, $\sum_{r=0}^{2n-1}(-1)^r\binom{4n}{2r+1}=0$ を用いてよい.

[5] (1) 複素数 $z\,(z\neq1)$ に対して,次の和の公式が成り立つことを示せ.
$$1+z+z^2+\cdots+z^{n-1} = \frac{1-z^n}{1-z} \qquad (n \text{ は自然数})$$

(2) 上の結果を用いて,次の和 S_{2n}
$$S_{2n} = 1+i+i^2+i^3+\cdots+i^{2n-1}$$
を求め,n が偶数のとき $S_{2n}=0$,n が奇数のとき $S_{2n}=1+i$ となることを示せ.

1-2 複素平面

実数が直線(これを**数直線**という)上の点で表わされるのと同様に，2つの実数の組 a と b で与えられる複素数 $\alpha = a + ib$ は，平面上の点で表わすことができる．そのためには，x 軸と y 軸で張られる平面上で，x 座標と y 座標がそれぞれ a, b に等しい点 (a, b) に複素数 α を対応させればよい(図 1-1)．この平面を**複素平面**あるいは**ガウス**(Gauss)**平面**，横軸(x 軸)を**実(数)軸**，縦軸(y 軸)を**虚(数)軸**

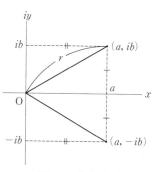

図 1-1　複素平面

と呼ぶ．複素平面上の点と複素数は 1 対 1 に対応するので，複素数 α を複素平面上の点 α ということもある．

　共役複素数　　複素数 $\alpha = a + ib$ で，虚部の符号を変えて得られる複素数 $a - ib$ を，α の**共役複素数**と呼び，$\bar{\alpha}$ で表わす(α^* と表わすこともある)．

$$\bar{\alpha} = a - ib \tag{1.12}$$

複素平面上では α と $\bar{\alpha}$ は実軸に対称な位置にある(図 1-1)．また複素数 α と $\bar{\alpha}$ の実部と虚部はそれぞれ，α と $\bar{\alpha}$ を使って次の式で表わされる．

$$\mathrm{Re}\,\alpha = \mathrm{Re}\,\bar{\alpha} = \frac{\alpha + \bar{\alpha}}{2}, \quad \mathrm{Im}\,\alpha = -\mathrm{Im}\,\bar{\alpha} = \frac{\alpha - \bar{\alpha}}{2i} \tag{1.13}$$

　複素数の絶対値　　複素平面上で原点 O から点 $\alpha = a + ib$ までの距離を r で表わすと，図 1-1 から分かるように，次の関係が成り立つ．

$$r = \sqrt{a^2 + b^2} \tag{1.14}$$

上式の $\sqrt{a^2 + b^2}$ を，複素数 $\alpha = a + ib$ の**絶対値**と呼び，$|\alpha|$ で表わす．複素数 $\pm\alpha$ およびその共役複素数 $\pm\bar{\alpha}$ の絶対値はすべて等しく，$\alpha\bar{\alpha} = (a + ib)(a - ib) = a^2 + b^2$ より，その値は次の式で与えられる．

$$|\alpha| = |\bar{\alpha}| = |-\alpha| = |-\bar{\alpha}| = \sqrt{\alpha\bar{\alpha}} = \sqrt{a^2 + b^2} \tag{1.15}$$

例題 1.2 複素数の絶対値について，次の関係が成り立つことを示せ．

(i) $|\alpha| = 0 \iff \alpha = 0$ (ii) $|\alpha\beta| = |\alpha||\beta|$

(iii) $\left|\dfrac{\beta}{\alpha}\right| = \dfrac{|\beta|}{|\alpha|}$ $(\alpha \neq 0)$ (iv) $|\alpha| - |\beta| \leqq |\alpha + \beta| \leqq |\alpha| + |\beta|$

関係式(iv)を**三角不等式**と呼ぶ．

[**解**] $\alpha = a + ib,\ \beta = c + id$ とおく．

(i) $|\alpha| = \sqrt{a^2 + b^2}$ より，$|\alpha| = 0$ のとき $a = 0,\ b = 0$，よって $\alpha = 0$ となる．逆に $\alpha = 0$ ならば，$a = 0,\ b = 0$，よって $|\alpha| = 0$ となる．

(ii) $\alpha\beta = (ac - bd) + i(ad + bc)$ より，

$$|\alpha\beta| = \sqrt{(ac - bd)^2 + (ad + bc)^2}$$
$$= \sqrt{(a^2 + b^2)(c^2 + d^2)} = \sqrt{a^2 + b^2}\,\sqrt{c^2 + d^2} = |\alpha||\beta|$$

(iii) $\dfrac{\beta}{\alpha} = \dfrac{\beta\bar{\alpha}}{\alpha\bar{\alpha}} = \dfrac{\beta\bar{\alpha}}{a^2 + b^2}$ と表わされるが，この式の右辺分母は実数であるから，$\left|\dfrac{\beta}{\alpha}\right| = \dfrac{|\beta\bar{\alpha}|}{a^2 + b^2}$ となる．ここで(ii)と $|\alpha| = |\bar{\alpha}|$ を用いると，$\dfrac{|\beta\bar{\alpha}|}{a^2 + b^2} = \dfrac{|\beta||\bar{\alpha}|}{a^2 + b^2} = \dfrac{|\beta||\alpha|}{a^2 + b^2}$ となる．分母に $a^2 + b^2 = |\alpha|^2$ を代入すると，$\left|\dfrac{\beta}{\alpha}\right| = \dfrac{|\beta||\alpha|}{|\alpha|^2} = \dfrac{|\beta|}{|\alpha|}$ が成り立つことが分かる．

(iv) まず $|\alpha + \beta| \leqq |\alpha| + |\beta|$ について，α と β の少なくとも一方が 0 のとき，等号が成り立つ．

次にそれ以外の場合を考える．$|\alpha + \beta| = \sqrt{(a + c)^2 + (b + d)^2}$，$|\alpha| + |\beta| = \sqrt{a^2 + b^2} + \sqrt{c^2 + d^2}$ より，$P = |\alpha| + |\beta| - |\alpha + \beta|$ とおけば，P は

$$P \equiv \sqrt{a^2 + b^2} + \sqrt{c^2 + d^2} - \sqrt{(a + c)^2 + (b + d)^2}$$

と表わせる．そこで P が正または 0 であることを示せばよい．$Q \equiv \sqrt{a^2 + b^2} + \sqrt{c^2 + d^2} + \sqrt{(a + c)^2 + (b + d)^2}$ とおけば Q は正であるから，これを P に掛けてもその符号は変わらない．そこで $PQ = 2\sqrt{(a^2 + b^2)(c^2 + d^2)} - 2(ac + bd)$ の符号を調べる．

ここで $ac + bd$ が負ならば，PQ が正であること，よって P が正であることは明らかである．次に $ac + bd$ が正のときは，$R \equiv \sqrt{(a^2 + b^2)(c^2 + d^2)} + (ac + bd)$ も正であるから，これを PQ に掛けても元の式の符号は変わらない．このとき $PQR = 2(ad - bc)^2 \geqq 0$ となる(等号が成り立つとき β は α の正の実数倍となる)．よって，$PQ \geqq 0$，したがって $P \geqq 0$，すなわち $|\alpha + \beta| \leqq |\alpha| + |\beta|$ が示された．

また，この不等式を使えば，$|\alpha| = |(\alpha + \beta) - \beta| \leqq |\alpha + \beta| + |-\beta| = |\alpha + \beta| + |\beta|$ より，$|\alpha| - |\beta| \leqq |\alpha + \beta|$ が得られる．この結果，三角不等式が成り立つことが示された．

例題 1.3 次の式をみたす z が複素平面上で動く範囲を図示せよ.

(i) $|z-\alpha| \leqq r$

(ii) $|z-\alpha|+|z+\bar{\alpha}| \leqq |\alpha-\bar{\alpha}|$, ただし $|\alpha-\bar{\alpha}| > |\alpha+\bar{\alpha}| > 0$

[解] $z=x+iy$, $\alpha=a+ib$ とおく.

(i) $|z-\alpha|=|(x-a)+i(y-b)|=\sqrt{(x-a)^2+(y-b)^2} \leqq r$ より, $(x-a)^2+(y-b)^2 \leqq r^2$ となり, z は複素平面上の点 α を中心とする半径 r の円周上およびその内部を動く(図 1-2 参照).

(ii) $|z-\alpha|=\sqrt{(x-a)^2+(y-b)^2}$, $|z+\bar{\alpha}|=\sqrt{(x+a)^2+(y-b)^2}$ より, 与えられた式は $\sqrt{(x-a)^2+(y-b)^2}+\sqrt{(x+a)^2+(y-b)^2} \leqq 2b$ となる. この式から, 2次式 $(b^2-a^2)x^2+b^2(y-b)^2 \leqq b^2(b^2-a^2)$ が得られる. ここで $|\alpha+\bar{\alpha}|=2a$, $|\alpha-\bar{\alpha}|=2b$ より, 条件式は $b>a>0$ となる. よって, $b \neq 0$, $b \neq a$ だから, 上式は

$$\frac{x^2}{b^2}+\frac{(y-b)^2}{b^2-a^2} \leqq 1$$

と変形できる. したがって z の動く範囲は図 1-3 に示すように, 点 α と $-\bar{\alpha}$ を焦点とする楕円上とその内部となる.

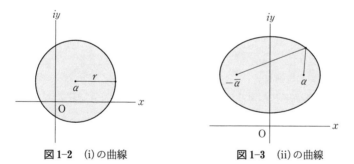

図 1-2 (i)の曲線 　　　**図 1-3** (ii)の曲線

[注] (i)は「複素平面上の点 α からの距離が一定値 r 以下の点の集合」, (ii)は「複素平面上の2点 α, $-\bar{\alpha}$ からの距離の和が一定値 $|\alpha-\bar{\alpha}|$ 以下の点の集合」を意味する.

━━━━━━━━━━━━━━━━━━━━━━━━ 問 題 1–2 ━━━━━━━━━━━━━━━━━━━━━━━━

[1] 次の式が成り立つことを確かめよ.

(1) $\overline{(\cos\theta+i\sin\theta)^2} = \cos 2\theta - i\sin 2\theta$ (2) $|\cos\theta+i\sin\theta| = 1$

(3) $|z| = |\bar{z}|$ (4) $\left|\dfrac{-2+3i}{3-2i}\right| = 1$

[2] 複素平面上で2つの複素数 α_1 と α_2 の距離は,複素数 $\alpha_1-\alpha_2$ の絶対値に等しいことを示せ.

[3] $\alpha=a+ib$, $r>0$ として,方程式 $\bar{z}z-\bar{\alpha}z-\bar{z}\alpha+\bar{\alpha}\alpha=r^2$ をみたす複素数 z は,複素平面上でどのような図形を表わすか.

[4] $0<p<1$ として,方程式 $|z-\alpha|=p|z+\alpha|$ をみたす z が,複素平面上で描く曲線を求めよ.

[5] 任意の自然数 n について次式が成り立つことを証明せよ.
$$|z_1+\cdots+z_n| \leqq |z_1|+\cdots+|z_n|$$

[6] 複素平面上の2点 $\alpha=a+ib$, $\beta=c+id$ を通る直線 l の方程式を

(1) 媒介変数表示で,

(2) x, y の関係式として,

それぞれ求めよ.

Tips: 複素数の性格

平面上の点との対応で複素数を理解すれば,前節の加法および減法は,2次元ベクトルの算法とまったく同じである.その意味で,複素数にはベクトル的な性格がある.一方,前節の四則演算の乗法と除法については,このベクトル的な見方は適当ではない.乗法と除法の演算規則に幾何学的な解釈を与えるのは,次の節で学ぶ複素数の極形式である.それによれば,複素数の積と商は,複素平面上で原点を中心とする回転,および原点を中心とする拡大・縮小として表わされる.

1–3 複素数の極形式

複素平面上の点 $\alpha = a + ib$ を極座標 (r, θ) を用いて表わすと，関係式 $a = r\cos\theta$, $b = r\sin\theta$ が成り立つから（図 1-4），α は

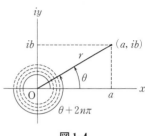

図 1-4

$$\alpha = a + ib = r(\cos\theta + i\sin\theta) \quad (1.16)$$

となる．これを複素数 α の**極形式**（**極表示**）という．このとき，r は α の絶対値に等しい．また角度 θ は α の**偏角**と呼ばれ，$\theta = \arg\alpha$ と表わす．ここで任意の整数 $n = 0, \pm 1, \pm 2,$ … に対して

$$\alpha = r(\cos\theta + i\sin\theta) = r\{\cos(\theta + 2n\pi) + i\sin(\theta + 2n\pi)\}$$

が成り立つので，複素数の偏角は $2n\pi$ の不定性をもつことに注意したい．

極形式による積と商の公式　極形式を用いて表わすと，複素数の積と商について次の関係が成り立つ．

(1) $\dfrac{1}{\alpha} = \dfrac{1}{r}(\cos\theta - i\sin\theta)$

(2) $\alpha_1\alpha_2 = r_1 r_2\{\cos(\theta_1 + \theta_2) + i\sin(\theta_1 + \theta_2)\}$

(3) $\dfrac{\alpha_1}{\alpha_2} = \dfrac{r_1}{r_2}\{\cos(\theta_1 - \theta_2) + i\sin(\theta_1 - \theta_2)\}$

ド・モアブルの公式　2つ以上の複素数 $\alpha_k = r_k(\cos\theta_k + i\sin\theta_k)$ $(k = 1, \cdots, n)$ の積は，次の式

$$\alpha_1 \cdots \alpha_n = r_1 \cdots r_n\{\cos(\theta_1 + \cdots + \theta_n) + i\sin(\theta_1 + \cdots + \theta_n)\} \quad (1.17)$$

で与えられる．ここで $r_1 = \cdots = r_n = 1$, $\theta_1 = \cdots = \theta_n = \theta$ とおけば，(1.17) の特別な場合として，次の関係

$$(\cos\theta + i\sin\theta)^n = \cos n\theta + i\sin n\theta \quad (1.18)$$

が得られる．これを**ド・モアブル**(de Moivre)**の公式**と呼ぶ．

複素数の n 乗根　　複素数 $\alpha = r(\cos\theta + i\sin\theta)$ の n 乗根 $\alpha^{1/n}$ は

$$
\alpha^{1/n} = \{r(\cos\theta + i\sin\theta)\}^{1/n}
$$

$$
= r^{1/n}\left\{\cos\left(\frac{\theta + 2k\pi}{n}\right) + i\sin\left(\frac{\theta + 2k\pi}{n}\right)\right\} \tag{1.19}
$$

で与えられる．ただし，k は $k = 0, 1, \cdots, n-1$ の値をとるものとする．この結果，0 でない任意の複素数は，k の各値に対応して n 個の異なる n 乗根をもつ．その絶対値はすべて等しく，偏角は $2\pi/n$ ずつ異なる．

オイラーの公式　　虚数 $i\theta$ を変数とする指数関数 $e^{i\theta}$ を，次の式

$$
e^{i\theta} = \cos\theta + i\sin\theta \tag{1.20}
$$

で定義する．これを**オイラー**(Euler)**の公式**と呼ぶ．(1.20) を使うと，複素数 α とその共役複素数 $\bar{\alpha}$ は，次の式で表わされる．

$$
\alpha = r(\cos\theta + i\sin\theta) = re^{i\theta}, \qquad \bar{\alpha} = r(\cos\theta - i\sin\theta) = re^{-i\theta} \tag{1.21}
$$

$e^{i\theta}$ がみたす公式　　$e^{i\theta}$ について，次の (1)〜(4) は基本的である．このうち (1), (2) は実数の場合に成立した指数法則の拡張で，(3) はピタゴラスの定理に対応する．また (4) を微分方程式と考えれば，それは $e^{i\theta}$ の別の定義を与えている (問題 1-3 の [6])．

(1)　$e^{i\theta_1}e^{i\theta_2} = e^{i(\theta_1 + \theta_2)}$　　　　(2)　$(e^{i\theta})^{-1} = e^{-i\theta} = \cos\theta - i\sin\theta$

(3)　$|e^{i\theta}| = 1$　　　　　　　(4)　$\dfrac{de^{i\theta}}{d\theta} = ie^{i\theta}$

複素平面上の円の式　　複素平面で点 α を中心とする半径 r の円上の点 z は

$$
z = \alpha + re^{i\theta} \qquad (0 \leq \theta < 2\pi) \tag{1.22}
$$

と表わされる．

$e^{i\theta}$ と三角関数　　三角関数の $\sin\theta$ および $\cos\theta$ は，$e^{i\theta}$ と $e^{-i\theta}$ を使って次の式で与えられる．

$$
\cos\theta = \frac{e^{i\theta} + e^{-i\theta}}{2}, \qquad \sin\theta = \frac{e^{i\theta} - e^{-i\theta}}{2i} \tag{1.23}
$$

すなわち，三角関数と虚数を変数とする指数関数 $e^{i\theta}$ は，それぞれ異なる関数ではなく，オイラーの公式を通して互いに関係していることに注意したい．

例題 1.4　(i)　複素数の定数 α, β, γ を係数とする次の 2 次方程式

$$\alpha z^2 + \beta z + \gamma = 0 \qquad (\alpha \neq 0)$$

の解 z は

$$z = \frac{-\beta + (\beta^2 - 4\alpha\gamma)^{1/2}}{2\alpha}$$

で与えられることを示せ.

　(ii)　(i) の結果を用いて次の 2 次方程式の解 z を求め, それが例題 1.1 の (i) の結果に一致することを確かめよ.

$$(1+i)z^2 - 2z + (1-i) = 0$$

[解]　複素数を係数とする 2 次方程式の解を, 実係数の 2 次方程式と同様な方法で求めることを考える.

　(i)　与えられた 2 次方程式は

$$\alpha\left(z + \frac{\beta}{2\alpha}\right)^2 + \gamma - \frac{\beta^2}{4\alpha} = 0$$

と変形できるから, その解は $z = \dfrac{-\beta + (\beta^2 - 4\alpha\gamma)^{1/2}}{2\alpha}$ となる. 複素数の n 乗根は n 個の異なる根を表わすから, $\pm$ の記号がなくても $(\beta^2 - 4\alpha\gamma)^{1/2}$ は 2 つの複素数を与えることに注意したい (下の Tips 参照).

　(ii)　与えられた 2 次方程式は例題 1.1 の (i) と同じものであるが, ここでは (i) の方法を用いてこの例題の解を求める. (i) の結果に $\alpha = 1+i$, $\beta = -2$, $\gamma = 1-i$ を代入すれば求める解が得られる. このとき, $\beta^2 - 4\alpha\gamma = -4$ より,

$$(\beta^2 - 4\alpha\gamma)^{1/2} = (2^2 e^{i\pi})^{1/2} = 2\left\{\cos\frac{\pi + 2k\pi}{2} + i\sin\frac{\pi + 2k\pi}{2}\right\}$$

となる. ただし $k = 0, 1$. $k = 0$ のとき $(\beta^2 - 4\alpha\gamma)^{1/2} = 2i$, $k = 1$ のとき $(\beta^2 - 4\alpha\gamma)^{1/2} = -2i$. これを代入すると, $k = 0, 1$ に対応して求める 2 つの解として, それぞれ $z = 1$ と $z = -i$ が得られる. これは例題 1.1 の (i) の結果と一致する.

Tips:　$\alpha^{1/2}$ と $\sqrt{\alpha}$

1 の 2 乗根 $1^{1/2} = e^{(k+1)\pi i}$ $(k = 0, 1)$ は, 2 個の根 $e^{2\pi i} = 1$ と $e^{\pi i} = -1$ をもつ. したがって, $1^{1/2}$ は 1 と -1 を表わす. 一方, $\sqrt{1}$ は 1 のみを表わす $(\sqrt{1} = 1)$. 元来, $\sqrt{a}$ は, a が正の実数の場合にのみ定義された記号であるが, 上の例からわかる

ようにその場合でも，$\sqrt{a}$ と $a^{1/2}$ は同じではない．しかし，本書では式が複雑な場合などに記号を簡単化するため，複素定数や複素変数および複素数の関数に対しても，それらの2乗根を根号（例えば $\alpha^{1/2}$ を $\sqrt{\alpha}$ で）で表わすことがある．よって，$\sqrt{z}$，$\sqrt{1-z^2}$，$\cdots$ は本来 $z^{1/2}$，$(1-z^2)^{1/2}$，$\cdots$ を意味するものと理解されたい．

例題 1.5 m を任意の自然数とし，n は m の倍数ではないとする．このとき，

(i) $e^{in\theta}$ の m 乗根 $(e^{in\theta})^{1/m}$ をすべて求めよ．

(ii) 既約有理数 $\dfrac{n}{m}$ に対して，ド・モアブルの公式を拡張した式

$$(\cos\theta+i\sin\theta)^{n/m}=\cos\left\{\frac{n}{m}(\theta+2k\pi)\right\}+i\sin\left\{\frac{n}{m}(\theta+2k\pi)\right\}$$

が成り立つことを示せ．

[**解**] (i) $e^{i\theta}$ の n 乗を求めると $e^{in\theta}=\cos n\theta+i\sin n\theta$ となり，これの m 乗根は式 (1.19) により

$$(e^{in\theta})^{1/m}=\cos\left(\frac{n\theta+2k\pi}{m}\right)+i\sin\left(\frac{n\theta+2k\pi}{m}\right) \tag{1}$$

となる．ただし，$k=0,1,2,\cdots,m-1$．

$1/m$ 乗と n 乗の計算の順序を逆にすると以下のようになる．まず $e^{i\theta/m}=\cos\{(\theta+2k\pi)/m\}+i\sin\{(\theta+2k\pi)/m\}$ より，その n 乗 $(e^{i\theta/m})^n$ は

$$(e^{i\theta/m})^n=\cos\left\{\frac{n}{m}(\theta+2k\pi)\right\}+i\sin\left\{\frac{n}{m}(\theta+2k\pi)\right\} \tag{2}$$

で与えられる．2つの結果(1)と(2)は，一見したところ一致しないように思われるが，両者の表わす複素平面上の点の集合は実は同じである（13 ページの Tips 参照）．

(ii) $e^{in\theta/m}=(\cos\theta+i\sin\theta)^{n/m}$ と，上の結果より，

$$(\cos\theta+i\sin\theta)^{n/m}=\cos\left\{\frac{n}{m}(\theta+2k\pi)\right\}+i\sin\left\{\frac{n}{m}(\theta+2k\pi)\right\} \tag{3}$$

が成り立つことが示される．本来のド・モアブルの公式の場合とは違って，(3)の右辺では $k=0,1,\cdots,m-1$ のそれぞれに対して，m 個の値が得られることに注意したい．これは $e^{in\theta/m}$ が $e^{in\theta}$ の m 乗根であるという事情によるものである．

Tips: $(e^{in\theta})^{1/m}$ と $(e^{i\theta/m})^n$ は等しい？

例題 1.5 の式 (1) と (2) が複素平面上で同じ点を表わすことを確かめてみよう．与えられた n と m に対して，(1) と (2) の三角関数の変数をそれぞれ $\Theta_1^{(k)}$ および $\Theta_2^{(k)}$ で表わすと，$\Theta_1^{(k)}=n\theta/m+2k\pi/m$ および $\Theta_2^{(k)}=n\theta/m+2kn\pi/m$ となる．$k=0$ のとき，これらの変数は等しく，また $\Theta_1^{(k)}$ と $\Theta_2^{(k)}$ の第 1 項 $n\theta/m$ は共通であるから，$k=1,2,3,\cdots,m-1$ に対して，それぞれの変数の第 2 項 $2k\pi/m$ と $2kn\pi/m$ がとる値を調べればよい．以下の考察は，任意の n と m に対して議論することができるが，わかりやすくするためにここでは $m=5$ の場合を例にとって考える．

$m=5$ のとき，$\Theta_1^{(k)}$ の第 2 項 $2k\pi/5$ は，$k=1,2,3,4$ に対応して 4 個の値 $2k\pi/5=(2\pi/5,4\pi/5,6\pi/5,8\pi/5)$ をとる．一方，$\Theta_2^{(k)}$ の第 2 項 $2kn\pi/5$ は k だけでなく n にも依存しているが，n は 5 の倍数でない場合を考えているので，一般性を失うことなく $n=5p+q$ とおける．ただし，p は整数，q は $q=1,2,3,4$．これを代入すると，$\Theta_2^{(k)}$ の第 2 項は $2kn\pi/5=2pk\pi+2qk\pi/5$ となり，これは q と k の各値に対応して次の表に与えられる値をとる．

	$k=1$	$k=2$	$k=3$	$k=4$
$q=1$	$2\pi/5$	$4\pi/5$	$6\pi/5$	$8\pi/5$
$q=2$	$4\pi/5$	$8\pi/5$	$2\pi/5$	$6\pi/5$
$q=3$	$6\pi/5$	$2\pi/5$	$8\pi/5$	$4\pi/5$
$q=4$	$8\pi/5$	$6\pi/5$	$4\pi/5$	$2\pi/5$

ただし，上の表では三角関数の周期性を考慮に入れて，$2kn\pi/5$ から 2π の整数倍の部分を差し引いたものが与えられている．この表から $k=1,2,3,4$ に対して，$2k\pi/5$ のとる集合と $2kn\pi/5$（2π の整数倍の違いを無視して）のとる集合は同じものであることがわかる．この結果 k のすべての値（$k=0,1,2,3,4$）に対して，三角関数の変数 $\Theta_1^{(k)}$ と $\Theta_2^{(k)}$ は同じ値の集合（2π の整数倍の違いを無視して）をもつこと，したがって，例題 1.5 の式 (1) と (2) は複素平面上で同じ点の集合を表わすことが確かめられた．ここでは $m=5$ の場合を考えたが，同様にして，任意の m の場合に，(1) と (2) が複素平面上で同じ点の集合を表わすことが確かめられる．

━━━━━━━━━━━━━━━━━━━━━━ **問 題 1-3** ━━━━━━━━━━━━━━━━━━━━━━

[**1**]　次の複素数を極形式で表わせ.

(1)　i　　　　　(2)　-2　　　　　(3)　$\sqrt{3}+i$

(4)　$\sqrt{3}-i$　　　(5)　$\dfrac{1+i}{2}$　　　(6)　$\dfrac{-1+i}{2}$

[**2**]　$z_1=r_1(\cos\theta_1+i\sin\theta_1)$, $z_2=r_2(\cos\theta_2+i\sin\theta_2)$ について，次の 2 式を証明せよ.

(1)　$z_1 z_2 = r_1 r_2\{\cos(\theta_1+\theta_2)+i\sin(\theta_1+\theta_2)\}$

(2)　$\dfrac{z_1}{z_2} = \dfrac{r_1}{r_2}\{\cos(\theta_1-\theta_2)+i\sin(\theta_1-\theta_2)\}$

[**3**]　任意の自然数 n に対して，本文の式(1.17)が成り立つことを証明し，ド・モアブルの公式(1.18)を確かめよ.

(1.17)　$\alpha_1\cdots\alpha_n = r_1\cdots r_n\{\cos(\theta_1+\cdots+\theta_n)+i\sin(\theta_1+\cdots+\theta_n)\}$

(1.18)　$(\cos\theta+i\sin\theta)^n = \cos n\theta+i\sin n\theta$

[**4**]　次のベキ根をすべて求め，それを複素平面上に図示せよ.

(1)　$(-1)^{1/3}$　　(2)　$i^{1/2}$　　(3)　$\left(\dfrac{1+i}{2}\right)^{1/2}$　　(4)　$8^{1/6}$

[**5**]　1 の n 乗根を $\omega_{n,k}$ で表わす.ただし，$k=0,1,\cdots,n-1$.

(1)　このとき $\omega_{n,k}=\cos(2\pi k/n)+i\sin(2\pi k/n)=(e^{2\pi i/n})^k$ となることを示せ.

(2)　任意の複素数 $\alpha=r(\cos\theta+i\sin\theta)$ の n 乗根 $\alpha^{1/n}$ は

$$\alpha^{1/n} = r^{1/n}\left(\cos\frac{\theta}{n}+i\sin\frac{\theta}{n}\right)\omega_{n,k}$$

と表わされることを示せ.

(3)　$k\neq0$ のとき，

$$1+\omega_{n,k}+\omega_{n,k}^2+\cdots+\omega_{n,k}^{n-1} = 0$$

となることを示せ.

[**6**]　k を実定数，x を実変数として関数 $f_{\pm k}(x)=e^{\pm ikx}$ を考える.

(1)　$f_{\pm k}(x)$ は，それぞれ $df_{\pm k}(x)/dx=\pm ikf_{\pm k}(x)$ (複号同順)をみたすことを示せ.

(2)　$f_{\pm k}(x)$ は，いずれも $d^2f_{\pm k}(x)/dx^2=-k^2f_{\pm k}(x)$ をみたすことを示せ.

(3)　次の各初期条件に合うような微分方程式 $f''(x)=-k^2f(x)$ の解を求めよ.ただし，ダッシュ(′)は x による微分を表わす.

(i)　$f(0)=1,\ f'(0)=ik$　　　(ii)　$f(0)=1,\ f'(0)=-ik$

(iii)　$f(0)=0,\ f'(0)=k$　　　(iv)　$f(0)=1,\ f'(0)=0$

2

複素関数とその微分

複素数を変数とする関数を複素関数という．ここで
は複素関数の微分を考える．微分可能な複素関数は
さまざまな興味深い性質をもっている．以下の章で
は微分可能な複素関数が主役を演じることから，こ
れらの性質を十分に理解するようにしたいものであ
る．

2–1　複素数の関数

複素関数　　実の定数を a, b で表わし，実変数を x, y で表わしたのと同様に，複素数の定数を α, β，複素変数を z, w で表わす．複素変数 z の関数を**複素関数**といい，実変数の関数と同じように $w = f(z)$，$w = g(z)$ で表わす．このとき，w を**従属変数**，z を**独立変数**という．一般には w も複素数となる．

複素変数 z を実変数 x と y を使って，$z = x + iy$ と表わすと，複素関数 $w = f(z) = f(x + iy)$ は，2 つの実変数 x と y の関数となる．ここで w の実部と虚部をそれぞれ u と v で表わすと，

$$w = f(x + iy) = u(x, y) + iv(x, y) \tag{2.1}$$

となる．$u(x, y)$ と $v(x, y)$ は，それぞれ x, y の実数値関数を表わす．

複素関数の幾何学的な表現　　実関数をグラフで表わしたように，複素関数 $w = f(z)$ で，z と w の関係を図で表わすことができる．まず，独立変数 z が動く複素平面（z 平面）と，従属変数 w の動く複素平面（w 平面；$u(x, y)$ を実軸，$v(x, y)$ を虚軸とする複素平面）という 2 つの複素平面を用意する．z 平面上で z が移動するにつれて，w 平面上で w がどのように移動するかを表わすことによって，複素関数 $w = f(z)$ を図示できる（図 2–1）．これを複素関数の**幾何学的な表現**という．w は z のすべての値に対して定義されていることもあるが，ときには z のある範囲でだけ定義されることもある．z 平面で z の動く範囲を $f(z)$ の**定義域**という．

1 価関数と多価関数　　複素関数 $w = f(z)$ で，z 平面上のある点 z に対して，w 平面上でただ 1 つの点が決まるとき，$f(z)$ は z の **1 価関数**であるという．一方，点 z に対して，w 平面上で 2 個以上の点が対応するとき，$f(z)$ は z の**多価関数**であるという．すでに述べたように，$z^{1/n}$ は n 個の値をもつから，複素関数 $w = z^{1/n}$ では，z 平面上の点 z に対して，w 平面上で n 個の点 $w_1, w_2, \cdots, w_n$ が対応する．よって，$w = z^{1/n}$ は n 価の多価関数である．多価関数については第 7 章で取り扱うことにして，それ以外の章では特に断らないかぎり，1 価関

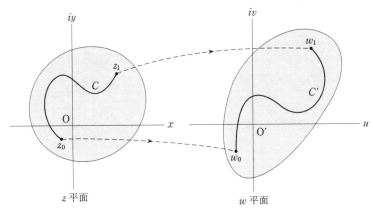

図 2-1 z 平面から w 平面への写像

数について考える.

　また，関数 $w=f(z)$ の実部 $u(x, y)$ と虚部 $v(x, y)$ は，それぞれ 2 つの実変数 x, y の実関数であるから，これを 3 次元的に図示したものが理解の助けとなることもある (図 2-2).

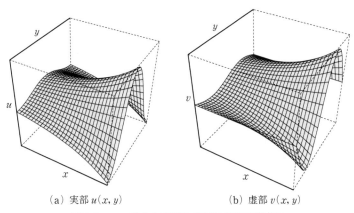

（a）実部 $u(x, y)$ 　　　　（b）虚部 $v(x, y)$

図 2-2 $w=f(z)$ の実部と虚部の 3 次元的表示

例題 2.1 次の関数 $w = z^2 + \alpha z$ を考える. z 平面で変数 z が

(i) 点 $z = \alpha$ を通り, 虚軸に平行な直線 Γ_1 に沿って移動するとき,

(ii) 点 $z = \alpha$ を通り, 実軸に平行な直線 Γ_2 に沿って移動するとき,

(iii) 原点を通る直線 Γ_3; $z = (1+i)t$ $(-\infty < t < \infty)$ に沿って移動するとき,

w 平面で従属変数 w が描く曲線を図示せよ. ただし, $\alpha \neq 0$ とする.

[**解**] $z = x + iy$, $\alpha = a + ib$, $w = u(x, y) + iv(x, y)$ とおくと, $w = (x^2 - y^2 + ax - by) + i(2xy + ay + bx)$ より,

$$u = x^2 - y^2 + ax - by, \qquad v = 2xy + ay + bx$$

となる.

(i) 直線 Γ_1 上の点はパラメーター t を用いて $(x, y) = (a, b+t)$ と表わせる. このとき u, v は

$$u = 2(a^2 - b^2) - 3bt - t^2, \qquad v = 4ab + 3at$$

となる.

(ii) 直線 Γ_2 上の点はパラメーター t を用いて $(x, y) = (a+t, b)$ と表わせる. このとき

$$u = 2(a^2 - b^2) + 3at + t^2, \qquad v = 4ab + 3bt$$

となる.

(iii) 直線 Γ_3 上の点はパラメーター t を用いて $(x, y) = (t, t)$ と表わせる. このとき

$$u = (a-b)t, \qquad v = (a+b)t + 2t^2$$

となる. これらの結果で, パラメーター t を消去すると u と v の関係が得られる. それを図示すると次のようになる.

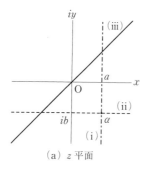 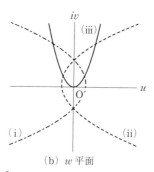

（a）z 平面　　　　　　　（b）w 平面

図 2-3

━━━━━━━━━━━━━━━━━━━ 問 題 2-1 ━━━━━━━━━━━━━━━━━━━

[1] (1) $z=x+iy$ とおき，複素関数 $f(z)=z+1/z$ の実部 $u(x, y)$ と虚部 $v(x, y)$ を求めよ．

(2) 複素関数 $w=z+1/z$ によって，z 平面の 4 点 $z_1=1+i$, $z_2=-1+i$, $z_3=-1-i$, $z_4=1-i$ に対応する w 平面の点を求めよ．

[2] $z=re^{i\theta}$ とおくと，複素関数 $f(z)$ は $f(z)=f(re^{i\theta})=u(r, \theta)+iv(r, \theta)$ と表わすことができる．次の関数 $f(z)$ の各々について，$u(r, \theta)$ と $v(r, \theta)$ を求めよ．

(1) z^n (2) $z^{1/2}$

(3) $\dfrac{1}{z+i}$ $(z \neq -i)$ (4) $z+\dfrac{1}{z}$ $(z \neq 0)$

[3] $w=f(z)$ を z について解き直すことによって，z を w の関数とみなすことができる．この関数を $z=g(w)$ と表わす．$z=g(w)$ を $w=f(z)$ の**逆関数**という．次の関数の逆関数を求め，それが w の何価の関数となるかを調べよ．

(1) $w = \alpha z + \beta$ $(\alpha \neq 0)$ (2) $w = \dfrac{\alpha}{z} + \beta$ $(\alpha \neq 0)$

(3) $w = z^2$ (4) $w = z + \dfrac{1}{z}$

[4] 複素関数

$$w = f(z) = \frac{\alpha z + \beta}{\gamma z + \delta} \qquad (\alpha\delta - \beta\gamma \neq 0)$$

による z から w への変換を**1次分数変換**という．次の 2 つの 1 次分数変換

$$f_1(z) = \frac{\alpha_1 z + \beta_1}{\gamma_1 z + \delta_1}, \quad f_2(z) = \frac{\alpha_2 z + \beta_2}{\gamma_2 z + \delta_2}$$

について以下の問に答えよ．ただし，$\alpha_i\delta_i - \beta_i\gamma_i \neq 0$, $z \neq -\delta_i/\gamma_i$ $(i=1, 2)$.

(1) 合成変換 $f_{21}(z)=f_2(f_1(z))$ を求めよ．

(2) 合成変換 $f_{12}(z)=f_1(f_2(z))$ を求めよ．

(3) $f_{12}(z)=f_{21}(z)$ となるための条件を求めよ．

2–2 複素関数の極限値と連続性

極限値　複素関数 $w=f(z)$ で，変数 z が z 平面上のある点 z_0（z_0 が $f(z)$ の定義域の境界上にある場合も含まれる）に近づくとき，w が w 平面上の1点 w_0 に限りなく近づくならば，$f(z)$ は $z=z_0$ で**極限値** w_0 をもつといい，次のように表わす.

$$\lim_{z \to z_0} f(z) = w_0 \quad \text{または} \quad z \to z_0 \text{ で } f(z) \to w_0 \tag{2.2}$$

直線上と違って複素平面上では，z の z_0 への近づき方には，いろいろな方向が考えられる（図 2-4(a)）.

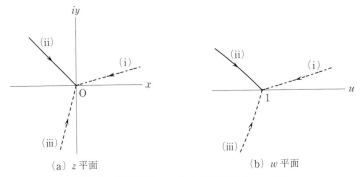

(a) z 平面　　　　　(b) w 平面

図 2-4　複素関数 $w=f(z)$ が極限値をもつ場合

　この例では複素関数 $f(z)$ として指数関数（第3章参照）$f(z)=e^z$ を用いた. 図 2-4(a) は z 平面上の直線で，(i) $z=(1+i)t$，(ii) $z=1+i(2-t)$，(iii) $z=2-t+it$ を適当な t の範囲で描いたものである. 図 2-4(b) の各曲線 (i)〜(iii) は，図 2-4(a) の z の変化に対応する w の変化を表わしたものである.

　そこで，z 平面上で z がどの方向から z_0 に近づいても，$f(z)$ がつねに w 平面上の同じ1点 w_0 に近づくとき，またそのときに限り，$f(z)$ が $z=z_0$ で極限値 w_0 をもつと定義する. したがって，$f(z)$ が極限値をもつとき，その極限値は1通りに決まる（図 2-4(b)）.

極限値の関係　複素関数 $f(z)$, $g(z)$ が，$z=z_0$ で極限値 $\lim_{z \to z_0} f(z)=\alpha$ と $\lim_{z \to z_0} g(z)=\beta$ をもつとき，次の公式が成り立つ．

(1)　$\lim_{z \to z_0} \{f(z) \pm g(z)\} = \alpha \pm \beta$　　　(2)　$\lim_{z \to z_0} \{f(z)g(z)\} = \alpha\beta$

(3)　$\lim_{z \to z_0} \dfrac{f(z)}{g(z)} = \dfrac{\alpha}{\beta}$　　$(\beta \neq 0)$ $\hspace{2cm}$ (2.3)

複素関数の連続性　$z=z_0$ で複素関数 $f(z)$ の極限値が存在しても，この点で $f(z)$ が定義されていない場合や，定義されていたとしてもそれが極限値に一致しない場合がある．$f(z_0)$ が次の3つの条件

(1)　$z=z_0$ で $f(z_0)$ が存在する，

(2)　$\lim_{z \to z_0} f(z)=w_0$ が存在する，$\hspace{3cm}$ (2.4)

(3)　$w_0=f(z_0)$ が成り立つ，

を同時にみたすとき，$f(z)$ は $z=z_0$ で**連続**であるという．この場合，z 平面で z が z_0 に近づくにつれて，w 平面で $f(z)$ は $f(z_0)$ に近づき，$z=z_0$ では $f(z_0)$ に一致する．

$f(z)$, $g(z)$ が $z=z_0$ で連続ならば，それらの和・差・積・商で与えられる次の関数

(1)　$f(z) \pm g(z)$　　　(2)　$f(z)g(z)$　　　(3)　$\dfrac{f(z)}{g(z)}$　　$(g(z) \neq 0)$

も $z=z_0$ で連続である．

$z \to \infty$ での極限値　上に述べた極限値の議論はすべて z_0 が有限の場合についてのものであった．問題によっては，$z \to \infty$ での関数の振舞いを調べる必要がある．$z \to \infty$ の点を**無限遠点**という（複素平面は $|z| < \infty$ の領域で考えられているが，これを拡張して無限遠点を含めて考えるとき，この拡張された複素平面を**拡大 z 平面**という）．無限遠点での関数の振舞いを調べるためには，$z=1/w$ と変換して

$$\lim_{z \to \infty} f(z) = \lim_{w \to 0} f(1/w) \hspace{2cm} (2.5)$$

によって，$f(z)$ の $z \to \infty$ での極限値を定義する．このように定義した極限値が存在すれば，有限の z_0 での極限値に関する公式が $z \to \infty$ でも成り立つ．

例題 2.2 (i) 次の極限値は存在するか,存在するときはその値を求めよ.

(1) $\displaystyle\lim_{z\to\alpha}\frac{z^2-(\alpha+\beta)z+\alpha\beta}{z-\alpha}$ (2) $\displaystyle\lim_{(x,\,y)\to(0,\,0)}f(x,y)=\frac{x^2y+ixy^2}{x^3-iy^3}$

(ii) 次の関数の連続性を調べよ.

(1) $\displaystyle f(z)=\frac{z^2-(\alpha+\beta)z+\alpha\beta}{z-\alpha}$, $f(\alpha)=\alpha-\beta$

(2) $\displaystyle f(z)=f(x+iy)=\frac{x^2y+ixy^2}{x^3-iy^3}$

[**解**] (i) (1) 分子は $(z-\alpha)(z-\beta)$ と因数分解できるので,$z\neq\alpha$ のとき $f(z)=z-\beta$ となる.$z\to\alpha$ の極限を求めるには,$z=\alpha+re^{i\theta}$ $(r>0)$ とおいて $r\to0$ の極限を考えればよいので,

$$f(z)=\alpha-\beta+re^{i\theta}$$

より,$\displaystyle\lim_{r\to0}f(\alpha+re^{i\theta})=\alpha-\beta$ となり,求める極限が存在し,その値は $\alpha-\beta$ で与えられることがわかる.

(2) $x\to0$,$y\to0$ における $f(x,y)$ の極限値を調べるために,$x=r\cos\theta$,$y=r\sin\theta$ とおいて,$r\to0$ の極限を調べる.このとき与えられた関数の $r\to0$ の極限は

$$\lim_{r\to0}\frac{r^3\cos\theta\sin\theta(\cos\theta+i\sin\theta)}{r^3(\cos^3\theta-i\sin^3\theta)}=\frac{\cos\theta\sin\theta}{\cos^2\theta-i\cos\theta\sin\theta-\sin^2\theta}$$

となり,これは θ に依存する.したがって,点 $x=0$,$y=0$ に近づくときの方向により,$f(x,y)$ の極限の値が異なることから,この点では与えられた関数 $f(x,y)$ は極限値をもたない.

(ii) (1) $z\neq\alpha$ では $f(z)=z-\beta$ より,$f(z)$ は連続である.次に $z=\alpha$ での極限を調べる.定義から $f(\alpha)$ は存在し,また (i) でみたように極限値 $\displaystyle\lim_{z\to\alpha}f(z)$ が存在し,それは $f(\alpha)$ に一致する.よって,点 $z=\alpha$ においても $f(z)$ は連続である.点 $z=\alpha$ における $f(z)$ を $f(\alpha)=\alpha-\beta$ と定義したことによって,$f(z)$ が $z=\alpha$ を含む z 平面のいたるところで連続となる.

(2) $x\neq0$,$y\neq0$ のとき,すなわち $z\neq0$ のとき $f(z)$ は連続.一方 (i) で示したように,点 $x=0$,$y=0$ すなわち $z=0$ で,この関数は極限値をもたない.よって,$f(z)$ は $z=0$ で連続でない.

◖||||||||||||||||||||||||||||||||||||||||||||||||||||| **問　題 2–2** |||||||||||||||||||||||||||||||||||||||||||||||||||||||||||||||

[1]　次の極限値を求めよ.

(1)　$\displaystyle\lim_{z\to a}\{(z^3-3a^3)+(3z-\alpha)\}$
(2)　$\displaystyle\lim_{z\to\infty}\frac{z^2-3}{1+3z+5z^2}$

(3)　$\displaystyle\lim_{z\to i}\frac{z^3-ia}{z+a}$
(4)　$\displaystyle\lim_{z\to i}(z+i)(z^2+3z+2)$

(5)　$\displaystyle\lim_{z\to 0}\bar{z}$
(6)　$\displaystyle\lim_{z\to 0}\frac{z^2}{\bar{z}}$

[2]　関数 $f(z)=\bar{z}/z\ (z\neq 0)$ について, 極限値 $\displaystyle\lim_{z\to 0}f(z)$ は存在しないことを示せ.

[3]　次の関数の原点での連続性を吟味せよ.

(1)　$f(z)=z^2\quad(z\neq 0),\quad f(0)=1$

(2)　$f(z)=\mathrm{Re}\ z/|z|\quad(z\neq 0),\quad f(0)=0$

(3)　$f(z)=(\alpha z+\beta)/(1+|z|)\quad(z\neq 0),\quad f(0)=\beta\quad(\alpha,\beta\ は複素定数)$

(4)　$f(z)=\dfrac{z^2}{\bar{z}},\quad f(0)=0$

[4]　関数 $f(z)=z^{1/2}$ で $z=re^{i\theta}\ (-\pi<\theta<\pi)$ とおいたとき, $f(z)$ は負の実軸上の各点で極限値をもたないことを示せ.

Tips: 拡大 z 平面とリーマン球面

はじめに，直線と円周の対応を考えてみよう．ちょっと考えると，無限に長い直線と有限の長さをもつ円周とを対応させるというのは不可能のように思えるかも知れない．しかし，次の計算に見るように，これはそれほど的はずれの考えではない．

$$\int_{-\infty}^{\infty}\frac{dx}{1+x^2}=\int_{-\pi}^{\pi}\frac{1}{1+\tan^2(\theta/2)}\frac{1}{2}\sec^2\frac{\theta}{2}d\theta \quad (=\pi)$$

下図(a)のように，数直線 R と点 $x=0$ で接する半径 $1/2$ の円を考えて，R 上の点 P（座標 x）と円周上の点 Q（座標 θ）を図のようにとれば，x と θ の関係は $x=\tan(\theta/2)$ であるから，この計算の意味は，まさに直線と円周との対応である．ただし，円周の頂点 N に対応する点は R 上の有限の範囲にはない．実際に点 P を動かして考えるとわかるように，$x=+\infty$ と $x=-\infty$ をどちらとも N に対応させるのが自然である．このことは，「$\pm\infty$ を同一視し，数直線にこの符号の違いを無視した無限大を 1 点追加したものは円周と同一視できる」ということを表わす．

さらに，図(a)の ON を軸としてこれを回転することにより，図(b)のような平面と球面との対応が考えられる．複素平面にこのような方法で球面を対応させるとき，それを**リーマン(Riemann)球面**と呼ぶ．実数の場合の説明からもわかるように，リーマン球面の北極 N には，偏角の違いを無視することにより同一視される $|z|=\infty$ の点(無限遠点)を対応させればよい．こうして複素平面に無限遠点を付け加えたもの(すなわち拡大 z 平面)はリーマン球面と同一視されることがわかる．

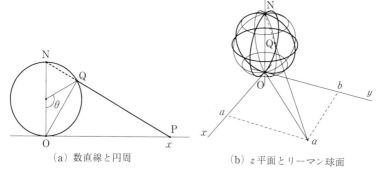

（a）数直線と円周　　　　　（b）z 平面とリーマン球面

2-3 複素関数の微分と正則関数

正則関数　複素関数 $f(z)$ の**導関数** $f'(z)$（または df/dz で表わす）を次の式

$$f'(z_0) = \lim_{z \to z_0} \frac{f(z) - f(z_0)}{z - z_0} \tag{2.6}$$

で定義する．$z = z_0$ で $f'(z_0)$ が存在するとき（上式の極限値が存在するとき），$f(z)$ は $z = z_0$ で**微分可能**であるという．$f(z)$ が z 平面の領域 D の各点で微分可能であるとき，$f(z)$ は D で**正則**であるという．一方，$f(z)$ が z_0 で微分可能でないとき，この点 z_0 を $f(z)$ の**特異点**という．

$f(z)$ が $z = z_0$ で微分可能であるためには，極限値の定義により

(1)　$f(z)$ が $z = z_0$ で連続であり，

(2)　z がどの方向から z_0 に近づいても，(2.6) の極限は同じ値となる

ことが必要である．

微分に関する基本公式　$f(z), g(z)$ が z 平面の領域 D で正則であるとき，この領域で次の公式が成り立つ．

(1)　$(\alpha f(z))' = \alpha f'(z)$　　　（α は定数）

(2)　$\{f(z) \pm g(z)\}' = f'(z) \pm g'(z)$

(3)　$\{f(z)g(z)\}' = f'(z)g(z) + f(z)g'(z)$

(4)　$\left\{\dfrac{f(z)}{g(z)}\right\}' = \dfrac{f'(z)g(z) - f(z)g'(z)}{g^2(z)}$　　　$(g(z) \neq 0)$

(5)　g が合成関数 $g = g(w)$，$w = f(z)$ で与えられるとき，

$$\frac{dg}{dz} = \frac{dg}{dw}\frac{dw}{dz}$$

等角写像　複素関数 $w = f(z)$ によって，点 z_0 で交わる z 平面上のなめらかな曲線 C_1, C_2 が，$w_0 = f(z_0)$ で交わる w 平面上の曲線 C'_1, C'_2 に写像されるものとする．点 z_0 を含む領域 D で $f(z)$ が正則で，かつ $f'(z_0) \neq 0$ ならば，z_0 における C_1 と C_2 の接線の交角 θ と，w_0 における C'_1 と C'_2 の接線の交角 θ' は等し

い(例題 2.5 参照)．一般に 2 つの曲線の交角を不変にする写像を**等角写像**と呼ぶ．正則関数 $w=f(z)\,(f'(z) \neq 0)$ による対応関係は等角写像である．

Coffee Break

S 君と M 君の複素数問答・その 1
 1＝−1？ のパラドックス

S 君と M 君は友人で，複素数の学習を始めたばかりである．この 2 人がある日のコーヒータイムに顔を合わせて，複素数について何やら話し始めた．

M 君　いま複素数の掛け算の問題を解いているんだけれど，どうもよくわからなくて困っているんだよ．

S 君　なになに掛け算の計算だろ．まかせておけって！

M 君　実は $\sqrt{-1} \times \sqrt{-1}$ の計算なんだけどね …．

S 君　そんな計算は簡単なものさ．$\sqrt{-1} \times \sqrt{-1}$ は $\sqrt{-1}$ の 2 乗だから，$\sqrt{-1} \times \sqrt{-1}=(\sqrt{-1})^2=-1$ だよ．

M 君　うん，それはわからないわけではないんだけど …．

S 君　なんだなんだはっきりしないな！　いったい何が問題なんだ．

M 君　だけど，$\sqrt{-1} \times \sqrt{-1}$ は $\sqrt{-1 \times \sqrt{-1}}=\sqrt{(-1)^2}$ とも書けるだろう．そこで $\sqrt{}$ の中をさきに計算すると，$\sqrt{-1} \times \sqrt{-1}=\sqrt{(-1)^2}=\sqrt{1}=1$ となるよね．計算の仕方によって $\sqrt{-1} \times \sqrt{-1}=-1$ になったり $\sqrt{-1} \times \sqrt{-1}=1$ になったりで，昨晩から頭が混乱しているんだよ．

S 君　なるほどね！　どちらの計算も納得してしまうような気がするね．だけどそうすると $-1=1$ か？　これは明らかにパラドックスだ！

M 君　だろう …．これで寝不足なんだ．

S 君　うーん…，これは難問だ！　僕も頭が混乱してきたよ．

　2 人にとっては，このコーヒータイムはコーヒーブレイクにはならなかったようです．読者の皆さんはいかがですか．(パラドックスの解決は Tips 「1＝−1？　パラドックスの再考」参照．)

例題 2.3 次の関数 $f(z)$ の特異点の位置を求めよ．また特異点以外の点における各関数の微分係数を求めよ．

(i) $\dfrac{z-i}{2z+3i}$ (ii) $\dfrac{z^2-i}{iz^2+3z+4i}$

[解] (i)

$$\frac{f(z+\Delta z)-f(z)}{\Delta z} = \frac{5i}{(2z+3i)(2z+3i+2\Delta z)}$$

より，$2z+3i \neq 0$ のとき，上式で $\Delta z \to 0$ の極限値は存在し，それは $\dfrac{5i}{(2z+3i)^2}$ となる．一方，与えられた関数の分母が 0 となる点 $z=-3i/2$ では，上式の極限値は存在しない．よって，点 $z=-3i/2$ はこの関数の特異点であり，この点以外では微分可能であって，その微分係数は $\dfrac{5i}{(2z+3i)^2}$ で与えられる．

(ii)

$$\frac{f(z+\Delta z)-f(z)}{\Delta z}$$
$$= \frac{(3z^2+8iz-2z+3i)+(3z+4i-1)\Delta z}{(iz^2+3z+4i)\{(iz^2+3z+4i)+\Delta z(2iz+i\Delta z+3)\}}$$

より，$iz^2+3z+4i \neq 0$ のとき（$z \neq -i$, $z \neq 4i$ のとき），上式で $\Delta z \to 0$ の極限値は存在し，その微分係数は

$$\frac{3z^2+8iz-2z+3i}{(iz^2+3z+4i)^2}$$

で与えられる．一方，関数の分母が 0 となる点 $z=-i$ および $z=4i$ では，上式の極限値は存在しない．よって，$z=-i$ および $z=4i$ はこの関数の特異点である．

例題 2.4 次の関数は正則でないことを示せ.

(i) $\dfrac{\bar{z}}{z}$ $(z\neq0)$ (ii) $z^2+2a\bar{z}+3i$ $(a\neq0)$

[**解**] (i) 次の式

$$\frac{1}{\varDelta z}\left(\frac{\bar{z}+\varDelta\bar{z}}{z+\varDelta z}-\frac{\bar{z}}{z}\right)=\frac{1}{\varDelta z}\left(\frac{z\varDelta\bar{z}-\bar{z}\varDelta z}{z(z+\varDelta z)}\right)$$

で, $\varDelta z\to0$ の極限を調べるために, 上式で $\varDelta z=re^{i\theta}$, $\varDelta\bar{z}=re^{-i\theta}$ とおいて, $r\to0$ の極限を考えると,

$$\lim_{r\to0}\frac{1}{\varDelta z}\left(\frac{\bar{z}+\varDelta\bar{z}}{z+\varDelta z}-\frac{\bar{z}}{z}\right)=\frac{ze^{-2i\theta}-\bar{z}}{z^2}$$

となる. $z=0$ では与えられた関数は存在しないから, そこでは連続でない. また, $z\neq0$ においても, 上式は θ によるから, 極限値が存在しない. この結果, 与えられた関数は z 平面上のいたるところで微分可能でないことがわかる. したがって, この関数は正則関数ではない.

(ii) $f(z)=z^2+2a\bar{z}+3i$ とおいたとき,

$$\frac{f(z+\varDelta z)-f(z)}{\varDelta z}=\frac{2z\varDelta z+(\varDelta z)^2+2a\varDelta\bar{z}}{\varDelta z}$$

で $\varDelta z\to0$ の極限を調べるために, $\varDelta z=re^{i\theta}$, $\varDelta\bar{z}=re^{-i\theta}$ とおいて, $r\to0$ の極限をとると,

$$\lim_{r\to0}\frac{f(z+\varDelta z)-f(z)}{\varDelta z}=2z+2ae^{-2i\theta}$$

となる. $a\neq0$ のとき, 上の極限は近づく方向によってその値が異なることになり, $\varDelta z\to0$ の極限値は存在しない. よって $a\neq0$ のとき, 与えられた関数は z 平面のいたるところで微分不可能である. したがって, この関数は正則ではない. 一方, $a=0$ ならば上の極限値は存在するから, この関数 $(f(z)=z^2+3i)$ は z 平面のいたるところで微分可能となる.

これらの例から予想されるように, 一般に変数として $\bar{z}$ を含む関数は正則ではないことが示される(この点については, 例題 2.7 と問題 2-4 の[2]の(1)で考察している).

例題 2.5 関数 $w = f(z)$ は，領域 D において正則かつ D の各点で $f' \neq 0$ をみたすものとする．$f(z)$ による D の像を D' とすれば，対応関係 $f : D \to D'$ は等角写像であることを示せ．

[**解**] z_0 を D 内の任意の 1 点とする．点 $z_0 \in D$ で交わる z 平面上の曲線 C_1, C_2 上にそれぞれ点 z_1 と z_2 をとる．このとき $|z_1 - z_0|$, $|z_2 - z_0|$ はいずれも十分小さいものとする．点 z_0 で $f(z)$ は微分可能であるから，$f'(z_0)$ が存在する．よって，z_1 と z_2 に対応する w 平面上の点 $w_1 = f(z_1)$，$w_2 = f(z_2)$ に対して，次の式

$$w_1 - w_0 = f'(z_0)(z_1 - z_0) + (z_1 - z_0) \text{ の高次の微小量}$$
$$w_2 - w_0 = f'(z_0)(z_2 - z_0) + (z_2 - z_0) \text{ の高次の微小量}$$

が成り立つ．この 2 式の比をとり $f'(z_0) \neq 0$ を用いれば

$$\frac{w_2 - w_0}{w_1 - w_0} = \frac{f'(z_0)(z_2 - z_0) + \varepsilon_2}{f'(z_0)(z_1 - z_0) + \varepsilon_1}$$
$$= \frac{z_2 - z_0}{z_1 - z_0} \frac{1 + \mathscr{E}_2}{1 + \mathscr{E}_1}, \qquad \mathscr{E}_i = \frac{\varepsilon_i}{f'(z_0)(z_i - z_0)} \qquad (1)$$

が得られる．ここで ε_1, ε_2 はそれぞれ $z_1 - z_0$, $z_2 - z_0$ の 2 次以上の項を表わす．

定義により $\mathscr{E}_i$ は $z_i - z_0$ の 1 次以上の項，したがって，$\displaystyle\lim_{z_i \to z_0} \mathscr{E}_i = 0$ となる．よって，

$$\lim_{z_1, z_2 \to z_0} \frac{w_2 - w_0}{w_1 - w_0} \frac{z_1 - z_0}{z_2 - z_0} = 1 \qquad (2)$$

が導かれる．

次に

$$\frac{w_2 - w_0}{w_1 - w_0} = R e^{i\Theta}, \qquad \frac{z_2 - z_0}{z_1 - z_0} = r e^{i\theta}$$

とおけば，

$$\frac{w_2 - w_0}{w_1 - w_0} \frac{z_1 - z_0}{z_2 - z_0} = \frac{R}{r} e^{i(\Theta - \theta)}$$

となる．これを (2) に代入すると，絶対値と偏角のそれぞれについて，次の 2 つの関係式

$$\lim_{z_1, z_2 \to z_0} \frac{R}{r} = 1, \qquad \lim_{z_1, z_2 \to z_0} (\Theta - \theta) = 2n\pi$$

が得られる．上の 2 つの式のうち第 2 式は 2 つの三角形 $\triangle z_1 z_0 z_2$, $\triangle w_1 w_0 w_2$ について，角 $\angle z_1 z_0 z_2$ と $\angle w_1 w_0 w_2$ が極限において等しいこと，すなわち正則関数 $f(z)$ による対応関係は等角写像であることを示している．また第 1 式はそれぞれの三角形において，こ

れらの角を挟む 2 辺の長さの比が同じ極限において等しいことを意味する．この結果，極限においてこれらの三角形は相似(二辺挟角)であることも示された．

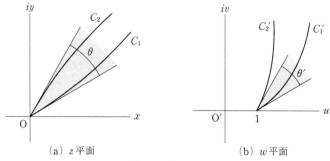

（a）z 平面 　　　　　　　　（b）w 平面

図 2-5　等角写像

上図の例は，z 平面上の原点で交わる 2 曲線 C_1, C_2 の原点付近の様子と，指数関数 (第 3 章) $f(z)=e^z$ による C_1, C_2 の像 C_1', C_2' の $w=1$ 付近の様子を表わしている．

Tips:　$f'(z_0)=0$ の場合についての注意

例題 2.5 の考察(式(1)を導く過程で $f'(z_0) \neq 0$ を用いたことに注意)からわかるように，正則関数による写像が等角であることを示すためには，その点での導関数の値が 0 にならないことが必要である．もしこの条件がみたされない点で同様の考察をするならば，例題 2.5 の式(1)の 2 行目は導けない．したがってこの場合，$f(z)$ による対応関係が等角写像になるとは限らない．$f'(z_0)=0$ となる場合には，式(1)は $\dfrac{w_2-w_0}{w_1-w_0} = \dfrac{\varepsilon_2}{\varepsilon_1}$ となるから，高次の微小量として扱った $\varepsilon_1, \varepsilon_2$ に注目し，その比を吟味すればよい．ただし，これを調べるには第 3 章で述べるド・ロピタルの定理の知識が必要になる．

━━━━━━━━━━━━━━━━━━ 問　題 2–3 ━━━━━━━━━━━━━━━━━━

[1]　与えられた点 z_0 における次の関数の微分係数を定義にしたがって計算せよ.

(1)　$z^2 - 2iz + 3$　$(z_0 = i)$　　　　(2)　$\dfrac{1}{1+z}$　$(z_0 = 1)$

(3)　$\dfrac{1}{2}\left(z + \dfrac{1}{z}\right)$　$(z_0 = -i)$　　　(4)　$\dfrac{1}{2i}\left(z - \dfrac{1}{z}\right)$　$(z_0 = -i)$

[2]　次の関数の微分可能性を調べよ.

(1)　$\alpha z + \beta$　　　(2)　$\dfrac{2z+1}{z+1}$　　　(3)　$\bar{z}$　　　(4)　$\displaystyle\sum_{r=0}^{n} z^r$　$(n$ は自然数$)$

[3]　$w = \dfrac{\alpha z + \beta}{\gamma z + \delta}$ を z について微分することにより，w が定数となるための条件を求めよ.

[4]　自然数 n が与えられたとき，

$$f(z) = \frac{1 - z^{n+1}}{1 - z}$$

の $z = 1$ における微分可能性を調べよ．ただし，$f(1) = n+1$ と定義する.

[5]　関数 $f(z) = z^2$ による写像 $w = f(z)$ の性質を調べる．以下の問に答えよ.

(1)　z 平面の 2 つの直線

　　(a)　$z = 1 + \dfrac{\sqrt{3}\,t}{2} + \dfrac{it}{2}$　　　(b)　$z = 1 + \dfrac{t}{2} + \dfrac{i\sqrt{3}\,t}{2}$

の，交点 z_0 と，z_0 におけるこれらの直線の交角 θ を求めよ.

(2)　(1)で与えられた 2 つの直線の $f(z)$ による w 平面上の像を求め，それを図示せよ．また，w 平面での像の交点においてこれらの像の接線がなす角を求め，(1)で求めた θ と比較せよ.

(3)　同様の問題を次の 2 つの直線

　　(c)　$z = \dfrac{\sqrt{3}\,t}{2} + \dfrac{it}{2}$　　　(d)　$z = \dfrac{t}{2} + \dfrac{i\sqrt{3}\,t}{2}$

について調べ，(1)との差違とそれが生じる理由を述べよ.

2–4 コーシー–リーマンの微分方程式

コーシー–リーマンの微分方程式 領域 D で $z = x + iy$ の関数 $f(z) = u(x, y) + iv(x, y)$ が正則ならば，$u(x, y)$ と $v(x, y)$ は次の**コーシー–リーマンの微分方程式**(Cauchy–Riemann's relation)

$$\frac{\partial u}{\partial x} = \frac{\partial v}{\partial y}, \qquad \frac{\partial v}{\partial x} = -\frac{\partial u}{\partial y} \tag{2.7}$$

をみたすことが示される．したがって，(2.7)は $f(z) = u(x, y) + iv(x, y)$ が微分可能であるための必要条件であることがわかる．逆に，$u(x, y)$，$v(x, y)$ がコーシー–リーマンの微分方程式をみたし，かつそれらの偏導関数が連続ならば，複素関数 $f(z) = u(x, y) + iv(x, y)$ は微分可能(正則)であることが示される．

また，$z = re^{i\theta}$，$f(z) = u(r, \theta) + iv(r, \theta)$ とおくと，$f(z)$ が正則ならば，$u(r, \theta)$，$v(r, \theta)$ は，次の連立偏微分方程式をみたすことが示される(これを**極形式のコーシー–リーマンの方程式**という)．

$$\frac{\partial u}{\partial r} = \frac{1}{r}\frac{\partial v}{\partial \theta}, \qquad \frac{\partial v}{\partial r} = -\frac{1}{r}\frac{\partial u}{\partial \theta} \qquad (r \neq 0) \tag{2.8}$$

調和関数 正則関数の実部 u と虚部 v が2回以上微分可能ならば，コーシー–リーマンの微分方程式から，u と v はそれぞれ次の2階偏微分方程式をみたすことが示される．

$$\frac{\partial^2 u}{\partial x^2} + \frac{\partial^2 u}{\partial y^2} = 0, \qquad \frac{\partial^2 v}{\partial x^2} + \frac{\partial^2 v}{\partial y^2} = 0 \tag{2.9}$$

$$\frac{\partial^2 u}{\partial r^2} + \frac{1}{r}\frac{\partial u}{\partial r} + \frac{1}{r^2}\frac{\partial^2 u}{\partial \theta^2} = 0, \qquad \frac{\partial^2 v}{\partial r^2} + \frac{1}{r}\frac{\partial v}{\partial r} + \frac{1}{r^2}\frac{\partial^2 v}{\partial \theta^2} = 0 \tag{2.10}$$

上の偏微分方程式を，2次元の**ラプラス**(Laplace)**方程式**(および**極形式のラプラス方程式**)と呼び，またその解を**調和関数**という．コーシー–リーマンの微分方程式で結ばれる調和関数を，**互いに共役な調和関数**という．正則関数の実部と虚部は，互いに共役な調和関数である．

例題 2.6 複素変数 $z = r(\cos\theta + i\sin\theta)$ の関数 $w(z)$ を, $w(z) = u(r, \theta) + iv(r, \theta)$ とおく. 関数 $w(z)$ が微分可能であれば,

(i) u と v が, 極形式のコーシー–リーマンの微分方程式

$$\frac{\partial u}{\partial r} = \frac{1}{r}\frac{\partial v}{\partial \theta}, \qquad \frac{\partial u}{\partial \theta} = -r\frac{\partial v}{\partial r}$$

をみたすことを示せ.

(ii) $u(r, \theta)$, $v(r, \theta)$ が極形式のラプラス方程式をみたすことを示せ.

[解] (i) $z + \Delta z$ を r, θ および $\Delta r, \Delta\theta$ で表わせば, $z + \Delta z = (r + \Delta r)\{\cos(\theta + \Delta\theta) + i\sin(\theta + \Delta\theta)\}$ となる. ここで $\cos(\theta + \Delta\theta)$, $\sin(\theta + \Delta\theta)$ を $\Delta\theta$ について展開しその1次までとると, $\cos(\theta + \Delta\theta) = \cos\theta - \Delta\theta\sin\theta$, $\sin(\theta + \Delta\theta) = \sin\theta + \Delta\theta\cos\theta$ と表わせるから, $z + \Delta z = (\cos\theta + i\sin\theta)(r + \Delta r + ir\Delta\theta)$ となり, $\Delta z = e^{i\theta}(\Delta r + ir\Delta\theta)$ が得られる. また, w を r と θ の関数とみなせば

$$w(z + \Delta z) - w(z)$$
$$= u(r + \Delta r, \theta + \Delta\theta) + iv(r + \Delta r, \theta + \Delta\theta) - u(r, \theta) - iv(r, \theta)$$
$$= \frac{\partial u}{\partial r}\Delta r + \frac{\partial u}{\partial \theta}\Delta\theta + i\frac{\partial v}{\partial r}\Delta r + i\frac{\partial v}{\partial \theta}\Delta\theta + (\Delta r, \Delta\theta \text{ の高次の微小量})$$

と表わせる. したがって

$$\frac{w(z + \Delta z) - w(z)}{\Delta z}$$
$$= \frac{e^{-i\theta}}{\Delta r + ir\Delta\theta}\left\{\left(\frac{\partial u}{\partial r} + i\frac{\partial v}{\partial r}\right)\Delta r + \left(\frac{\partial u}{\partial \theta} + i\frac{\partial v}{\partial \theta}\right)\Delta\theta + (\Delta r, \Delta\theta \text{ の高次の微小量})\right\}$$

となる. $\Delta z \to 0$ の極限は, $\Delta r \to 0$ と $\Delta\theta \to 0$ を意味するが, それらの極限をとる順序を

(a) $\Delta r \to 0$ を先にとり, 次に $\Delta\theta \to 0$ をとれば,

$$\lim_{\Delta z \to 0}\frac{w(z + \Delta z) - w(z)}{\Delta z} = \frac{1}{r}\left(\frac{1}{i}\frac{\partial u}{\partial \theta} + \frac{\partial v}{\partial \theta}\right)e^{-i\theta}$$

(b) $\Delta\theta \to 0$ を先にとり, 次に $\Delta r \to 0$ をとれば

$$\lim_{\Delta z \to 0}\frac{w(z + \Delta z) - w(z)}{\Delta z} = \left(\frac{\partial u}{\partial r} + i\frac{\partial v}{\partial r}\right)e^{-i\theta}$$

となる.

w が微分可能であるとき, 上の2通りの極限は等しいから, 求める連立微分方程式

$$\frac{\partial u}{\partial r} = \frac{1}{r}\frac{\partial v}{\partial \theta}, \qquad \frac{\partial u}{\partial \theta} = -r\frac{\partial v}{\partial r}$$

が得られる.

(ii) 極形式のコーシー–リーマンの微分方程式から,

$$\frac{\partial^2 u}{\partial\theta\partial r} = \frac{1}{r}\frac{\partial^2 v}{\partial\theta^2}, \qquad \frac{\partial^2 u}{\partial r\partial\theta} = -\frac{\partial v}{\partial r} - r\frac{\partial^2 v}{\partial r^2}$$

となる. これを $\dfrac{\partial^2 u}{\partial\theta\partial r} - \dfrac{\partial^2 u}{\partial r\partial\theta} = 0$ に代入すれば, v が極形式のコーシー–リーマンの微分方程式をみたすことが示される. u についても同様.

例題 2.7 (i) 次の複素関数

$$f(x,y) = (x^3 + axy^2 - 6xy) + i(bx^2 y + cy^3 + dx^2 - 3y^2)$$

を, 変数 $z = x + iy$ と $\bar{z} = x - iy$ の関数として表わせ.

(ii) $f(x,y)$ が微分可能であるとき, 係数 a, b, c, d の値を求めよ.

(iii) 上で求めた $f(x,y)$ の実部と虚部は, それぞれラプラスの方程式をみたすことを確かめよ.

[**解**] (i) $z, \bar{z}$ を用いると, $x = (z + \bar{z})/2$, $y = (z - \bar{z})/2i$ となる. これを代入すると, $f(x,y)$ は

$$\begin{aligned}
f(x,y) = \frac{1}{8}\Big\{ &(1 - a + b - c)z^3 + (3 + a + b + 3c)z^2\bar{z} + (3 + a - b - 3c)z\bar{z}^2 \\
&+ (1 - a - b + c)\bar{z}^3 + 2i(9 + d)z^2 + 4i(d - 3)z\bar{z} + 2i(d - 3)\bar{z}^2 \Big\}
\end{aligned} \tag{1}$$

と表わされる.

(ii) 与えられた関数の実部 u と虚部 v はそれぞれ, $u = x^3 + axy^2 - 6xy$, $v = bx^2 y + cy^3 + dx^2 - 3y^2$ となる. 関数が微分可能であるときは, コーシー–リーマンの微分方程式

$$\frac{\partial u}{\partial x} = \frac{\partial v}{\partial y}, \qquad \frac{\partial v}{\partial x} = -\frac{\partial u}{\partial y}$$

が成り立つから, 次の式

$$3x^2 + ay^2 - 6y = bx^2 + 3cy^2 - 6y$$
$$2bxy + 2dx = -2axy + 6x$$

が得られる. これらの式が恒等的に成り立つための条件から, 係数 a, b, c, d は次の関係をみたすことがわかる.

$$a = 3c, \ b = 3, \ b = -a, \ d = 3$$

よって, $a = -3$, $b = 3$, $c = -1$, $d = 3$. これを代入すると, 与えられた関数は

$$f(x, y) = x^3 - 3xy^2 - 6xy + i(3x^2y - y^3 + 3x^2 - 3y^2) = z^3 + 3iz \tag{2}$$

となる．ここで，(i)で示したように与えられた関数 $f(x, y)$ は一般的に z と $\bar{z}$ の関数であるが，それが微分可能であるための条件をみたすとき(式(2)の f には) $\bar{z}$ を含む項が現われないことに注目したい．このことは正則な複素関数は変数 z と $\bar{z}$ のうち z だけからなる関数であるという性質を反映したものである．

(iii) $u = x^3 - 3xy^2 - 6xy$, $v = 3x^2y - y^3 + 3x^2 - 3y^2$ より，

$$\frac{\partial^2 u}{\partial x^2} = 6x, \qquad \frac{\partial^2 u}{\partial y^2} = -6x$$

よって，u はラプラスの方程式をみたす．v についても同様．

—————————————————— 問 題 2-4 ——————————————————

[1] 2変数 x, y の実関数 $u(x, y)$, $v(x, y)$ が点 (x_0, y_0) において微分可能とする．このとき u と v の1次結合からなる関数 $f(x, y) = u(x, y) + iv(x, y)$ について次の問に答えよ．

(1) $z_0 = x_0 + iy_0$, $z = x + iy = z_0 + \rho e^{i\theta}$ とおき，θ を固定した極限

$$\lim_{\rho \to 0} \frac{f(x, y) - f(x_0, y_0)}{z - z_0}$$

を計算せよ．

(2) 「(1)の結果が θ に依存してはならない」という要求から，コーシー–リーマンの微分方程式を導け．

(3) これとは逆に，極限値

$$\lim_{\rho \to 0} \frac{f(x, y) - f(x_0, y_0)}{\bar{z} - \bar{z}_0}$$

が存在するならば，それにはどのような意味があるか．

[2] 正則関数 $f(z) = u(x, y) + iv(x, y)$ に対するコーシー–リーマンの微分方程式およびラプラス方程式を，実変数 x, y のかわりに複素変数 $z, \bar{z}$ を独立変数とみなして考える．次の問に答えよ．

(1) コーシー–リーマンの微分方程式は

$$\frac{\partial}{\partial \bar{z}} f(z) = 0$$

と等価なことを示せ．

(2) $u(x, y)$, $v(x, y)$ に対するラプラス方程式が

$$\frac{\partial^2}{\partial z \partial \bar{z}} u\left(\frac{z + \bar{z}}{2}, \frac{z - \bar{z}}{2i}\right) = 0, \qquad \frac{\partial^2}{\partial z \partial \bar{z}} v\left(\frac{z + \bar{z}}{2}, \frac{z - \bar{z}}{2i}\right) = 0$$

と表わされることを示せ.

[3] $(x, y) \neq (0, 0)$ で定義された関数 $u(x, y) = \log \sqrt{x^2 + y^2}$ を考える.

(1) $(x, y) \neq (0, 0)$ で $u(x, y)$ はラプラス方程式をみたすことを確かめよ.

(2) $r = \sqrt{x^2 + y^2}$ とおくと, 与えられた関数 u は $u = \log r$ と表わされる. 極形式のコーシー–リーマンの方程式を用いて, u に共役な調和関数 $v(r, \theta)$ を求めよ.

[4] 領域 D で $f(z)$ が正則で, かつ

(1) $|f(z)| =$ 定数のとき,

または

(2) $f(z)$ の値が虚数値のみをとるとき,

この領域で $f(z)$ は定数であることを示せ.

Coffee Break

複素数のルーツ

現代に生きるわれわれが虚数に最初に出会うのは, 2次方程式の学習を始めるときである. 根と係数の関係を用いて2次方程式の解を求めるとき, 根号の中が負の値になって戸惑った経験があるが, それが虚数とわれわれの初めての出会いとなる. ところで, 人類が初めて虚数の存在を認識したのはいつの頃からであろうか. ここでは, 複素数のルーツを探ってみよう.

ゼロ (0) を発見したことでも有名なインドではすでに5世紀頃には, 現在われわれが学校で習う2次方程式の根の公式は知られていたようである. しかし今とは違ってこの頃は, 虚数が出てくる場合にはこの2次方程式は解をもたないものと判断し, それ以上虚数の意義を積極的にとらえようとする考えはなかったようである. 数学の歴史のなかで虚数の果たす役割が無視できない形で登場してくるのは, 16世紀になってからのことで, それまでに長い時間の経過が必要だったのである. ルネッサンス期のイタリアでは, 3次方程式の解法が問題になっていたが, この問題についてボローニア大学教授フェルロ (Ferro: 1456–1526) はある特別な形をもつ3次方程式の解法を発見し, それを弟子の1人にだけ伝えていたといわれている. 同じ頃フォンタナ

(Fontana: 1499–1557, 俗称タルタリアとも呼ばれている) も同じ問題に挑戦し, ついに一般的な3次方程式の解法を発見したが, その成果はフォンタナ自身によってではなく, 彼からその解法を聞き出したカルダノ (Cardano: 1501–1576) によって世に公表された.

　フォンタナによって発見されカルダノによって世間に知られるようになった3次方程式の根と係数の関係は, 今日カルダノの公式と呼ばれているが, この公式は不思議な性質をもつことが当時から知られていた. すなわち, 問題の3次方程式の係数がすべて実数の場合でも, 公式の計算の途中で虚数が現われてくることがある. しかしながら, 2次方程式の場合とは異なりさらに計算を続けると, 最後に実数の解が得られることがある. 与えられた3次方程式の係数はすべて実数であり, かつ得られた解も実数であるにもかかわらず, 計算の途中で虚数が登場するのを避けることができない場合が存在するのである. これがカルダノの公式の不思議なところであり, この事実こそ人類に虚数の重要な役割を認識させる契機となったのである (これは公式のもつ欠陥ではなく四則計算と実のベキ根を用いるだけでは実数解を求められない場合があることを示すものであり, これを不還元の場合という).

　その後, オイラー (Euler: 1707–1783) が膨大な計算の中で虚数の有効性を示し, またウェッセル (Wessel: 1745–1818) およびアルガン (Argand: 1768–1822) によって複素数の幾何学的な理解が与えられたことによって, 虚数の存在は次第に確たるものになっていった. しかし, それが最終的に認知されるに至るには, ガウス (Gauss: 1777–1855) による複素数と複素関数の研究を待たなければならなかったようである. 複素数に関するこの歴史をみると, 虚数と複素数のルーツはカルダノの公式にあるといえるのではなかろうか.

　今日数学および理工学の諸分野で, 複素数の果たしている役割の大きさを思うとき, 過去の数学者・哲学者および物理学者がその存在を認めることになるまでに抱いた悩みの深さを, 改めて振り返ってみるのも意義深いものがある.

3

いろいろな正則関数と
その性質

理工学の各分野で重要な役割を果たす複素変数の指数関数，三角関数，双曲線関数を定義する．実変数に対して定義されたこれらの関数はそれぞれ独立の関数であったが，複素関数としてのこれらの関数は互いに親戚関係にあることに注目したい．

3–1 多項式と有理関数

多項式　　複素関数 $f(z)=z^n$ $(n=1, 2, \cdots)$ は，z 平面のいたるところで微分可能(導関数は $f'(z)=nz^{n-1}$)である．よって，z^n は z 平面上の全領域で正則な関数である．正則関数の和はまた正則関数であるから，有限個の正則関数の和からなる次の関数(無限個の和からなる関数については 6–1 節で考える)

$$P_n(z) = \alpha_0 + \alpha_1 z + \alpha_2 z^2 + \cdots + \alpha_n z^n \tag{3.1}$$

は，z 平面上の全領域で正則な関数であり，その微分係数は

$$P'_n(z) = \alpha_1 + 2\alpha_2 z + \cdots + n\alpha_n z^{n-1} \tag{3.2}$$

で与えられる．$\alpha_n \neq 0$ のとき (3.1) の $P_n(z)$ を n 次の**多項式**と呼ぶ.

　　方程式 $P_n(z)=0$ は，n 個の解(重根を含めて) $\xi_1, \xi_2, \cdots, \xi_k$ をもつ(代数学の基本定理)から，$P_n(z)$ は次のように書き直すことができる.

$$P_n(z) = \alpha_n(z-\xi_1)^{n_1}(z-\xi_2)^{n_2}\cdots(z-\xi_k)^{n_k} \tag{3.3}$$

ただし，$n=n_1+n_2+\cdots+n_k$. このとき $\xi_1, \xi_2, \cdots, \xi_k$ をそれぞれ，$P_n(z)$ の n_1 位，n_2 位，$\cdots$，n_k 位の**零点**と呼ぶ.

有理関数　　2 つの多項式の比で与えられる関数

$$R(z) = \frac{\alpha_0 + \alpha_1 z + \alpha_2 z^2 + \cdots + \alpha_n z^n}{\beta_0 + \beta_1 z + \beta_2 z^2 + \cdots + \beta_m z^m} \tag{3.4}$$

を z の**有理関数**という．$R(z)$ は次のように書き直すことができる.

$$R(z) = \frac{\alpha_n(z-\xi_1)^{n_1}(z-\xi_2)^{n_2}\cdots(z-\xi_k)^{n_k}}{\beta_m(z-\eta_1)^{m_1}(z-\eta_2)^{m_2}\cdots(z-\eta_l)^{m_l}} \qquad (\beta_m \neq 0) \tag{3.5}$$

ただし，$\xi_i \neq \eta_j$ $(i=1, 2, \cdots, k; j=1, 2, \cdots, l)$ としておく．このとき，ξ_i は $R(z)$ の零点，η_j は特異点となる．特に上式の特異点 $\eta_1, \eta_2, \cdots, \eta_l$ をそれぞれ，$R(z)$ の m_1 位，m_2 位，$\cdots$，m_l 位の**極**という.

　　一般に z_0 が $f(z)$ の k 位の極ならば，$\{(z-z_0)^k f(z)\}$ は $z=z_0$ で正則となり，そこで 0 以外の極限値をもつ．これに対して，もしどんな正の整数 k をとっても，$\{(z-z_0)^k f(z)\}$ が $z=z_0$ で正則にならないならば(有理関数ではこのよう

なことはありえないが），z_0 を $f(z)$ の**真性特異点**という（6-3 節の式(6.11)参照）.

例題 3.1 次の関数

(i) $\dfrac{z^3-i}{z^5+z^4+2z^3+2z^2+z+1}$ (ii) $1+\dfrac{1}{z}+\dfrac{1}{z^2}$

の，すべての零点と極およびそれらの位数を求めよ.

[解] (i) $P(z)=z^3-i$ とおく．このとき $P(z)=0$ は 3 次方程式であるから 3 個の解をもつ．これらの解は $i=e^{i\pi/2}$ の 3 乗根で与えられるが，それらを $\alpha_0,\alpha_1,\alpha_2$ とすると，$\alpha_k=e^{i\pi/6+2k i\pi/3}$ $(k=0,1,2)$ より，

$$\alpha_0=e^{i\pi/6}=\frac{\sqrt{3}}{2}+i\frac{1}{2},\quad \alpha_1=e^{i5\pi/6}=-\frac{\sqrt{3}}{2}+i\frac{1}{2},\quad \alpha_2=e^{i3\pi/2}=-i$$

となる．これらの解を使って，関数 $P(z)=z^3-i$ は

$$P(z)=(z-\alpha_0)(z-\alpha_1)(z-\alpha_2)$$

と因数分解される.

一方，$Q(z)=z^5+z^4+2z^3+2z^2+z+1$ とおくと，この関数は

$$Q(z)=(z+1)(z^2+1)^2=(z+1)(z+i)^2(z-i)^2$$

と因数分解できる．よって，与えられた関数 $R(z)=P(z)/Q(z)$ は，

$$R(z)=\frac{(z-\alpha_0)(z-\alpha_1)(z-\alpha_2)}{(z+1)(z+i)^2(z-i)^2}=\frac{(z-\alpha_0)(z-\alpha_1)}{(z+1)(z+i)(z-i)^2}$$

となる．最後の等号は $\alpha_2=-i$ を用いた.

したがって，$R(z)$ は 2 個の 1 位の零点 α_0,α_1 と，2 個の 1 位の極 $z=-1$, $z=-i$, および 1 個の 2 位の極 $z=i$ をもつ.

(ii)

$$1+\frac{1}{z}+\frac{1}{z^2}=\frac{z^2+z+1}{z^2}=\frac{(z-z_+)(z-z_-)}{z^2}$$

ただし $z_\pm=\dfrac{-1\pm3i}{2}$. したがって，与えられた関数は $z=z_\pm$ で 1 位の零点，$z=0$ で 2 位の極をもつ.

例題 3.2 無限遠点 $z=\infty$ における $f(z)$ の振舞いは，その連続性を調べた場合と同じように，変数を $z=1/w$ とおきなおして，$g(w)=f(1/w)$ の $w=0$ における振舞いを調べればよい．

 (i) n 次の多項式 $P_n(z)=a_0+a_1z+\cdots+a_nz^n$ は，無限遠点で n 位の極をもつことを示せ．

 (ii) n 次の多項式 $P_n(z)$ と m 次の多項式 $Q_m(z)$ の比からなる有理関数

$$R(z) = P_n(z)/Q_m(z)$$

は，無限遠点において，(1) $n \le m$ のとき正則で特に $m>n$ ならば $m-n$ 位の零点をもち，(2) $n>m$ のとき $n-m$ 位の極をもつことを示せ．

[解] (i) $z=1/w$ とおくと，

$$P_n\left(\frac{1}{w}\right) = a_0+a_1\frac{1}{w}+\cdots+a_n\left(\frac{1}{w}\right)^n = \frac{a_0w^n+a_1w^{n-1}+\cdots+a_n}{w^n}$$

となるから，$P_n\left(\dfrac{1}{w}\right)$ は $w=0$ で n 位の極をもつ．よって，$P_n(z)$ は $z=\infty$ で n 位の極をもつ．

 (ii) $R(z)=\dfrac{\alpha_0+\alpha_1z+\cdots+\alpha_nz^n}{\beta_0+\beta_1z+\cdots+\beta_mz^m}$ で $z=1/w$ とおくと，

$$R\left(\frac{1}{w}\right) = w^{m-n}\frac{\alpha_0w^n+\alpha_1w^{n-1}+\cdots+\alpha_n}{\beta_0w^m+\beta_1w^{m-1}+\cdots+\beta_m}$$

となる．この関数の $w=0$ での振舞いを調べると，$m \ge n$ のとき正則であること，特に $m>n$ ならば $m-n$ 位の零点をもち，$m<n$ のとき $n-m$ 位の極をもつ．よって，$R(z)$ は $z=\infty$ で，(1) $n \le m$ のとき正則で，$m>n$ ならば $m-n$ 位の零点をもち，(2) $n>m$ のとき $n-m$ 位の極をもつことが示された．

 特に $n=0$ のとき，すなわち

$$R(z) = \frac{\alpha_0}{\beta_0+\beta_1z+\cdots+\beta_mz^m}\quad(\alpha_0\ne0)$$

のとき，$R(z)$ は $z=\infty$ で m 位の零点をもつ．

[**1**]　次の関数の特異点 z_0 を求め，それが極ならばその位数 k と極限値

$$\lim_{z \to z_0} (z-z_0)^k f(z)$$

を定めよ．極が複数あるならばそのすべてについて考えよ．

(1)　$\dfrac{1}{z^2+z+1}$　　(2)　$\dfrac{2z-1}{z^2-3z+2}$

(3)　$\dfrac{1-z^n}{1-z}$　　　(4)　$c_0 + \dfrac{c_1}{z} + \dfrac{c_2}{z^2} + \cdots + \dfrac{c_n}{z^n}$

[**2**]　関数

$$f(z) = \frac{z^2}{2z^2-z-1}$$

は，次の3つの領域(1), (2), (3)において連続であることを示せ．また，これらの領域で $f(z)$ が微分可能であるか否かを調べよ．

(1)　$0 \leqq |z| < \dfrac{1}{2}$　　(2)　$\dfrac{1}{2} < |z| < 1$　　(3)　$1 < |z|$

[**3**]　関数

$$f(z) = \frac{z^3(2z-1)^2}{(z^2+1)(z-3)^3}$$

の零点と極について，その位数 k による重みを，零点ならば $+k$，極ならば $-k$ として，その総和を求めよ．

[**4**]　拡大 z 平面で，次の関数の零点と特異点の位置およびその位数を調べよ．

(1)　$\dfrac{z^5-1}{z^3+1}$　　(2)　z^4+16

(3)　$\dfrac{1}{1+z+z^2}$　　(4)　$\dfrac{1}{1+2z+4z^2+8z^3+16z^4}$

3-2 指数関数

複素変数 $z=x+iy$ の**指数関数** $e^z=e^{x+iy}$ を，次式で定義する．

$$e^z = e^x e^{iy} = e^x(\cos y + i \sin y) \tag{3.6}$$

ここで e^x は実変数 x の指数関数を表わす．この式は次のようにして理解できる．まず実変数の指数関数の場合と同じように，複素変数の指数関数においても積の公式 $e^{z_1+z_2}=e^{z_1}e^{z_2}$ が成り立つものとし(基本公式(3.8)の(1))，とくに $z_1=x,\ z_2=iy$ とおく．さらに e^{iy} に対してオイラーの公式を適用すれば，上式が得られる．

e^z の実部 $u=e^x\cos y$ と虚部 $v=e^x\sin y$ の偏導関数は，z 平面のいたるところ連続で，かつコーシー―リーマンの微分方程式をみたす．よって e^z は z 平面の全領域で正則で，その導関数は次の式で与えられる．

$$\frac{de^z}{dz} = e^z \tag{3.7}$$

e^z の基本公式

$$
\begin{array}{llll}
(1) & e^{z_1}e^{z_2} = e^{z_1+z_2} & (2) & (e^z)^{-1} = e^{-z} \\
(3) & |e^z| = e^{\mathrm{Re}z} & (4) & e^{z+2k\pi i} = e^z \quad (k=0,\pm 1,\cdots)
\end{array} \tag{3.8}
$$

指数関数は，$z=\infty$ で真性特異点をもつ．

周期関数　　ある複素数 α が存在して，任意の複素数 z に対して $f(z)$ が，条件 $f(z)=f(z+\alpha)$，したがって $f(z)=f(z+k\alpha)$ $(k=0,\pm 1,\pm 2,\cdots)$ をみたすとき，$f(z)$ を**周期 α の周期関数**という．指数関数 e^z は，基本公式(4)をみたすから，周期 $2\pi i$ の周期関数である．

指数関数 e^{iz} と e^{-iz}　　$z=x+iy$ とおいたとき，指数関数 $e^{\pm iz}$ は次の式で与えられる(複号同順)．

$$e^{\pm iz} = e^{\pm i(x+iy)} = e^{\mp y}(\cos x \pm i \sin x) \tag{3.9}$$

例題 3.3 $w=e^z$ によって z 平面上の次の図形

(i) 実軸に平行な直線 Γ_1

(ii) 虚軸に平行な直線 Γ_2

はそれぞれ w 平面上のどのような図形に写されるかを調べ，それを図示せよ．

[**解**] $z=x+iy$, $w=u+iv$ とする．(i) Γ_1 上では $y=b$（定数）とおける．このとき $w=e^x(\cos b+i\sin b)$ となり，x が $-\infty\sim\infty$ を動くとき，w は $(\cos b,\sin b)$ を方向ベクトルとする原点から出る半直線を表わす．

(ii) Γ_2 上では $x=a$（定数）とおける．このとき $w=e^a(\cos y+i\sin y)$ となる．定数 y_0 を固定して，y が $y_0\sim y_0+2\pi$ を動くときに，w は原点を中心とする半径 e^a の円を1周する．したがって，n を整数として $y_0+2n\pi$ はすべて w 平面上の同一の点に対応する．これが指数関数の周期性である．この対応の逆は必然的に**1対多**となることに注意せよ．

以上の結果を図示すると下図のようになる．ただし，(ii)については $a=k\pi/6$ ($k=1, 2, \cdots, 6$) の場合のみを示す．

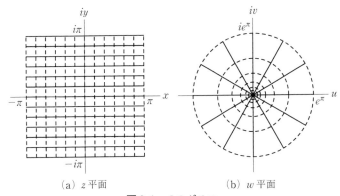

(a) z 平面 　　(b) w 平面

図 3-1 e^z のグラフ

また，指数関数の実部・虚部をそれぞれ実2変数 x, y の実関数として，3次元的に図示したものが 17 ページの図 2-2(a)，図 2-2(b) である．

例題 3.4 $f(z)=u(x,y)+iv(x,y)$, $z=x+iy$ は z 平面のいたるところ正則で, 次の条件

$$\frac{df(z)}{dz} = f(z) \tag{1}$$

$$f(0) = 1 \tag{2}$$

をみたすものとする. 次の問に答えよ.

(i) u, v は連立微分方程式 $u_x=u$, $v_x=v$ をみたすことを示せ.

(ii) u, v はまた次の 2 階微分方程式 $u_{yy}+u=0$, $v_{yy}+v=0$ をみたすことを示せ.

(iii) (i), (ii)の解は, $u(x,y)=e^x p(y)$, $v(x,y)=e^x q(y)$ で与えられることを示せ. ただし a, b, c, d を任意の定数として, $p(y), q(y)$ は $p(y)=a\cos y+b\sin y$, $q(y)=c\cos y+d\sin y$ で与えられる関数を表わす.

(iv) $u(x,y)=e^x\cos y$, $v(x,y)=e^x\sin y$ となることを示せ.

ただし, $u_x=\partial u/\partial x$, $u_y=\partial u/\partial y$, $u_{xx}=\partial^2 u/\partial x^2$, $u_{yy}=\partial^2 u/\partial y^2$.

[解] (i) $\dfrac{df}{dz}=\dfrac{\partial u}{\partial x}+i\dfrac{\partial v}{\partial x}$ より, $\dfrac{df(z)}{dz}=f(z)$ は $\dfrac{\partial u}{\partial x}+i\dfrac{\partial v}{\partial x}=u+iv$ となる. これから

$$\frac{\partial u}{\partial x} = u, \qquad \frac{\partial v}{\partial x} = v$$

が得られる.

(ii) (i)の結果とコーシー–リーマンの微分方程式($f(z)$ は正則だから)より,

$$\frac{\partial u}{\partial y} = -\frac{\partial v}{\partial x} = -v, \qquad \frac{\partial v}{\partial y} = \frac{\partial u}{\partial x} = u$$

となる. これらの式から,

$$\frac{\partial^2 u}{\partial y^2} = -\frac{\partial v}{\partial y} = -u, \qquad \frac{\partial^2 v}{\partial y^2} = \frac{\partial u}{\partial y} = -v$$

すなわち $u_{yy}+u=0$, $v_{yy}+v=0$ が成り立つことが示される.

(iii) (i)より u は $\dfrac{\partial u}{\partial x}=u$ をみたす. これを積分すると $p(y)$ を y だけの未知関数として, $u=e^x p(y)$ となる. これを $u_{yy}+u=0$ に代入すると, $p(y)$ のみたすべき方程式として $p_{yy}+p=0$ が得られる. この微分方程式を解くと, $p(y)=a\cos y+b\sin y$ となる. v についても同様である.

(iv) $f(0)=1$ より $u(0,0)=1$, $v(0,0)=0$. また, (ii)より $u_y(0,0)=-v(0,0)=0$, $v_y(0,0)=u(0,0)=1$. これに(iii)で得られた $u=e^x(a\cos y+b\sin y)$, $u_y=e^x(-a\sin y+b\cos y)$ を代入すると, $a=1$, $b=0$. 同じようにして $c=0$, $d=1$ が得られる. よっ

て, $u=e^x\cos y,\ v=e^x\sin y$ となることが示される.

この結果, 与えられた2つの条件(1)と(2)をみたす関数 $f(z)$ は,

$$f(z) = u(x,y)+iv(x,y) = e^x(\cos y+i\sin y) = e^z$$

に等しいことが示された. これは, 指数関数 e^z を微分方程式(1)と初期条件(2)をみたす関数として定義できることを意味する.

‖‖ **問　題 3–2** ‖‖

[1]　次の関係式

(1)　$e^{z_1}e^{\pm z_2} = e^{z_1\pm z_2}$　　　　(2)　$(e^z)^m = e^{mz}$　$(m=\pm1,\pm2,\cdots)$

が成り立つことを示せ.

[2]　e^z は零点をもたないことを示せ.

[3]　次の問に答えよ.

(1)　方程式 $e^z=1$ の解 z をすべて求めよ.

(2)　方程式 $e^z=-1$ の解 z をすべて求めよ.

[4]　$z=x+iy$ として,

(1)　指数関数 e^{iz} の実部 $u(x,y)$ と虚部 $v(x,y)$ を求めよ.

(2)　上で求めた e^{iz} の実部 $u(x,y)$ と虚部 $v(x,y)$ が, コーシー–リーマンの方程式をみたすことを確かめよ.

(3)　$\dfrac{de^{iz}}{dz} = ie^{iz}$ を示せ.

[5]　e^{iz} は 2π を周期とする周期関数であり, それ以外の周期をもたないことを示せ.

[6]　z が複素平面の原点を中心とする半径 R の円周上を動くとき, 指数関数 e^z および e^{iz} の絶対値を評価せよ.

3-3 三角関数と双曲線関数

三角関数　式(1.23)で実変数 θ を複素変数 z に一般化して，複素変数の三角関数 $\cos z$ と $\sin z$ を，指数関数 $e^{\pm iz}$ を用いて

$$\cos z = \frac{e^{iz}+e^{-iz}}{2}, \quad \sin z = \frac{e^{iz}-e^{-iz}}{2i} \tag{3.10}$$

で定義する．

三角関数の基本公式

(1)　$\sin(z_1 \pm z_2) = \sin z_1 \cos z_2 \pm \cos z_1 \sin z_2$

(2)　$\cos(z_1 \pm z_2) = \cos z_1 \cos z_2 \mp \sin z_1 \sin z_2$

(3)　$\cos^2 z + \sin^2 z = 1$

(4)　$\cos z = \cos(-z), \quad \sin z = -\sin(-z)$

(5)　$\sin k\pi = \cos\left(k+\dfrac{1}{2}\right)\pi = 0$　　　(k は整数)

(6)　$\sin(z+2k\pi) = \sin z, \quad \cos(z+2k\pi) = \cos z$　　(k は整数)

(7)　$\dfrac{d\cos z}{dz} = -\sin z, \quad \dfrac{d\sin z}{dz} = \cos z$

双曲線関数　双曲線関数 $\sinh z, \cosh z$ は，指数関数 $e^{\pm z}$ の1次結合で定義される．

$$\cosh z = \frac{e^z+e^{-z}}{2}, \quad \sinh z = \frac{e^z-e^{-z}}{2} \tag{3.11}$$

双曲線関数の基本公式

(1)　$\sinh(z_1 \pm z_2) = \sinh z_1 \cosh z_2 \pm \cosh z_1 \sinh z_2$

(2)　$\cosh(z_1 \pm z_2) = \cosh z_1 \cosh z_2 \pm \sinh z_1 \sinh z_2$

(3)　$\cosh^2 z - \sinh^2 z = 1$

(4)　$\cosh z = \cosh(-z), \quad \sinh z = -\sinh(-z)$

(5)　$\sinh k\pi i = \cosh\left(k+\dfrac{1}{2}\right)\pi i = 0$　　　(k は整数)

(6)　$\sinh(z+2k\pi i) = \sinh z, \quad \cosh(z+2k\pi i) = \cosh z$　　　(k は整数)

(7)　$\dfrac{d}{dz}\cosh z = \sinh z, \quad \dfrac{d}{dz}\sinh z = \cosh z$

その他の三角関数・双曲線関数　　その他の三角関数および双曲線関数は，$\cos z$, $\sin z$, $\cosh z$, $\sinh z$ を用いて次の式で与えられる．

三角関数

$$\tan z = \frac{\sin z}{\cos z}, \qquad \cot z = \frac{\cos z}{\sin z}$$

$$\sec z = \frac{1}{\cos z}, \qquad \operatorname{cosec} z = \frac{1}{\sin z} \tag{3.12a}$$

双曲線関数

$$\tanh z = \frac{\sinh z}{\cosh z}, \qquad \coth z = \frac{\cosh z}{\sinh z}$$

$$\operatorname{sech} z = \frac{1}{\cosh z}, \qquad \operatorname{cosech} z = \frac{1}{\sinh z} \tag{3.12b}$$

三角関数・双曲線関数に関するその他の公式

(1)　$1 + \tan^2 z = \sec^2 z$　　　(2)　$1 + \cot^2 z = \operatorname{cosec}^2 z$

(3)　$1 - \tanh^2 z = \operatorname{sech}^2 z$　　　(4)　$\coth^2 z - 1 = \operatorname{cosech}^2 z$ 　　(3.13)

三角関数と双曲線関数の関係

(1)　$\sinh z = -i \sin(iz)$　　　(2)　$\cosh z = \cos(iz)$

(3)　$\sin z = -i \sinh(iz)$　　　(4)　$\cos z = \cosh(iz)$

(5)　$\tanh z = -i \tan(iz)$　　　(6)　$\coth z = i \cot(iz)$　　(3.14)

(7)　$\tan z = -i \tanh(iz)$　　　(8)　$\cot z = i \coth(iz)$

例題 3.5 $z = x + iy$ とする.

(i) $\cos z$, $\sin z$ の実部 $u(x, y)$ と虚部 $v(x, y)$ を求めよ.

(ii) 上で求めた u と v がコーシー–リーマンの方程式をみたすことを確かめよ.

(iii) 次の微分公式

$$\frac{d\cos z}{dz} = -\sin z, \qquad \frac{d\sin z}{dz} = \cos z$$

が成り立つことを示せ.

[**解**] (i) $e^{iz} = e^{-y+ix} = e^{-y}(\cos x + i\sin x)$, $e^{-iz} = e^{y}(\cos x - i\sin x)$ を (3.10) に代入して整理すれば

$$\cos z = \cos x \cosh y - i\sin x \sinh y$$

$$\sin z = \sin x \cosh y + i\cos x \sinh y$$

となる. よって $\cos z$ の実部と虚部はそれぞれ,

$$u(x, y) = \cos x \cosh y, \qquad v(x, y) = -\sin x \sinh y$$

で与えられる. 同様にして, $\sin z$ の実部と虚部はそれぞれ,

$$u(x, y) = \sin x \cosh y, \qquad v(x, y) = \cos x \sinh y$$

で与えられる.

(ii) $\cos z$ について

$$\frac{\partial u}{\partial x} = -\sin x \cosh y, \qquad \frac{\partial v}{\partial x} = -\cos x \sinh y$$

$$\frac{\partial u}{\partial y} = \cos x \sinh y, \qquad \frac{\partial v}{\partial y} = -\sin x \cosh y$$

より, u と v はコーシー–リーマンの方程式をみたす. $\sin z$ の実部と虚部についても同様にして確かめられる.

(iii) $\cos z$ の微分について

$$\frac{d\cos z}{dz} = \frac{\partial u}{\partial x} + i\frac{\partial v}{\partial x}$$

$$= -\sin x \cosh y - i\cos x \sinh y = -\sin z$$

が示される. $\sin z$ の微分についても同様.

━━━━━━━━━━━━━━━━━━ **問 題 3–3** ━━━━━━━━━━━━━━━━━━

[1] 次の値を求めよ.

(1) $\cos i$　　(2) $\sin i$　　(3) $\tan i$

[2] $\sin z$, $\cos z$ の零点の位置をすべて求めよ.

[3] (1) $\sinh z$, $\cosh z$ の実部と虚部を求め,それがコーシー–リーマンの微分方程式をみたすことを示せ.

(2) $\dfrac{d \sinh z}{dz} = \cosh z$, $\dfrac{d \cosh z}{dz} = \sinh z$ を示せ.

[4] $\tan z$, $\tanh z$ について,次の問に答えよ.

(1) 周期性を調べよ.

(2) 零点および極の位置を求めよ.

(3) 極以外の点での導関数を求めよ.

[5] $z = x + iy$ として,次の不等式を証明せよ.

(1) $|\sinh y| \leqq |\sin z| \leqq \cosh y$

(2) $|\tanh y| \leqq |\tan z| \leqq |\coth y|$

[6] (1) 次の等式を証明せよ.

$$|\sin(x+iy)|^2 = \cosh^2 y - \cos^2 x$$
$$|\cos(x+iy)|^2 = \cosh^2 y - \sin^2 x$$

(2) 任意の実数 a に対して,複素数 $z = x + iy$ の関数 $\sin az$ が不等式 $|\sin az| \leqq 1$ をみたすのは,z がどのような値をとるときかを調べよ.

[7] n を自然数として,複素平面上に4点

$$\text{A:}\ z_A = (n+1/2)(1+i)\pi, \qquad \text{B:}\ z_B = (n+1/2)(-1+i)\pi,$$
$$\text{C:}\ z_C = (n+1/2)(-1-i)\pi, \qquad \text{D:}\ z_D = (n+1/2)(1-i)\pi$$

を頂点とする正方形を考える.

複素数 z がこの正方形の周上を動くとき $|\cot z| \leqq \coth(\pi/2)$ が成り立つことを示せ.

3–4　ド・ロピタルの公式

不定形　　正則関数 $g(z), h(z)$ が，ともに $z=z_0$ を零点にもつとき，関数

$$f(z) = \frac{h(z)}{g(z)} \tag{3.15}$$

は $z=z_0$ で定義されないだけでなく，この点における $f(z)$ の極限値

$$\lim_{z \to z_0} f(z) = \lim_{z \to z_0} \frac{h(z)}{g(z)} \tag{3.16}$$

は形式的には 0/0 となり，このままではその値を求められない．極限値がこのような形をとるとき，これを**不定形**(0/0 型の)という．

　　ド・ロピタルの公式　　$g'(z_0) \neq 0$ ならば，(3.16) のような不定形の極限値は

$$\lim_{z \to z_0} f(z) = \frac{h'(z_0)}{g'(z_0)} \tag{3.17}$$

で与えられる．この式を**ド・ロピタル**(de l'Hospital)**の公式**と呼ぶ．

　$g'(z_0)=0$ かつ $h'(z_0) \neq 0$ ならば (3.16) の極限値は存在しない．一方，$g'(z_0)=0$，$h'(z_0)=0$ ならば，(3.17) はふたたび不定形になる．この場合，$f'(z), g'(z)$ が微分可能で $g''(z_0) \neq 0$ ならば，$f(z)$ の極限値は

$$\lim_{z \to z_0} f(z) = \frac{h''(z_0)}{g''(z_0)} \tag{3.18}$$

で与えられる．(3.18) がふたたび不定形になるとき ($h''(z_0)=0$，$g''(z_0)=0$ のとき) は，上の手続きを繰り返すことによって極限値が得られる．

　　ここでは正則関数 $g(z), h(z)$ の導関数 $g'(z), h'(z)$ およびその 2 階微分 $g''(z)$，$h''(z)$ 等が $z=z_0$ において微分可能ということを仮定したが，第 5 章で学ぶように，正則関数はそれが正則な領域において何回でも微分可能であるから，この仮定はつけずにおいてもよい．このことを用いれば，z_0 における $g(z), h(z)$ の高階微分係数で 0 でない最初のものをそれぞれ $h^{(m)}(z_0)$，$g^{(n)}(z_0)$ とするとき，(a) $m>n$ ならば $\lim\limits_{z \to z_0} f(z_0)=0$，(b) $m=n$ ならば $\lim\limits_{z \to z_0} f(z_0)$ は 0 でない有限の値，(c) $m<n$ ならば $\lim\limits_{z \to z_0} f(z_0)$ は存在しない，ことがわかる．

例題 3.6 次の極限値を求めよ.

(i) $\displaystyle\lim_{z\to 0}\frac{\sin z}{z}$ (ii) $\displaystyle\lim_{z\to 0}\frac{\sin^2 z}{z}$ (iii) $\displaystyle\lim_{z\to 0}\frac{\sin^2 z}{z^2}$

(iv) $\displaystyle\lim_{z\to 0}\frac{1-\cos z}{z^2}$ (v) $\displaystyle\lim_{z\to 0}\frac{z^3}{\sin z-z}$ (vi) $\displaystyle\lim_{z\to 0}\frac{1+z-e^z}{z^2}$

[**解**] 与えられた6つの式はすべて不定形をしているので, ド・ロピタルの公式を使ってその極限値を求める.

(i) (3.17)より

$$\lim_{z\to 0}\frac{\sin z}{z}=\lim_{z\to 0}\frac{\cos z}{1}=1$$

(ii) (3.17)より

$$\lim_{z\to 0}\frac{\sin^2 z}{z}=\lim_{z\to 0}\frac{2\sin z\cos z}{1}=0$$

(iii) (3.18)より

$$\lim_{z\to 0}\frac{\sin^2 z}{z^2}=\lim_{z\to 0}\frac{2\sin z\cos z}{2z}=\lim_{z\to 0}\frac{2\cos^2 z-2\sin^2 z}{2}=1$$

(iv) (3.18)より

$$\lim_{z\to 0}\frac{1-\cos z}{z^2}=\lim_{z\to 0}\frac{\sin z}{2z}=\lim_{z\to 0}\frac{\cos z}{2}=\frac{1}{2}$$

(v) (3.18)の分子・分母をさらに微分した式を使う.

$$\lim_{z\to 0}\frac{z^3}{\sin z-z}=\lim_{z\to 0}\frac{3z^2}{\cos z-1}$$

$$=\lim_{z\to 0}\frac{6z}{-\sin z}=-\lim_{z\to 0}\frac{6}{\cos z}=-6$$

(vi) (3.18)より

$$\lim_{z\to 0}\frac{1+z-e^z}{z^2}=\lim_{z\to 0}\frac{1-e^z}{2z}=\lim_{z\to 0}\frac{-e^z}{2}=-\frac{1}{2}$$

▓▓▓▓▓▓▓▓▓▓▓▓▓▓▓▓▓▓▓▓▓▓▓▓▓▓▓▓▓▓▓ **問 題 3-4** ▓▓▓▓▓▓▓▓▓▓▓▓▓▓▓▓▓▓▓▓▓▓▓▓▓▓▓▓▓

[1] ド・ロピタルの公式 (3.17) について以下の問に答えよ.

(1) $g(z), h(z)$ が正則で, かつ $f(z_0)=0$, $g(z_0)=0$, $g'(z_0)\neq0$ のとき, 公式 (3.17) が成り立ち, その極限値が存在することを示せ.

(2) $g(z), h(z)$ が正則で, かつ $g'(z_0)\neq0$ のとき,

$$\lim_{z\to z_0}\frac{h(z)-h(z_0)}{g(z)-g(z_0)}=\frac{h'(z_0)}{g'(z_0)}$$

が成り立つことを示せ.

[2] $\displaystyle\lim_{z\to z_0}\frac{h(z)}{g(z)}$ の極限値の不定形には $0/0$ だけでなく, 形式的には ∞/∞ となる場合もある. この場合, $g(z)=1/\gamma(z)$, $h(z)=1/\eta(z)$ とおいて, 関数 $\phi(z)=\gamma(z)/\eta(z)$ の $z=z_0$ における極限値を調べることによって, もとの極限値 $\displaystyle\lim_{z\to z_0}\frac{h(z)}{g(z)}$ を議論せよ.

[3] 次の極限値を求めよ.

(1) $\displaystyle\lim_{z\to i}\frac{z^6+1}{z^2+1}$　　　　(2) $\displaystyle\lim_{z\to0}\frac{(z-\tan z)\cos z}{z^2}$

(3) $\displaystyle\lim_{z\to2n\pi i}\frac{z-2n\pi}{e^z-1}$　　　(4) $\displaystyle\lim_{z\to\infty}\frac{z^3+4}{z^4+3}$

[4] 関数 $1/\sin z$ の特異点 $z=n\pi$ (n: 整数) について, 負でない整数 q に対して次の極限値

$$\lim_{z\to n\pi}\frac{(z-n\pi)^q}{\sin z}$$

を計算し, $z=n\pi$ が $1/\sin z$ の 1 位の極であることを示せ.

複素関数の積分と
コーシーの積分定理

複素関数の積分は複素平面上の線積分で定義される.
閉曲線にそって正則関数を積分すると0となるが,
このことから複素関数の積分に関する重要な公式が
導かれる. ここでは複素関数の積分をしっかりと身
につけよう.

4-1 複素積分

複素積分　複素関数の積分は，複素平面上の**線積分**で定義される．複素平面上の 2 点を結ぶ曲線を C で表わすと，C はパラメーター t によって

$$z = z(t) = x(t) + iy(t) \qquad (a \leq t \leq b) \tag{4.1}$$

と表わすことができる．このとき，複素関数 $f(z)$ の曲線 C にそった積分を

$$\int_C f(z)dz = \int_a^b f(z(t))\frac{dz}{dt}dt \tag{4.2}$$

で定義する．ここで C は複素積分の**積分路**と呼ばれ，積分の端点 P, Q と，P, Q を結ぶ曲線を同時に指定する（図 4-1）．$f(z) = u + iv,\ z = x + iy$ とおくと，(4.2) の左辺は t をあらわに用いない形で

$$\int_C f(z)dz = \int_C (udx - vdy) + i\int_C (vdx + udy) \tag{4.3}$$

とも表わされる．

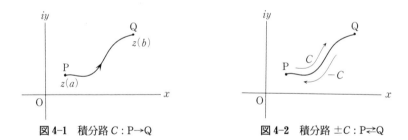

図 4-1　積分路 $C : \mathrm{P} \to \mathrm{Q}$　　　　図 4-2　積分路 $\pm C : \mathrm{P} \rightleftarrows \mathrm{Q}$

複素積分の性質　　(1)　α, β を任意の複素定数とするとき

$$\int_C \{\alpha f(z) + \beta g(z)\}dz = \alpha\int_C f(z)dz + \beta\int_C g(z)dz \tag{4.4}$$

(2)　ある曲線にそって P から Q まで積分するときの積分路を C，同じ曲線を逆にたどって Q から P まで積分するときの積分路を $-C$ で表わせば（図 4-2）

$$\int_C f(z)dz = -\int_{-C} f(z)dz \tag{4.5}$$

(3) 曲線 C が 2 つの曲線 C_1 と C_2 に分割できるとき (図 4-3),

$$\int_C f(z)dz = \int_{C_1} f(z)dz + \int_{C_2} f(z)dz \quad (4.6)$$

(4) 複素積分の絶対値について, 不等式

$$\left|\int_C f(z)dz\right| \leq \int_C |f(z)||dz| \leq ML \quad (4.7)$$

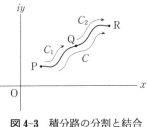

図 4-3 積分路の分割と結合

が成り立つ. ここで L は曲線 C の長さを表わし, また C 上で $|f(z)| \leq M$ がみたされているものとする.

周回積分 閉曲線 C にそって 1 周する積分をとくに**周回積分**と呼び,

$$\oint_C f(z)dz \quad (4.8)$$

で表わす. 周回積分の値は, 始点の選び方によらないが, 閉曲線をまわる向きを逆にすると, その符号が変わる (図 4-4). 周回積分の積分路は**反時計回り**(閉曲線に囲まれる領域を左側に見ながら 1 周する向き)**を正の向きと約束する**のが一般的な習慣である.

閉曲線 C に囲まれた領域 D を 2 つの領域 D_1, D_2 に分割し, D_1 と D_2 を囲む閉曲線をそれぞれ $C_1 = \overrightarrow{\mathrm{PQRP}}$, $C_2 = \overrightarrow{\mathrm{QPSQ}}$ とすれば (図 4-5)

$$\oint_C f(z)dz = \oint_{C_1} f(z)dz + \oint_{C_2} f(z)dz \quad (4.9)$$

が成り立つ.

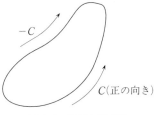

図 4-4 閉じた積分路

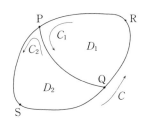

図 4-5 閉積分路の分解

例題 4.1 次の問に答えよ.

(i) 曲線 $C_1 : z = it$ $(0 \leqq t \leqq 1)$, $z = (t-1) + i$ $(1 \leqq t \leqq 2)$ と, 曲線 $C_2 : z = t$ $(0 \leqq t \leqq 1)$, $z = 1 + i(t-1)$ $(1 \leqq t \leqq 2)$ を図示し, 次の各積分を求めよ.

$$\int_{C_1} z^2 dz, \quad \int_{C_2} z^2 dz, \quad \int_{C_1} z^2 dz - \int_{C_2} z^2 dz$$

(ii) 曲線 $C_3 : z = \alpha + e^{i\theta}$ $(0 \leqq \theta \leqq \pi)$ と, 曲線 $C_4 : z = \alpha + e^{-i\theta}$ $(0 \leqq \theta \leqq \pi)$ を図示し, 次の積分を求めよ.

$$\int_{C_3} (z-\alpha)^n dz, \quad \int_{C_4} (z-\alpha)^n dz, \quad \int_{C_3} (z-\alpha)^n dz - \int_{C_4} (z-\alpha)^n dz$$

ただし n は任意の整数とする.

[解] (i) 曲線 C_1, C_2 は図 4-6 に図示されている. 与えられた積分路にそった複素積分はそれぞれ

$$\int_{C_1} z^2 dz = -i \int_0^1 t^2 dt + \int_1^2 \{(t-1)^2 + 2i(t-1) - 1\} dt = -\frac{2}{3} + \frac{2}{3}i \tag{1}$$

$$\int_{C_2} z^2 dz = \int_0^1 t^2 dt + i \int_1^2 \{1 + 2i(t-1) - (t-1)^2\} dt = -\frac{2}{3} + \frac{2}{3}i \tag{2}$$

$$\int_{C_1} z^2 dz - \int_{C_2} z^2 dz = 0 \tag{3}$$

となる. 式 (3) の積分は, 複素積分の性質 (2) と (3) より

$$\int_{C_1} z^2 dz - \int_{C_2} z^2 dz = \int_{C_1} z^2 dz + \int_{-C_2} z^2 dz = \int_{C_1 - C_2} z^2 dz = 0 \tag{4}$$

と書き直すことができる. ところで, 曲線 $C_1 - C_2$ は, 曲線 C_1 にそって点 $z = 0$ から点 $z = 1 + i$ まで行き, 次に曲線 C_2 を逆にたどって点 $z = 1 + i$ から点 $z = 0$ に戻る閉曲線を描く. よって, 式 (4) の積分結果は, z^2 を与えられた閉曲線 $C_1 - C_2$ にそって周回積分した結果が 0 になることを示している.

(ii) 曲線 C_3, C_4 は図 4-7 に図示されている. これらの曲線にそった積分は, $n \neq -1$ のとき,

$$\int_{C_3} (z-\alpha)^n dz = i \int_0^\pi e^{i(n+1)\theta} d\theta = \frac{1}{n+1} \{(-1)^{n+1} - 1\}$$

$$\int_{C_4} (z-\alpha)^n dz = -i \int_0^\pi e^{-i(n+1)\theta} d\theta = \frac{1}{n+1} \{(-1)^{n+1} - 1\}$$

$$\int_{C_3} (z-\alpha)^n dz - \int_{C_4} (z-\alpha)^n dz = 0$$

次に $n=-1$ のとき,

$$\int_{C_3}(z-\alpha)^n dz = i\pi, \qquad \int_{C_4}(z-\alpha)^n dz = -i\pi,$$

$$\int_{C_3}(z-\alpha)^n dz - \int_{C_4}(z-\alpha)^n dz = 2\pi i$$

となる.

(i)と同様に,上式で第3番目の積分は,曲線 C_3-C_4 にそっての複素積分を表わすが,この場合,曲線 C_3-C_4 は点 α を中心とする半径1の円周を表わす.したがって,この円周にそった $(z-\alpha)^n$ の周回積分は,$n\neq-1$ のとき 0,$n=-1$ のとき $2\pi i$ となる.

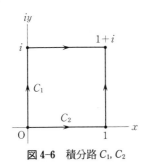

図 4-6 積分路 C_1, C_2

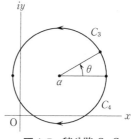

図 4-7 積分路 C_3, C_4

═══════════════ 問 題 4-1 ═══════════════

[1] 次の積分路を図示し,それにそった微分 dz を求めよ.また $|dz|$ を計算せよ.ただし t, r は実変数で,a, b, t_0, r_0 は実定数とする.

(1) $z = at+ib \quad (-\infty<t<\infty)$ (2) $z = (a+ib)t \quad (-\infty<t<\infty)$

(3) $z = a+ib+r_0 e^{it} \quad (0\leq t<2\pi)$ (4) $z = a+ib+re^{it_0} \quad (0\leq r<\infty)$

[2] $z=x+iy$ とおいたとき,$f(z)=z^2$ の実部を $u(x,y)$,虚部を $v(x,y)$ とする.曲線 C が $z=t+it^2 (0\leq t\leq1)$ で与えられるとき

(1) 曲線 C 上では $y=x^2 (0\leq x\leq1)$ と表わされることを用いて,次の積分

$$\int_C(udx-vdy), \qquad \int_C(vdx+udy)$$

を求めよ.

(2) 複素積分の定義式(4.2)を用いて,積分 $\int_C f(z)dz$ を求め,(4.3)が成り立つこと

を確かめよ.

[3] 例題 4.1 で与えられた曲線 C_1, C_2 を考える. 次の積分

$$\int_{C_1} \bar{z}^2 dz, \quad \int_{C_2} \bar{z}^2 dz, \quad \int_{C_1} \bar{z}^2 dz - \int_{C_2} \bar{z}^2 dz$$

を求め, 例題の結果と比較せよ.

[4] 積分路 C 上に $N+1$ 個の点 $z_0, z_1, \cdots, z_N$ をとり, C を N 個の曲線 $C_0, C_1, \cdots, C_{N-1}$ に分割する. ただし, z_0 と z_N はそれぞれ C の端点を表わし, 曲線 C_i は点 z_i と z_{i+1} を端点とする曲線を表わすものとする. このとき, 複素関数 $f(z)$ の積分 (4.2) は,

$$\int_C f(z)dz = \int_{C_0} f(z)dz + \int_{C_1} f(z)dz + \cdots + \int_{C_{N-1}} f(z)dz$$

と表わされる. N を十分大きくとれば, 上式右辺の各積分 $\int_{C_k} f(z)dz$ は C_k を折れ線 $\overrightarrow{z_k z_{k+1}}$ と考えて近似的に $f(z_k)\Delta z_k$ (ただし $\Delta z_k = z_{k+1} - z_k$) で与えられるので, 次の式

$$\int_C f(z)dz = \lim_{N\to\infty} \sum_{k=1}^{N} f(z_k)\Delta z_k$$

が成り立つ. これを用いて, 不等式 (4.7)

$$\left| \int_C f(z)dz \right| \leq \int_C |f(z)||dz| \leq ML$$

を証明せよ. ここで $\int_C |f(z)||dz|$ は

$$\int_C |f(z)||dz| = \lim_{N\to\infty} \sum_{k=1}^{N} |f(z_k)||\Delta z_k|$$

で与えられる.

[5] 積分路 C を $C: z = \alpha_1 + (\alpha_2 - \alpha_1)t \ (0 \leq t \leq 1), \ z = \alpha_2 + (\alpha_3 - \alpha_2)(t-1) \ (1 \leq t \leq 2)$ ととる. 次の不等式

$$\left| \int_C dz \right| \leq \int_C |dz|$$

が成り立つことを示し, その幾何学的な意味を考えよ.

4–2　コーシーの積分定理

グリーンの公式　　閉曲線 C にそった $f(z)=u(x, y)+iv(x, y)$ の周回積分は，C が囲む領域 D 上の 2 重積分に書き直すことができる（グリーンの公式）．

$$\oint_C f(z)dz = i\iint_D \left\{\left(\frac{\partial u}{\partial x} - \frac{\partial v}{\partial y}\right) + i\left(\frac{\partial v}{\partial x} + \frac{\partial u}{\partial y}\right)\right\}dx\,dy \tag{4.10}$$

コーシーの積分定理　　複素関数 $f(z)$ が領域 D 内で正則ならば，コーシー–リーマンの微分方程式（式 (2.7)）により，(4.10) の右辺の被積分関数は 0 となることから，2 重積分の値そのものも 0 となる．この結果，正則関数 $f(z)$ について

$$\oint_C f(z)dz = 0 \tag{4.11}$$

が成り立つ．これを**コーシーの積分定理**という．すなわち，

　　複数関数 $f(z)$ が，閉曲線 C で囲まれる領域 D（D を**単連結領域**という）内で正則で，C 上で連続ならば，$f(z)$ の C を積分路とする周回積分の値は 0 に等しい．

　$f(z)$ が，閉曲線 C で囲まれる領域から，いくつかの閉曲線 $C_1, C_2, \cdots, C_n$ の内部を除いた領域 D（これを閉曲線 C と $C_1, C_2, \cdots, C_n$ で囲まれた**多重連結領域**という）内で正則で，これらの曲線上で連続ならば，コーシーの積分定理を拡張した次の公式（**多重連結領域に対するコーシーの積分定理**）

$$\oint_C f(z)dz + \oint_{C_1} f(z)dz + \cdots + \oint_{C_n} f(z)dz = 0 \tag{4.12}$$

が成り立つ．ここで，周回積分はつねに領域 D を左側に見ながら回るものとし，閉曲線 C はすべての C_k をその内部に含むものとする（図 4-8）．

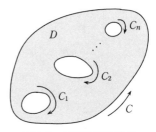

図 4-8　多重連結領域 D

例題 4.2 $\sin z$ は複素平面上いたるところで正則である．次の式で与えられる閉曲線
$C = C_1 + C_2 + C_3 + C_4$：

$$C_1: \quad z = \pi t \quad (0 \leq t \leq 1), \qquad\qquad C_2: \quad z = \pi + i(t-1) \quad (1 \leq t \leq 2)$$
$$C_3: \quad z = -\pi(t-3) + i \quad (2 \leq t \leq 3), \qquad C_4: \quad z = -i(t-4) \quad (3 \leq t \leq 4)$$

にそった $\sin z$ の周回積分はゼロとなることを確かめよ．

[**解**] 複素積分の定義式 (4.3) において，$f(z) = \sin z = \sin x \cosh y + i \cos x \sinh y$ を
用いれば，

(i) 曲線 $C_1: z = \pi t$ $(0 \leq t \leq 1)$ 上では，$x = \pi t$，$y = 0$ より，$u = \sin \pi t$，$v = 0$ および
$dx = \pi dt$，$dy = 0$ となるから，曲線 C_1 にそった複素積分は次の式で与えられる．

$$\int_{C_1} f(z) dz = \int_0^1 \sin (\pi t) \pi dt = 2$$

(ii) 曲線 $C_2: z = \pi + i(t-1)$ $(1 \leq t \leq 2)$ 上では，$x = \pi$，$y = t-1$ より，$u = 0$，$v = -\sinh(t-1)$ および $dx = 0$，$dy = dt$ となるから，曲線 C_2 にそった複素積分は次の式で
与えられる．

$$\int_{C_2} f(z) dz = \int_1^2 \sinh (t-1) dt = \cosh 1 - 1$$

(iii) 曲線 $C_3: z = -\pi(t-3) + i$ $(2 \leq t \leq 3)$ 上では，$x = -\pi(t-3)$，$y = 1$ より，$u = -\sin \pi(t-3) \cosh 1$，$v = \cos \pi(t-3) \sinh 1$ および $dx = -\pi(t-3)$，$dy = 0$ となるから，
曲線 C_3 にそった複素積分は次の式で与えられる．

$$\int_{C_3} f(z) dz = \pi \cosh 1 \int_2^3 \sin \pi(t-3) dt + i\pi \sinh 1 \int_2^3 \cos \pi(t-3) dt = -2 \cosh 1$$

(iv) 曲線 $C_4: z = -i(t-4)$ $(3 \leq t \leq 4)$ 上では，$x = 0$，$y = -(t-4)$ より，$u = 0$，$v = -\sinh(t-4)$ および $dx = 0$，$dy = -dt$ となるから，曲線 C_4 にそった複素積分は次の式
で与えられる．

$$\int_{C_4} f(z) dz = -\int_3^4 \sinh (t-4) dt = -1 + \cosh 1$$

この結果，閉曲線 C にそった $\sin z$ の周回積分について

$$\int_C \sin z \, dz = \int_{C_1} \sin z \, dz + \int_{C_2} \sin z \, dz + \int_{C_3} \sin z \, dz + \int_{C_4} \sin z \, dz = 0$$

が示された．これはコーシーの積分定理 (4.11) の 1 つの例を与える．

━━━━━━━━━━━━━━━━━━━━━ 問 題 4-2 ━━━━━━━━━━━━━━━━━━━━

[1] 指数関数 e^z は複素平面上のいたるところで正則である．次の式で与えられる閉曲線

$$C:\quad z=t\ (0\leqq t\leqq1),\quad z=1+i\pi(t-1)\ (1\leqq t\leqq2),\quad z=-(t-3)+i\pi\ (2\leqq t\leqq3),$$
$$z=-i\pi(t-4)\ (3\leqq t\leqq4)$$

にそった e^z の周回積分はゼロとなることを確かめよ．

[2] 閉曲線

$$C:\quad z=t\ (0\leqq t\leqq1),\quad z=1+i(t-1)\ (1\leqq t\leqq2),\quad z=-(t-3)+i\ (2\leqq t\leqq3),$$
$$z=-i(t-4)\ (3\leqq t\leqq4)$$

と，その内部の領域 D を考える．$f(z)=z^2+\alpha\bar{z}$ の実部を u，虚部を v とするとき，任意の α に対して次の式

$$\oint_C f(z)dz=i\iint_D\left\{\left(\frac{\partial u}{\partial x}-\frac{\partial v}{\partial y}\right)+i\left(\frac{\partial v}{\partial x}+\frac{\partial u}{\partial y}\right)\right\}dxdy$$

が成り立つことを示せ．また $\alpha=0$ と $\alpha\neq0$ の各場合について，得られた結果の意味するところを考察せよ．

[3] $n=2$ の場合について (4.12) を証明せよ．

[4] 関数 $f(z)=\dfrac{1}{z(z-1)}$ は 2 点 $z=0,1$ を除いて正則である．$f(z)$ の積分について以下の問に答えよ．ただし，積分路はすべて時計の針とは逆向きに回るものとする．

(1) 原点を中心とする半径 $R\ (>1)$ の円周 C にそった積分 $\oint_C f(z)dz$ を計算せよ．

(2) 原点を中心とする半径 $r\ (<1)$ の円周 C_0 にそった積分 $\oint_{C_0} f(z)dz$ を計算せよ．

(3) 点 $z=1$ を中心とする半径 $r'\ (<1)$ の円周 C_1 にそった積分 $\oint_{C_1} f(z)dz$ を計算せよ．

ただし，これらの積分の計算では次の積分公式(問題 5-3 の [2] の 4)を使ってよい．

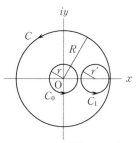

図 4-9 積分路 C, C_0, C_1

$$\int_0^\pi\frac{b\cos\theta+c}{1-2a\cos\theta+a^2}d\theta=\begin{cases}\dfrac{b+ac}{a(a^2-1)}\pi & (|a|>1)\\[3mm]\dfrac{ab+c}{1-a^2}\pi & (|a|<1)\end{cases}$$

4-3 正則関数の積分について

コーシーの積分定理(4.11)を使えば，複素積分の積分路は，その関数が正則な領域内で任意の形に変形できることが示される．

積分路の変形について　　2点P, Qを結ぶ曲線 C_1, C_2 にそった $f(z)$ の積分 $\int_{C_1} f(z)dz$ と $\int_{C_2} f(z)dz$ を考える．曲線 C_1, C_2 で囲まれる領域 D 内で $f(z)$ が正則ならば，コーシーの積分定理により

$$\int_{C_1-C_2} f(z)dz = \int_{C_1} f(z)dz - \int_{C_2} f(z)dz = 0$$

となるので，次の式が成り立つ(図4-10)．

$$\int_{C_1} f(z)dz = \int_{C_2} f(z)dz \tag{4.13}$$

このことから，$f(z)$ が正則な領域内で積分路を C_1 から C_2 に変形できることがわかる．

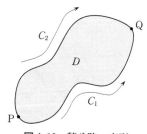

図4-10　積分路の変形

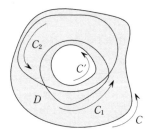

図4-11　閉積分路の変形

周回積分路の変形について　　$f(z)$ が2つの閉曲線 C, C' で挟まれた領域 D 内で正則ならば，C にそった $f(z)$ の周回積分 $\oint_C f(z)dz$ は，C と C' に挟まれた領域内の任意の閉曲線 $C_1, C_2, \cdots$ にそった周回積分に等しい．すなわち次の式が成り立つ(図4-11)．

$$\oint_C f(z)dz = \oint_{C_1} f(z)dz = \oint_{C_2} f(z)dz = \cdots = \oint_{C'} f(z)dz \tag{4.14}$$

　これらのことから，複素積分を求めるには，必ずしも与えられた積分路にそって積分する必要はなく，被積分関数が正則な領域内で積分が最も簡単に実行できるように積分路を適当に変形して，積分を実行すればよいことがわかる.

例題 4.3　複素平面上の 4 点 O(0, 0), P(0, 1), Q(1, 1), R(1, 0) を頂点とする正方形を考える. 線分 PR 上に動点 T$(s, 1-s)$ $(0 \leq s \leq 1)$ をとり，O→T→Q と進む積分路を Γ_s とする. 以下の問に答えよ.

　(i)　曲線 Γ_s を与える式 $z=z(t)$ を，$z(0)=0$, $z(1)=s+i(1-s)$, $z(2)=1+i$ となるように，パラメーター t $(0 \leq t \leq 2)$ を用いて表わせ.

　(ii)　$\Gamma_0, \Gamma_1, \Gamma_s$ $(0 \leq s \leq 1)$ を図示せよ.

　(iii)　積分 $\displaystyle\int_{\Gamma_s} z^n dz$ を求めよ. ただし，n は正の整数とする.

　(iv)　$s \neq s'$ として，$\displaystyle\int_{\Gamma_s} z^n dz - \int_{\Gamma_{s'}} z^n dz$ を計算せよ.

[解]　(i)　Γ_s はパラメーター t を用いて次の式で与えられる:

$$z(t) = \begin{cases} st+i(1-s)t & (0 \leq t \leq 1) \\ s+i(1-s)+\{(1-s)+is\}(t-1) & (1 \leq t \leq 2) \end{cases}$$

　(ii)　図 4-12 参照.

　(iii)　$\alpha_s = s+i(1-s)$ とおくと，n は正の整数だから $(n \neq -1$ だから$)$

$$\int_{\Gamma_s} z^n dz = \int_0^1 \alpha_s^{n+1} t^n dt + i\bar\alpha_s \int_1^2 \{\alpha_s + i\bar\alpha_s(t-1)\}^n dt$$

$$= \frac{1}{n+1}(\alpha_s + i\bar\alpha_s)^{n+1}$$

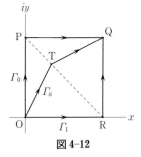

図 4-12

　(iv)　(iii) より

$$\int_{\Gamma_s} z^n dz - \int_{\Gamma_{s'}} z^n dz = \frac{1}{n+1}(\alpha_s + i\bar\alpha_s)^{n+1} - \frac{1}{n+1}(\alpha_{s'} + i\bar\alpha_{s'})^{n+1}$$

となる. ところで $\alpha_s + i\bar\alpha_s = \alpha_{s'} + i\bar\alpha_{s'} = 1+i$ より，

$$\int_{\Gamma_s} z^n dz - \int_{\Gamma_{s'}} z^n dz = 0$$

となる. これは点 O と点 Q を結ぶ曲線にそった正則関数 z^n (n は正の整数) の積分は，積分路 Γ_s の取り方によらないことを意味している.

━━━━━━━━━━━━━━━━━━━━━━━━ **問 題 4–3** ━━━━━━━━━━━━━━━━━━━━━━━━

[1] 1次関数 $f(z) = 2\alpha z + \beta$ (α, β は複素定数) の積分を考える.

(1) 実軸 $z(t) = t$ にそって $z : 0 \to 1$ と進むとき,$\displaystyle\int_0^1 f(z)dz$ を求めよ.

(2) パラメーター a に依存する積分路 C_a を
$$z(t) = t + ia\,\sin(\pi t) \qquad (0 \le t \le 1)$$
とする.このとき,積分 $I(a) = \displaystyle\int_{C_a} f(z)dz$ を求め,(1)の結果と比較せよ.

[2] 複素平面上の 4 点 A : $1+i$,B : $-1+i$,C : $-1-i$,D : $1-i$ を頂点とする正方形を考える.対角線 BD 上に動点 P : $-1+2s+i(1-2s)$ $(0 \le s \le 1)$ をとり,積分路 Γ_s : C→P→A にそった関数 z^n (n は正の整数) の積分を考える.以下の問に答えよ.

(1) 線分 CP,PA の方程式をパラメーター t を用いて表わせ.ただし,t が 0 のとき点 C に,1 のとき点 P に,2 のとき点 A に対応するように方程式のパラメーターをとる.

(2) $\displaystyle\int_{\Gamma_s} z^n dz$ を計算せよ.

(3) $\displaystyle\int_{\Gamma_s} z^n dz - \int_{\Gamma_{s'}} z^n dz$ を計算せよ.ただし,$s \ne s'$ とする.

[3] 複素平面上の 4 点 O(0, 0),P(1, 0),Q(1, 1),R(0, 1) を頂点とする正方形の周および内部において関数 $f(z)$ は正則とする.辺 OP,PQ,QR,RO 上に動点 S(s, 0),T(1, t),U(s, 1),V(0, t) $(0 \le s, t \le 1)$ をとり,これらの点を通って O→Q と進む積分路にそった $f(z)$ の積分を考える.以下の問に答えよ.

(1) C_s を折れ線 O→S→U→Q とする.積分 $I_1(s) = \displaystyle\int_{C_s} f(z)dz$ は s によらないことを示せ.

(2) $\tilde{C}_t$ を折れ線 O→V→T→Q とする.積分 $I_2(t) = \displaystyle\int_{\tilde{C}_t} f(z)dz$ は t によらないことを示せ.

(3) 任意の s, t について $I_1(s) = I_2(t)$ が成り立つことを示せ.

5

コーシーの積分公式
と留数定理

正則関数は何回でも微分可能であり，また正則関数のある点での値はその点を囲む閉曲線上でのその関数の値から完全に決められる．これらの性質から複素関数のいろいろな興味深い特徴が導かれると同時に，その性質を利用すれば実関数の定積分を容易に実行できる場合がある．

5–1 コーシーの積分公式

コーシーの積分公式　$f(z)$ が領域 D 内で正則であるとき，D 内の任意の 1 点 z_0 における $f(z_0)$ は，周回積分

$$f(z_0) = \frac{1}{2\pi i} \oint_C \frac{f(z)dz}{z-z_0} \tag{5.1}$$

で与えられる．ここで，C は領域 D 内の閉曲線で，点 z_0 を時計の針とは逆回り（正の向き）に 1 周するものとする（図 5-1）．この式を**コーシー**(Cauchy)**の積分公式**と呼ぶ．

$f(z)$ が図 5-2 のように閉曲線 C とその内部の閉曲線 $C_1, C_2, \cdots, C_n$ に挟まれた多重連結領域 D で正則であるときには，一般化した形のコーシーの積分公式

$$f(z_0) = \frac{1}{2\pi i} \left\{ \oint_C \frac{f(z)dz}{z-z_0} - \sum_{k=1}^{n} \oint_{C_k} \frac{f(z)dz}{z-z_0} \right\} \tag{5.2}$$

が成り立つ．

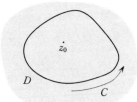

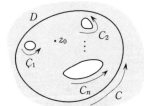

図 5-1　D 内の積分路 C　　　**図 5-2**　D が多重連結の場合

導関数の積分公式　$f(z)$ が領域 D 内で正則ならば，$f(z)$ は D 内で何回でも微分可能で，D 内の点 z_0 における高階の微分係数は

$$f^{(n)}(z_0) = \frac{n!}{2\pi i} \oint_C \frac{f(z)dz}{(z-z_0)^{n+1}} \tag{5.3}$$

で与えられる．ここで，C は D 内の閉曲線で，点 z_0 を時計の針とは逆回りに 1 周するものとする．この式を**グルサー**(Goursat)**の公式**と呼ぶ．

このことから，領域 D で正則な複素関数は 1 回微分可能であるだけでなく，

同じ領域で何回でも微分可能であること，すなわち正則関数のすべての導関数はまた正則関数であることがわかる．実関数の場合には，それが1回微分可能でも必ずしも2回以上微分可能であるとは限らない．したがって，何回でも微分可能であることは，正則関数の大きな特徴であると同時に，もっとも重要な性質でもある．

コーシーの積分公式(5.1)を

$$f(z) = \frac{1}{2\pi i} \oint_C \frac{f(\zeta)d\zeta}{\zeta - z}$$

と書き直し，z は D 内を動く変数とみなせば，この式を形式的に z で n 回微分したものがグルサーの公式

$$f^{(n)}(z) = \frac{n!}{2\pi i} \oint_C \frac{f(\zeta)d\zeta}{(\zeta - z)^{n+1}}$$

に等しい．

また，$g_n(z) = \dfrac{f(z)}{(z-\alpha)^{n+1}}$ とすると，グルサーの公式(5.3)が

$$\frac{1}{2\pi i} \oint_C g_n(z)dz = \frac{1}{n!}f^{(n)}(\alpha) = \frac{1}{n!}\lim_{z \to \alpha}\frac{d^n}{dz^n}\{(z-\alpha)^{n+1}g_n(z)\} \tag{5.4}$$

と表わされる．領域 D において $f(z)$ は正則であるから，$f(\alpha) \neq 0$ のとき $z = \alpha$ は D 内に存在する $g_n(z)$ の唯一の特異点（$n+1$ 位の極）である．したがって，(5.4)は，$g_n(z)$ を $n+1$ 位の極のまわりに周回積分したときの積分公式を与えるものと解釈できることに注目したい．これは次の節で述べる留数定理の簡単な例となっている．

例題 5.1 次の問に答えよ．

（i） 複素関数 $f(z)$ が閉曲線 C 上と C が囲む領域で正則であるとき，次の式を示せ．ただし，曲線 C は点 $z = 0$ と点 $z = \alpha$ をその内部に含む閉曲線で，これらの2点をつねに左側に見ながら1周するものとする．

$$\frac{1}{2\pi i} \oint_C \frac{f(z)}{z^2(z-\alpha)} dz = \frac{1}{\alpha^2}f(\alpha) - \frac{1}{\alpha^2}f(0) - \frac{1}{\alpha}f'(0)$$

(ii) 次の積分を求めよ. ただし, 曲線 C は点 $z=0$ と点 $z=\pi$ をその内部に含む閉曲線で, これらの点をつねに左側に見ながら 1 周するものとする.

$$\frac{1}{2\pi i}\oint_C \frac{\sin z\, dz}{z^2(z-\pi)}$$

[**解**] (i) 部分分数展開

$$\frac{1}{z^2(z-\alpha)}=\frac{1}{\alpha^2}\frac{1}{z-\alpha}-\frac{1}{\alpha^2}\frac{1}{z}-\frac{1}{\alpha}\frac{1}{z^2}$$

を代入すると, 与えられた複素積分は

$$\frac{1}{2\pi i}\oint_C \frac{f(z)dz}{z^2(z-\alpha)}=\frac{1}{2\pi i}\left\{\frac{1}{\alpha^2}\oint_C \frac{f(z)dz}{z-\alpha}-\frac{1}{\alpha^2}\oint_C \frac{f(z)}{z}dz-\frac{1}{\alpha}\oint_C \frac{f(z)}{z^2}dz\right\}$$

と書き直すことができる. ここで, コーシーの積分公式(5.1)より, 右辺第 1 項と第 2 項はそれぞれ, $f(\alpha)/\alpha^2$, $-f(0)/\alpha^2$ となる. また, グルサーの公式(5.3)から右辺第 3 項は $-f'(0)/\alpha$ となる. これらの結果を使えば求める式が得られる.

(ii) $\sin z$ は z 平面上のいたるところで正則であるから, (i)の結果を使える. $\sin\pi=0$, $\sin 0=0$ と $\cos 0=1$ より

$$\frac{1}{2\pi i}\oint_C \frac{\sin z\, dz}{z^2(z-\pi)}=-\frac{1}{\pi}$$

となる.

[**別解**] (i) 多重連結領域におけるコーシーの積分定理(4.12)から, 求める積分は点 $z=0$ だけを囲む閉曲線 C_0 にそった周回積分と, 点 $z=\alpha$ だけを囲む閉曲線 C_α にそった周回積分の和(C_0 と C_α はそれぞれ点 $z=0$ と $z=\alpha$ を反時計回りに 1 周する)

$$\frac{1}{2\pi i}\oint_C \frac{f(z)dz}{z^2(z-\alpha)}=\frac{1}{2\pi i}\oint_{C_0} \frac{f(z)dz}{z^2(z-\alpha)}+\frac{1}{2\pi i}\oint_{C_\alpha} \frac{f(z)dz}{z^2(z-\alpha)}$$

で与えられる. ここで右辺の各積分は, (5.3)と(5.1)より

$$\frac{1}{2\pi i}\oint_{C_0} \frac{f(z)dz}{z^2(z-\alpha)}=\lim_{z\to 0}\left[\frac{d}{dz}\frac{f(z)}{z-\alpha}\right]=-\frac{f(0)}{\alpha^2}-\frac{f'(0)}{\alpha}$$

$$\frac{1}{2\pi i}\oint_{C_\alpha} \frac{f(z)dz}{z^2(z-\alpha)}=\lim_{z\to \alpha}\frac{f(z)}{z^2}=\frac{f(\alpha)}{\alpha^2}$$

となるので, これを代入すれば求める積分が得られる.

例題 5.2 (i) $f(z)$ が,点 $z=\alpha$ を中心とする半径 r の円周上とその内部で正則であるとき,次の不等式(**コーシーの不等式**)が成り立つことを示せ.

$$|f^{(n)}(\alpha)| \le \frac{Mn!}{r^n}$$

ここで M は正の定数であり,円周上いたるところ $|f(z)| \le M$ が成り立つものとする.

(ii) $f(z)$ が z 平面のいたるところ正則で,かつ有限(すなわちある定数 M があって $|f(z)| \le M$ が成り立つ)であるならば,$f(z)$ は定数であることを証明せよ.これを**リューヴィル**(Liouville)**の定理**という.

[**解**] (i) グルサーの公式 (5.3) より,$f^{(n)}(\alpha)$ は,

$$f^{(n)}(\alpha) = \frac{n!}{2\pi i} \oint_C \frac{f(z)}{(z-\alpha)^{n+1}} dz$$

と表わすことができる.ここで C は点 α を中心とする半径 r の円周を表わす.$z=\alpha+re^{i\theta}$ とおくと,$dz=ire^{i\theta}d\theta$ より

$$f^{(n)}(\alpha) = \frac{n!}{2\pi r^n} \int_0^{2\pi} f(\alpha+re^{i\theta})e^{-in\theta}d\theta$$

となり,(4.7) と $|f(\alpha+re^{i\theta})| \le M$ より,不等式

$$|f^{(n)}(\alpha)| \le \frac{n!}{2\pi r^n} \int_0^{2\pi} |f(\alpha+re^{i\theta})|d\theta \le \frac{n!}{2\pi r^n} M \int_0^{2\pi} d\theta = \frac{n!M}{r^n}$$

が成り立つ.

(ii) $f(z)$ が z 平面のいたるところ正則であるから,任意の α に対して (i) の不等式が成り立つ.さらに,この場合(z 平面のいたるところ正則である)r を限りなく大きくとることができるから,$n \ge 1$ のとき不等式の右辺は 0 となる.よって,すべての n ($n \ge 1$)と任意の z に対して $f^{(n)}(z)=0$ が成り立つことから $f(z)$ は定数である.

[**別解**] (ii) コーシーの積分公式 (5.1) から

$$f(\alpha)-f(0) = \frac{1}{2\pi i} \oint_C \left(\frac{f(z)}{z-\alpha} - \frac{f(z)}{z} \right) dz = \frac{\alpha}{2\pi i} \oint_C \frac{f(z)}{z(z-\alpha)} dz$$

となる.ここで積分路 C は原点を中心とする半径 r の円周で,点 α をその内部に含むものとする.C 上では $z=re^{i\theta}$ とおけるから,次の不等式

$$|f(\alpha)-f(0)| = \frac{|\alpha|}{2\pi} \left| \oint_C \frac{f(z)}{z(z-\alpha)} dz \right| \le \frac{|\alpha|M}{2\pi} \int_0^{2\pi} \frac{d\theta}{|z-\alpha|}$$

が成り立つ.$f(z)$ がいたるところ正則であることから,r はいくらでも大きくとれるので上の不等式の右辺は 0 となる.よって $|f(\alpha)-f(0)|=0$ となり,これから $f(\alpha)=f(0)$ と

なる．これは任意の点 α における $f(\alpha)$ が $f(0)$ に等しいこと，すなわち $f(z)$ が定数であ
ることを意味する．

|||||||||||||||||||||||||||||||||||||||||||||||||||||||||||||||||||||||||| **問 題 5-1** ||||||||||||||||||||||||||||||||||||||||||||||||||||||||||||||||||

[1] 次の積分を求めよ．ただし，積分路 C は原点を中心とする円を時計の針とは逆
回りに 1 周するものとする．

(1) $\displaystyle\oint_C \frac{\sin z}{z} dz$　　　　(2) $\displaystyle\oint_C \frac{1-\cos z}{z} dz$

(3) $\displaystyle\oint_C \frac{1-\cos z}{z^2} dz$　　　(4) $\displaystyle\oint_C \frac{\sin z}{z^2} dz$

[2] 以下で与えられた関数 $f(z)$ に対し，積分 $\displaystyle\oint_C \frac{f(z)}{z} dz$ を求めよ．ただし，積分路
C は $f(z)$ のすべての特異点と原点を含む閉曲線を時計の針とは逆回りに 1 周するもの
とする．

(1) $f(z) = \dfrac{\sin \pi z}{z^2-1}$　　　　(2) $f(z) = \dfrac{1}{z^3+1}$

(3) $f(z) = \dfrac{1+\cos z}{z-\pi}$　　　(4) $f(z) = \dfrac{1}{e^{2\pi i z}+1}$　$(|z|<1)$

[3] 複素関数 $f(z)=\alpha z^2+\beta z+\gamma$ が 3 つの関係

$$\frac{1}{2\pi i}\oint_C \frac{f(z)}{z} dz = 1, \qquad \frac{1}{2\pi i}\oint_C \frac{f(z)}{z-1} dz = 1, \qquad \frac{1}{2\pi i}\oint_C \frac{f(z)}{z+1} dz = 3$$

をみたすとする．ただし C は原点を中心とする半径 2 の円周を時計の針とは逆向きに 1
周する．$f(z)$ を求めよ．

[4] 関数 $f(z)=\dfrac{e^{iaz}}{z^2+b^2}$ を考える．ここで，$a, b>0$ は実定数とする．コーシーの積
分公式を応用して以下の問に答えよ．

(1) 図の積分路 C および C_+ について，次を示せ．

$$\frac{1}{2\pi i}\oint_C f(z)dz = \frac{1}{2\pi i}\oint_{C_+} f(z)dz = \frac{e^{-ab}}{2ib}$$

(2) 積分路 C と C_+ を実軸に関し対称の位置に変
換して得られる積分路 C' および C_-（どちらも時計の
針と同じ向きに回るものとする）について，次の式が
成り立つことを示せ．

$$\frac{1}{2\pi i}\oint_{C'} f(z)dz = \frac{1}{2\pi i}\oint_{C_-} f(z)dz = \frac{e^{ab}}{2ib}$$

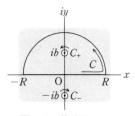

図 5-3 積分路 $C, C_\pm$

5-2 留数定理

留数 $f(z)$ が領域 D 内で特異点 z_0 をもつとき，点 z_0 を正の方向に1周する閉曲線 C にそった $f(z)$ の周回積分の値を $2\pi i$ で割ったものを，$f(z)$ の $z=z_0$ における**留数**と呼び，$\mathrm{Res}\, f(z_0)$ と表わす．すなわち

$$\mathrm{Res}\, f(z_0) = \frac{1}{2\pi i} \oint_C f(z)dz \quad \text{または} \quad \oint_C f(z)dz = 2\pi i\, \mathrm{Res}\, f(z_0) \qquad (5.5)$$

留数定理 $f(z)$ が閉曲線 C によって囲まれる領域内に有限個の孤立特異点 $z_1, z_2, \cdots, z_n$ をもつときには，$f(z)$ の C にそった周回積分は各特異点における $f(z)$ の留数の和に $2\pi i$ をかけたものに等しい．

$$\oint_C f(z)dz = 2\pi i \sum_{k=1}^{n} \mathrm{Res}\, f(z_k) \qquad (5.6)$$

これを**留数定理**と呼ぶ．これは，多重連結領域に対するコーシーの積分定理 (4.12) において，各閉曲線 $C_k\,(k=1, 2, \cdots, n)$ をその内部に1つの特異点 z_k だけが含まれるようにとり，各 $C_k\,(k=1, 2, \cdots, n)$ にそった周回積分に (5.5) を用いて得られる．また，$z_k\,(k=1, 2, \cdots, n)$ が孤立特異点であるとは，それを囲む閉曲線 C_k を十分に小さくとれば，その内部に z_k 以外の特異点を含まないようにできることを意味する．

極における留数の求め方 $z=z_0$ が $f(z)$ の m 位の極ならば，$\mathrm{Res}\, f(z_0)$ は

$$\mathrm{Res}\, f(z_0) = \frac{1}{(m-1)!} \lim_{z \to z_0} \frac{d^{m-1}}{dz^{m-1}} \{(z-z_0)^m f(z)\} \qquad (5.7)$$

で与えられる．一方，$z=z_0$ が $f(z)$ の真性特異点の場合には，$\mathrm{Res}\, f(z_0)$ を求める一般的な公式はない．

無限遠点における留数 無限遠点 $z=\infty$ での $f(z)$ の留数を求めるには，(5.5) で $z=\dfrac{1}{w}$ とおけばわかるように，$w=0$ における $\dfrac{-1}{w^2}f\left(\dfrac{1}{w}\right)$ の留数を計算すればよい．

例題 5.3 次の関数 $f(z)$ の各特異点における留数を求めよ.

(i) $\dfrac{z^2}{(z^2+1)(z+1)^2}$ (ii) $\dfrac{\cos z}{z^2}$ (iii) $\dfrac{e^{iz}}{\sin z}$

[**解**] (i) $f(z)$ は $z=\pm i$ で 1 位の極, $z=-1$ で 2 位の極をもつ. 各極における留数は, それぞれ

$$\operatorname{Res} f(+i) = \lim_{z \to +i} (z-i)\frac{z^2}{(z^2+1)(z+1)^2} = \frac{1}{4}$$

$$\operatorname{Res} f(-i) = \lim_{z \to -i} (z+i)\frac{z^2}{(z^2+1)(z+1)^2} = \frac{1}{4}$$

$$\operatorname{Res} f(-1) = \lim_{z \to -1} \frac{d}{dz}\left\{ (z+1)^2 \frac{z^2}{(z^2+1)(z+1)^2} \right\} = -\frac{1}{2}$$

で与えられる.

(ii) $f(z)$ は $z=0$ で 2 位の極をもつ. この点における留数は

$$\operatorname{Res} f(0) = \lim_{z \to 0} \frac{d}{dz}\left\{ z^2 \frac{\cos z}{z^2} \right\} = 0$$

で与えられる. この例から明らかなように, 極における留数はゼロになることもある点に注意したい.

(iii) $f(z)$ は n を整数として $z=n\pi$ に 1 位の極をもつ. 各極における留数は

$$\operatorname{Res} f(n\pi) = \lim_{z \to n\pi} (z-n\pi)\frac{e^{iz}}{\sin z}$$

$$= \lim_{z \to n\pi} \frac{e^{iz}+ie^{iz}(z-n\pi)}{\cos z} = \frac{e^{in\pi}}{\cos n\pi} = 1$$

で与えられる. ここで右辺の 1 行目から 2 行目の変形にはド・ロピタルの公式を使った.

例題 5.4 n を自然数, a, r を相異なる正の実数とするとき, 積分 $\displaystyle\oint_{|z|=r} \frac{dz}{z^n - a^n}$ を求めよ. ただし, 積分路は正の向きにとるものとする.

[解] $r < a$ の場合と $r > a$ の場合に分けて考える. まず $r < a$ の場合, 積分路に囲まれた領域の内部に特異点は無いから, この積分は 0 となる.

次に $r > a$ の場合, n 個の 1 位の極 $z_k = ae^{2\pi ik/n}$ $(k = 0, 1, \cdots, n-1)$ が積分路の内部に含まれる. 各極 $z_k = ae^{2\pi ik/n}$ における留数はそれぞれ $e^{-2\pi ik(n-1)/n}/(na^{n-1})$ であるから, これらの留数の和を求めると, 与えられた積分は

$$\oint_{|z|=r} \frac{dz}{z^n - a^n} = \frac{2\pi i}{na^{n-1}} \sum_{k=0}^{n-1} e^{-2\pi ik(n-1)/n}$$

$$= \begin{cases} 2\pi i & (n = 1 \text{ のとき}) \\[2mm] \dfrac{2\pi i}{na^{n-1}} \dfrac{1 - e^{-2\pi i(n-1)}}{1 - e^{-2\pi i(n-1)/n}} = 0 & (n \neq 1 \text{ のとき}) \end{cases}$$

となる.

ここで, $r > a$ の場合について, 別の観点から上の積分を求めてみよう. 見方を変えれば, この周回積分は, 半径 r の円の外部を囲む閉曲線を, 負の向きに 1 周する周回積分と考えることもできる. したがって, 与えられた積分を計算する問題は, 関数 $f(z) = 1/(z^n - a^n)$ の $z = \infty$ での留数を求める問題に帰着する. このように見直して積分を実行するために, $z = 1/w$ と変数変換すると, 与えられた積分は

$$\oint_{|z|=r} \frac{dz}{z^n - a^n} = \oint_{|w|=1/r} \frac{w^{n-2}}{(wa)^n - 1} dw$$

と変形できる. ここで $n - 2 > -1$ (すなわち $n > 1$) ならば, 上式右辺の被積分関数は積分路の内部で正則, したがってその積分の値は 0 となる.

一方 $n - 2 \leq -1$ (n は自然数であるから条件をみたす n は $n = 1$ のみ) ならば, その被積分関数は $w = 0$ ($z = \infty$) で極をもつ. $n = 1$ のとき, $w = 0$ における留数は 1 だから, 与えられた積分の値は $2\pi i$ となる.

この結果, 与えられた積分を, 半径 r の円の外部を囲む閉曲線を負の向きに 1 周する周回積分と考えて積分を実行しても同じ積分値が得られること, いいかえれば問題の周回積分は無限遠点をまわる周回積分と見直すことも可能であることが明らかになった. これは, 複素積分がもつ興味深い性質の 1 つを表わしている (問題 5–2 の [3] の (1) と (2) も同じ考えで解ける).

例題 5.5 次の各問に答えよ.

(i) $\zeta \neq z_n$, $z_n = (n+1/2)\pi$ $(n=0, \pm 1, \pm 2, \cdots)$ のとき，次の式が成り立つことを示せ.

$$\frac{1}{2\pi i}\oint_{C_N}\frac{dz}{(z-\zeta)\cos z} = \frac{1}{\cos\zeta} + \sum_{n=-N}^{N-1}\frac{(-1)^n}{\zeta-(n+1/2)\pi}$$

ただし，C_N は 4 点 $\pm N(1\pm i)\pi$ を頂点とする 1 辺の長さが $2N\pi$ の正方形の周を，正の向きに 1 周するものとし，また ζ は，この正方形の内部にあるものとする.

(ii) 上の結果を用いて，$\dfrac{1}{\cos z}$ が次の部分分数に展開できることを示せ.

$$\frac{1}{\cos z} = 1 - \sum_{n=-\infty}^{\infty}(-1)^n\left\{\frac{1}{z-(n+1/2)\pi} + \frac{1}{(n+1/2)\pi}\right\}$$

[**解**] (i) 被積分関数 $f(z) = \dfrac{1}{(z-\zeta)\cos z}$ は，$z=\zeta$ と $z=z_n$ $(n=0, \pm 1, \pm 2, \cdots)$ に 1 位の極をもつ. これらの極における留数は

$$\mathrm{Res}\,f(\zeta) = \lim_{z\to\zeta}(z-\zeta)\frac{1}{(z-\zeta)\cos z} = \frac{1}{\cos\zeta}$$

$$\mathrm{Res}\,f(z_n) = \lim_{z\to z_n}\frac{z-z_n}{(z-\zeta)\cos z} = \frac{(-1)^n}{\zeta-(n+1/2)\pi}$$

ここで閉曲線 C_N の内部にある極は，$z=\zeta$ ($|\zeta|<N\pi$ だから) と，$-N\leqq n\leqq N-1$ をみたす n に対応する $z=z_n$ である. 留数定理を用いると

$$\frac{1}{2\pi i}\oint_{C_N}\frac{dz}{(z-\zeta)\cos z} = \mathrm{Res}\,f(\zeta) + \sum_{n=-N}^{N-1}\mathrm{Res}\,f(z_n)$$

$$= \frac{1}{\cos\zeta} + \sum_{n=-N}^{N-1}\frac{(-1)^n}{\zeta-(n+1/2)\pi} \tag{1}$$

が得られる.

(ii) 上の結果で $\zeta=0$ とおくと，

$$\frac{1}{2\pi i}\oint_{C_N}\frac{dz}{z\cos z} = 1 - \sum_{n=-N}^{N-1}\frac{(-1)^n}{(n+1/2)\pi} \tag{2}$$

となる.

(1), (2) の差を考える. まず左辺は

$$\frac{1}{2\pi i}\oint_{C_N}\frac{dz}{(z-\zeta)\cos z} - \frac{1}{2\pi i}\oint_{C_N}\frac{dz}{z\cos z} = \frac{\zeta}{2\pi i}\oint_{C_N}\frac{dz}{z(z-\zeta)\cos z}$$

となり，右辺は

$$\frac{1}{\cos\zeta} - 1 + \sum_{n=-N}^{N-1}\left\{\frac{(-1)^n}{\zeta-(n+1/2)\pi} + \frac{(-1)^n}{(n+1/2)\pi}\right\}$$

となる. これらは $N \to \infty$ の極限においてそれぞれ

$$(\text{左辺}) \to \lim_{N \to \infty} \frac{\zeta}{2\pi i} \oint_{C_N} \frac{dz}{z(z-\zeta)\cos z} \tag{3}$$

$$(\text{右辺}) \to \frac{1}{\cos \zeta} - 1 + \sum_{n=-\infty}^{\infty} \left\{ \frac{(-1)^n}{\zeta - (n+1/2)\pi} + \frac{(-1)^n}{(n+1/2)\pi} \right\} \tag{4}$$

となる. ここで左辺の極限値が 0 となることを示そう.

まず, 複素積分の絶対値は次の不等式をみたす.

$$\left| \oint_{C_N} \frac{dz}{z(z-\zeta)\cos z} \right| \leq \oint_{C_N} \frac{|dz|}{|z||z-\zeta||\cos z|}$$

C_N 上では, $|z| \geq N\pi$, $|z-\zeta| \geq |z| - |\zeta| \geq N\pi - |\zeta|$ が成り立つので, 不等式

$$\frac{1}{|z||z-\zeta|} \leq \frac{1}{N\pi(N\pi - |\zeta|)}$$

が得られる.

次に $1/|\cos z|$ の評価のために, C_N を $z = x + iy$ の虚部の範囲によって次の 3 つの場合に分けて考える: (a) $y > \pi/2$, (b) $y < -\pi/2$, (c) $-\pi/2 \leq y \leq \pi/2$.

まず, (a), (b) の場合

$$\frac{1}{|\cos z|} = \frac{1}{\sqrt{\cos^2 x + \sinh^2 y}} \leq \frac{1}{|\sinh y|} \leq \frac{1}{\sinh \pi/2} < 1$$

となり, $1/|\cos z|$ が有界なことがわかる. ただし, $|\sinh y|$ が単調増加することを用いた.

また次に, (c) の場合も, $\cos z = \cos(\pm N\pi + iy) = (-1)^N \cosh y$ より, $\dfrac{1}{|\cos z|} = \dfrac{1}{|\cosh y|} \leq 1$ となり, 結局 C_N 全体について $\dfrac{1}{|\cos z|} \leq 1$ が成り立つ.

これらを総合して

$$\oint_{C_N} \frac{|dz|}{|z||z-\zeta||\cos z|} \leq \frac{1}{N\pi(N\pi - |\zeta|)} \oint_{C_N} |dz| = \frac{8N\pi}{N\pi(N\pi - |\zeta|)}$$

を得る. $N \to \infty$ でこの最右辺は 0 となることから, この極限で (3) の C_N にそった周回積分は 0 となることがわかる. よって, 上の 2 つの式 (3), (4) から (ζ を改めて z とおいて), $1/\cos z$ は

$$\frac{1}{\cos z} = 1 - \sum_{n=-\infty}^{\infty} (-1)^n \left\{ \frac{1}{z - (n+1/2)\pi} + \frac{1}{(n+1/2)\pi} \right\}$$

と展開できることがわかる.

━━━━━━━━━━━━━━━━━━ **問 題 5-2** ━━━━━━━━━━━━━━━━━━

[1] 次の各関数について極と，極における留数を求めよ.

(1) $\dfrac{z-1}{z^2+2z+2}$　　　(2) $\dfrac{\sin \pi z}{z(2z+1)(4z-3)}$　　　(3) $\dfrac{z}{\sinh z}$

(4) $\dfrac{\cos \pi z}{z^4-16}$　　　(5) $\dfrac{z-1}{z^3-1}$　　　(6) $\dfrac{e^{\pi z}}{z^2+9}$

[2] 次の関数の $z=\infty$ における留数を求めよ.

(1) $\displaystyle\sum_{n=0}^{N} \alpha_n z^n$　　(2) $\displaystyle\sum_{n=1}^{N} \alpha_n z^{-n}$　　(3) $\dfrac{z^3}{z^4-1}$　　(4) $\dfrac{z^3}{z^2+1}$

[3] 次の積分を留数定理によって計算せよ. ただし積分路はすべて正の向きとする.

(1) $\displaystyle\oint_{|z|=1} \dfrac{dz}{(2z-1)(3z-i)}$　　　(2) $\displaystyle\oint_{|z|=1} \dfrac{\sin \pi z\, dz}{(2z-1)(3z-2)}$

(3) $\displaystyle\oint_{|z-i|=1} \dfrac{dz}{z^4-1}$　　　(4) $\displaystyle\oint_{C} \dfrac{dz}{z^4-1}$　$(C: |z-i|+|z+i|=3)$

(5) $\displaystyle\oint_{|z|=1} \dfrac{dz}{z^5+32}$　　　(6) $\displaystyle\oint_{|z+2|=1} \dfrac{dz}{z^5+32}$

[4] 次の各問に答えよ.

(1) $a>0$ として，次の公式を証明せよ.

$$\sum_{n=-\infty}^{\infty} \frac{1}{n^2+a^2} = \frac{\pi}{a} \coth \pi a$$

[ヒント] 問題 3-3, [7]を参照し，関数 $(\pi \cot \pi z)/(z^2+a^2)$ の積分を考察せよ.

(2) 例題 5.5 を参考にして，次の展開公式を証明せよ.

$$\cot z = \frac{1}{z} + \sum_{n=-\infty}^{\infty}{}' \left(\frac{1}{z-n\pi} + \frac{1}{n\pi} \right)$$

ただし，$\sum'$ は $n=0$ の項を除いて和をとることを表わす.

[5] m, n を負でない整数として，関数 $f(z)=(z-\alpha)^m(z-\beta)^n$ を考える.

(1) $\dfrac{f'(z)}{f(z)}$ を求めよ.

(2) 次の公式が成り立つことを証明せよ.

$$\frac{1}{2\pi i} \oint_C \frac{f'(z)}{f(z)}\, dz = m+n$$

(3) $f(z)=(z-\alpha)^m(z-\beta)^{-n}$ とおけば，$f(z)$ は $z=\alpha$ で m 位の零点，$z=\beta$ で n 位の極をもつ. このとき次の式が成り立つことを示せ.

$$\frac{1}{2\pi i}\oint_C \frac{f'(z)}{f(z)}\,dz = m-n$$

ただし，(2) と (3) の積分路 C は 2 点 α, β の両方を内部に含む閉曲線で，正の向きに積分する．

Tips:　無限遠点を囲む周回積分

z 平面上の単連結領域 D を正の方向(D をつねに左側に見ながら)に 1 周することは，拡大 z 平面で考えれば無限遠点 $z=\infty$ を負の方向($z=\infty$ をつねに右側に見ながら)に 1 周するものとみなすこともできる．このような事情は，リーマン球面(「Tips: 拡大 z 平面とリーマン球面」参照)で考えるとわかりやすい．したがって，領域 D を囲む周回積分を実行する際に，これをそのまま D を囲む周回積分として計算するかわりに，$z=\infty$ を囲む周回積分とみなして計算することができる．例題 5.4 の後半の考察はこの点を述べたものである．

5–3 実定積分の計算

実定積分の計算に留数定理が有効な場合がある．以下の 3 つの場合について，
留数定理を応用して実定積分を求める方法を述べる．

タイプ 1： $\int_0^{2\pi} f(\cos\theta, \sin\theta)d\theta$ **の形の定積分**　　関数 $f(\cos\theta, \sin\theta)$ が $\cos\theta$,
$\sin\theta$ の有理関数で，$0\leqq\theta<2\pi$ で連続ならば，$z=e^{i\theta}$ とおいて $f(\cos\theta, \sin\theta)$ を
z の関数に書き直した $f(z)$ を用いると，求める積分は原点を中心とする単位円
にそった $f(z)/z$ の周回積分で与えられる．この周回積分に留数定理を応用すれ
ば，求める積分は次の式で与えられる．

$$\int_0^{2\pi} f(\cos\theta, \sin\theta)d\theta = 2\pi \sum_{n=1}^{r} \text{Res}\left[\frac{1}{z}f\left(\frac{z+z^{-1}}{2}, \frac{z-z^{-1}}{2i}\right)\right]_{z=z_n} \tag{5.8}$$

ここで $z_n\,(n=1, 2, \cdots, r)$ は，複素関数 $f(z)/z$ の単位円内部の特異点を表わす．

タイプ 2： $\int_{-\infty}^{\infty} f(x)dx$ **の形の定積分**　　$f(x)$ が x の有理関数で，分母の次数
が分子の次数より 2 以上大きいならば，求める積分は

$$\int_{-\infty}^{\infty} f(x)dx = 2\pi i \sum_{k=1}^{m} \text{Res}\, f(z_k) \qquad (\text{Im}\, z_k>0) \tag{5.9}$$

で与えられる．ただし，$z_k\,(k=1, 2, \cdots, m)$ は複素関数 $f(z)$ の特異点のうち z 平
面の上半面にあるもの $(\text{Im}\, z_k>0)$ を表わす．

タイプ 3： $\int_{-\infty}^{\infty} f(x)e^{iax}dx$ **の形の定積分**　　$f(x)$ が x の有理関数で，分母の次
数が分子の次数より 1 以上大きいならば，$f(z)$ の特異点を z_k として，求める
積分は，$a>0$ のとき

$$\int_{-\infty}^{\infty} f(x)e^{iax}dx = 2\pi i \sum_{k=1}^{m} \text{Res}\, f(z_k)e^{iaz_k} \qquad (\text{Im}\, z_k>0,\ k=1, 2, \cdots, m) \tag{5.10}$$

または，$a<0$ のとき

$$\int_{-\infty}^{\infty} f(x)e^{iax}dx = -2\pi i \sum_{k=1}^{n} \text{Res}\, f(z_k)e^{iaz_k} \qquad (\text{Im}\, z_k<0,\ k=1, 2, \cdots, n) \tag{5.11}$$

となる．

例題 5.6 次の定積分の値を求めよ.

(i) $\displaystyle\int_0^{2\pi}\frac{\sin\theta\,d\theta}{a+b\cos\theta}$ $(a>b>0)$ (ii) $\displaystyle\int_{-\infty}^{\infty}\frac{dx}{(x^2+4)(x^2+2x+2)}$

(iii) $\displaystyle\int_{-\infty}^{\infty}\frac{e^{iax}dx}{x^2+b^2}$ $(a, b$ は実定数$)$

[**解**] (i) 条件 $a>b>0$ と $|\cos\theta|\leqq 1$ より $a+b\cos\theta>0$ となるので, 被積分関数を

$$\frac{\sin\theta}{a+b\cos\theta}=-\frac{1}{b}\frac{d}{d\theta}\log(a+b\cos\theta)$$

と変形すれば, 与えられた積分が 0 となることは容易に示せるが, ここでは留数の定理を応用してこの積分を求めることを考える.

そのために, $z=e^{i\theta}$ とおけば $d\theta=dz/iz$, $\cos\theta=(z+z^{-1})/2$, $\sin\theta=(z-z^{-1})/2i$ より

$$\frac{\sin\theta}{a+b\cos\theta}=-i\frac{z^2-1}{bz^2+2az+b}$$

となり, 求める積分は原点を中心とする単位円を正の方向に 1 周する周回積分

$$\int_0^{2\pi}\frac{\sin\theta\,d\theta}{a+b\cos\theta}=-\oint_{|z|=1}\frac{dz}{z}\frac{z^2-1}{bz^2+2az+b}$$

に書き直すことができる. ここで $bz^2+2az+b=b(z-\alpha)(z-\beta)$ と因数分解したとき, α と β は $\alpha\beta=1$, $\alpha\neq\beta$ (条件 $a>b>0$ より) をみたす. よって $|\alpha|$ と $|\beta|$ のどちらか一方 (ここでは $|\alpha|$) は 1 よりも小さい, すなわち不等式 $|\alpha|<1<|\beta|$ が成り立つので, 被積分関数は単位円内の $z=0$ と $z=\alpha$ でそれぞれ 1 位の極をもつ. したがって, 留数の定理により, 求める積分は

$$\int_0^{2\pi}\frac{\sin\theta\,d\theta}{a+b\cos\theta}=-2\pi i\left\{\mathrm{Res}\left[\frac{z^2-1}{b(z-\alpha)(z-\beta)z}\right]_{z=0}+\mathrm{Res}\left[\frac{z^2-1}{b(z-\alpha)(z-\beta)z}\right]_{z=\alpha}\right\}$$

$$=-\frac{2\pi i}{b}\left\{-\frac{1}{\alpha\beta}+\frac{\alpha^2-1}{\alpha(\alpha-\beta)}\right\}$$

$$=0\qquad(\because\ \alpha\beta=1)$$

となる.

(ii) 複素関数 $f(z)=\dfrac{1}{(z^2+4)(z^2+2z+2)}$ の, 原点を中心とする半径 R の上半円 C_R と実軸上の $-R$ から R までの線分からなる閉曲線 C にそった周回積分を考える (図 5-4). この積分は, 実軸にそった積分と上半円 C_R にそった積分の和

$$\oint_C f(z)dz=\int_{-R}^R f(x)dx+\int_{C_R}f(z)dz$$

で与えられる．上式右辺の第2項の積分について，C_R 上では $z = Re^{i\theta}$, $|dz| = |izd\theta| = R|d\theta|$ であり，また十分大きな R に対して被積分関数の絶対値は $1/R^4$ 程度である．したがって $R \to \infty$ の極限で C_+ にそった積分は $1/R^3$ で 0 となる．よって，右辺第2項は同じ極限 $R \to \infty$ で求める積分に帰着する．

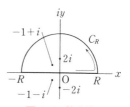

図 5-4 積分路 C_R

ところで，複素関数 $f(z)$ は z 平面の上半面において点 $z = 2i$ と $z = -1+i$ でそれぞれ1位の極をもつが，十分大きな R をとればこれらの極は閉曲線 C の内部に含まれる．よって，留数の定理により閉曲線 C にそった周回積分は

$$\oint_C f(z)dz = 2\pi i \{\mathrm{Res}\, f(z)|_{z=2i} + \mathrm{Res}\, f(z)|_{z=-1+i}\} = \frac{3\pi}{20}$$

となる．上で述べた理由から，$R \to \infty$ の極限で上式の左辺は求める式に等しくなるので，次の結果

$$\int_{-\infty}^{\infty} \frac{dx}{(x^2+4)(x^2+2x+2)} = \frac{3\pi}{20}$$

が得られる．

上の計算において積分路を上半面で閉じさせる方法を用いたが，タイプ2の関数 $f(z)$ に必要な条件によれば，下半面をまわる半円上の積分も同様にして0となることが示せる．ここで取り上げた積分についてこのことを確かめ，下半面をまわる積分路をとって与えられた積分の値を求めることを自分で試してみよ．

(iii) まず $a > 0$ の場合，前問と同じように，半径 R $(R > 0)$ の上半円を考えて，$f(z) = e^{iaz}/(z^2+b^2)$ の閉曲線 C にそった周回積分を考える．留数定理により（問題 5-1 の [4](1) も参照），この周回積分の値は $\pi e^{-a|b|}/|b|$ である．

一方，半円 $z = Re^{i\theta}$ 上では $\mathrm{Re}\, iaz = -aR\sin\theta$ であるから，$0 \le \theta \le \pi$ に対し $|e^{iaz}| \le 1$ となる．また，この半円上では $|z^2+b^2| = \sqrt{R^4+b^4+2R^2b^2\cos 2\theta} > R^2-b^2$ より，上半円 $z = Re^{i\theta}$ 上の積分の絶対値について

$$\left| \int_0^{\pi} \frac{e^{iaz}izd\theta}{z^2+b^2} \right| \le R \int_0^{\pi} \frac{|e^{iaz}||d\theta|}{R^2-b^2} \le \frac{\pi R}{R^2-b^2} \to 0 \qquad (R \to \infty)$$

が成り立つ．したがって，前問と同様な考察から，この周回積分の $R \to \infty$ での値は，実軸にそった $-\infty \sim \infty$ の積分に等しい．この結果，$a > 0$ のとき，与えられた積分は $\pi e^{-a|b|}/|b|$ となる．

次に $a < 0$ の場合には，問題 5-1 の [4] で (2) の結果を用いればよく，積分の値は

$\pi e^{a|b|}/|b|$ となる.

　最後に $a=0$ の場合は，積分路をどちらに回して閉じさせても同じ結果 $\pi/|b|$ を得る.
以上の結果をまとめると，与えられた積分は

$$\int_{-\infty}^{\infty} \frac{e^{iax}dx}{x^2+b^2} = \frac{\pi}{|b|} e^{-|ab|}$$

となる.

　この例では分母の次数が分子の次数よりも 2 だけ大きかったため，半円上の積分の評
価が容易であった．タイプ 3 の積分に対する条件では，分母の次数が分子の次数よりも
1 だけ大きい場合も含まれるが，この場合には半円上の積分の評価に関しては，この例
の場合よりも注意深い考察が要求される．この点に関しては次の例題が参考になる.

例題 5.7　次の不等式を証明せよ.

(i)　$\sin\theta \geqq \dfrac{2\theta}{\pi}$ $(0\leqq\theta\leqq\pi/2)$　　　(ii)　$0 < \displaystyle\int_0^{\pi/2} e^{-R\sin\theta}\,d\theta < \dfrac{\pi}{2R}$ $(R>0)$

　[解]　(i)　$f(x)=\dfrac{\sin x}{x}$ $(0<x\leqq\pi/2)$ とおけば

$$f'(x) = \frac{(x-\tan x)\cos x}{x^2}$$

となる．$0<x\leqq\pi/2$ において $(x-\tan x)\cos x<0$．よって，この区間で $f'(x)<0$ が成り
立つ．すなわち，$f(x)$ は単調減少関数である．また $f(0)=1$ と定義すれば，$f(x)$ は $x=0$
で連続であるから，$0\leqq x\leqq\pi/2$ の任意の x に対して $f(0)\geqq f(x)\geqq f(\pi/2)$ となり，2 番目の
不等号から求める不等式が導かれる.

　(ii)　(i) の結果を代入すると，問題の積分は

$$0 < \int_0^{\pi/2} e^{-R\sin\theta}\,d\theta \leqq \int_0^{\pi/2} e^{-2R\theta/\pi}\,d\theta$$

をみたすことがわかる(第 1 の不等号は自明)．この最右辺の積分は

$$\int_0^{\pi/2} e^{-2R\theta/\pi}\,d\theta = \left[-\frac{\pi}{2R}e^{-2R\theta/\pi}\right]_0^{\pi/2} = \frac{\pi}{2R}(1-e^{-R}) < \frac{\pi}{2R}$$

と評価される．したがって，問題の右側の不等号が成り立つ．以上により，与えられた
不等式が成立する.

Tips: ジョルダンの補助定理

例題5.7の結果を用いてタイプ3の積分について，より詳細な議論ができる．ここでは $a>0$ として，タイプ3の関数 $f(z)$ に対する条件を吟味してみよう．R を十分大きくとれば，$f(z)$ の上半面の極はすべて例題5.6の (ii) および (iii) で考えた積分路 C の内部に含まれるから，半円 C_R 上に特異点はない．したがって $|f(Re^{i\theta})|$ は C_R 上で連続となり，この半円上での $|f(Re^{i\theta})|$ には最大値が存在する．タイプ3の関数では分母の次数が分子の次数よりも1以上大きいので，$f(Re^{i\theta})$ の最大値を $M/R^{1+\delta}$ $(\delta>0)$ とおける．これらの考察から

$$\left| \int_{C_R} f(z)e^{iaz}\,dz \right| \leq \frac{MR}{R^{1+\delta}} \int_0^\pi e^{-aR\sin\theta}\,d\theta$$

$$= \frac{2M}{R^\delta} \int_0^{\pi/2} e^{-aR\sin\theta}\,d\theta < \frac{M\pi}{aR^{1+\delta}}$$

が導かれ，$R\to\infty$ の極限を考慮すれば半円上の積分は0に収束することがわかる．この結果，タイプ3の条件をみたす関数については，上半円からの積分の寄与は0となることがわかる．これをジョルダン (Jordan) の補助定理という．

━━━━━━━━━━━━━━━━ **問 題 5–3** ━━━━━━━━━━━━━━━━

[1] 以下の問に答えよ．

(1) 次の公式を証明せよ．ただし $b>0$.

$$\frac{1}{2\pi i} \int_{-\infty}^\infty \frac{e^{iax}}{x-ib}\,dx = \begin{cases} e^{-ab} & (a>0) \\ 1/2 & (a=0) \\ 0 & (a<0) \end{cases}$$

ここで，$a=0$ のときの積分は $\displaystyle\lim_{R\to\infty} \int_{-R}^R \frac{dx}{x-ib}$ によって定義する．

(2) 上の公式によって定義される実2変数の関数を $I(a,b)$ とする．このとき，次の極限で定義される関数 $\theta(a) = \displaystyle\lim_{b\to0} I(a,b)$ のグラフを示せ．

(3) $\theta(a)$ の導関数 $\theta'(a)$ はどのような関数か．

[2] 次の定積分を計算せよ．

(1) $\displaystyle I_1 = \int_0^{2\pi} \cos^n\theta\,d\theta, \quad I_2 = \int_0^{2\pi} \sin^n\theta\,d\theta$ （n は負でない整数）

(2) $\displaystyle I = \int_0^{2\pi} \frac{d\theta}{a^2\cos^2\theta + b^2\sin^2\theta}$ （$0<a<b$）

(3) $\displaystyle I = \int_0^{2\pi} \frac{d\theta}{a^2+b^2-2ab\cos\theta}$ $(0<a<b)$

(4) $\displaystyle I = \int_0^{\pi} \frac{b\cos\theta+c}{1-2a\cos\theta+a^2}d\theta$ $(a,b,c$ は実の定数で $|a|\neq 1)$

[3] 次の定積分を計算せよ.

(1) $\displaystyle I_1 = \int_{-\infty}^{\infty} \frac{dx}{x^2+a^2}$, $\displaystyle I_2 = \int_{-\infty}^{\infty} \frac{dx}{x^4+a^4}$ $(a$ は正の実数$)$

(2) $\displaystyle I = \int_{-\infty}^{\infty} \frac{x^2\,dx}{x^4+a^4}$ $(a$ は正の実数$)$

(3) $\displaystyle I = \int_{-\infty}^{\infty} \frac{dx}{x^2+x+1}$

[4] 次の定積分を計算せよ.

(1) $\displaystyle I_1 = \int_{-\infty}^{\infty} \frac{\cos bx\,dx}{x^4+a^4}$, $\displaystyle I_2 = \int_{-\infty}^{\infty} \frac{x\sin bx\,dx}{x^4+a^4}$ $(a,b$ は正の実数$)$

(2) $\displaystyle I = \int_{-\infty}^{\infty} \frac{\sin ax}{x}dx$ $(a$ は正の実数$)$

(3) $\displaystyle I = \int_{-\infty}^{\infty} \left(\frac{\sin ax}{x}\right)^2 dx$ $(a$ は正の実数$)$

Coffee Break

S君とM君の複素数問答・その2

　実数？　虚数？　それとも複素数？

S君とM君がまたまた複素数問答を始めた．なかなか熱心なものである．

M君　昨晩おもしろいことを考えたんだ.

S君　なんだなんだ今度はパラドックスではなくて，おもしろい話題か．それは是非とも聞きたいもんだ.

M君　そういうふうに改まられるとちょっと話しにくいんだけどね ….

S君　もったいぶるなよ．頭が痛くなるパラドックスにも付き合ったじゃないか.

M君　わかったわかった．思いついたことというのは，いろいろな数のベキ乗についてなんだ．せっかく虚数や複素数を学んだんだから，これらも含めていろいろな数のいろいろなベキ乗を考えてみようと思ったんだ.

S君 うん…. なるほど, だけどそれがなぜおもしろいんだ.

M君 虚数がでてくるベキ乗といえば, まず頭に浮かぶのは i^2 だけど, こ
れは $i^2 = -1$ で実数だよね. 2乗して負になる数なんて … と, 悩んだ時期
もあったっけ.

S君 うん, あったあった, それで…?

M君 次に考えたのは i^3 だけど, これは $i^3 = -i$ だからまた虚数になる. そ
こまでは簡単な話だから, もう少し進めてベキが整数ではなく有理数の場
合を考えると….

S君 待て待て, それは僕にまかせろ. ベキが有理数の場合としては例えば
$i^{1/2}$ があるが, これは $i^{1/2} = \pm(1+i)/\sqrt{2}$ だから複素数になる. どんなもん
だ! よく理解しているだろう.

M君 なかなか大したもんだな. だけどおもしろいのはこれからなんだよ.
ぼくらは虚数や複素数を知ったんだから, 想像をたくましくしてベキが虚
数や複素数の場合を考えたらどうなるんだろう.

S君 なるほどそれはおもしろい話だね. まず簡単な例として 1^i を考える
と, 1を何度掛けても1だから答えはやっぱり1なのかな. だけど i 乗と
いうのは何度か掛けることと考えてもいいのかな….

M君 そこが問題なんだね. もっとわかりにくくておもしろいものとして
は i^i というのも考えているんだけど…. 1^i にしても i^i にしても, それが
実数なのかそれとも複素数なのかさえもまだわからないんだよ.

S君 うーーーん, i の i 乗か, i の i 乗, i の i 乗…, "アイ"の"アイ"乗
…. なんだか頭がこんぐらかってきたようだ.

i^i はどんな数? (この数の正体は問題 7–3 の[1]で与えられている.)

6

関数の展開

正則関数を実際の問題に応用するときは，それを無限級数に展開して扱うと便利なことが多い．無限級数の取扱いにあたっては，級数の収束領域に注意することが重要である．収束領域の内部では，級数を項別に微分・積分することができる．

6–1 複素数のベキ級数

ベキ級数　　複素変数 z の無限個の関数項 $\alpha_n(z-z_0)^n$ $(n=0, 1, 2, \cdots)$ の和からなる関数 $S(z;z_0)$

$$S(z;z_0) = \alpha_0+\alpha_1(z-z_0)+\alpha_2(z-z_0)^2+\cdots$$
$$= \sum_{n=0}^{\infty} \alpha_n(z-z_0)^n \tag{6.1}$$

を，点 z_0 を中心とする z の**ベキ級数**という．(6.1)において係数 α_n は一般に複素数である．$\zeta=z-z_0$ によって新しい変数 ζ を導入すれば，(6.1)は $\sum_{n=0}^{\infty} \alpha_n\zeta^n$ と表わせるから，以下では $z_0=0$ とおいたものを $S(z)$ とし，これについて考える．

ベキ級数の収束　　ベキ級数 $S(z)$ は，多項式 $S_n(z)=\alpha_0+\alpha_1 z+\alpha_2 z^2+\cdots+\alpha_n z^n$ で，n を限りなく大きくした極限

$$S(z) = \lim_{n\to\infty} S_n(z) \tag{6.2}$$

で定義される．点 z でこの極限が存在するとき，ベキ級数 $S(z)$ は点 z で**収束**するという．

ベキ級数の収束半径　　$S(0)=\alpha_0$ より，ベキ級数が点 $z=0$ で収束することは明らかであるが，点 $z=0$ を中心とする半径 r の円の内部で収束し，この円の外側では収束しないとき，この円を $S(z)$ の**収束円**，r を**収束半径**という．

ベキ級数の性質　　ベキ級数は次の性質をもつ．

(1)　ベキ級数は収束円の内部で正則で，この円周上に特異点をもつ．

(2)　ベキ級数を収束円の内部で微分するには，各項ごとに微分すればよい（**項別微分可能**）．各項ごとに微分して得られた新しいベキ級数は，元の級数と同じ収束半径をもつ．

(3)　ベキ級数を収束円の内部にある任意の曲線にそって積分するには，各項ごとに積分すればよい（**項別積分可能**）．

収束半径の求め方　　式(6.1)で与えられたベキ級数の収束半径 r は，次の

公式で与えられる.

(1)　コーシ–アダマール(Cauchy–Hadamard)の公式

$$\lim_{n\to\infty}\sqrt[n]{|\alpha_n|}\ \text{が存在するとき}\qquad \frac{1}{r}=\lim_{n\to\infty}\sqrt[n]{|\alpha_n|}$$

(2)　ダランベール(d'Alembert)の公式

$$\lim_{n\to\infty}\left|\frac{\alpha_{n+1}}{\alpha_n}\right|\ \text{が存在するとき}\qquad \frac{1}{r}=\lim_{n\to\infty}\left|\frac{\alpha_{n+1}}{\alpha_n}\right|$$

この2つの公式は等価である.

コーシ–アダマールの公式は,次のコーシーの判定条件から導かれる.コーシーの判定条件とは,正項級数 $\sum_{n=0}^{\infty}a_n\,(a_n>0)$ の収束・発散を判定するもので,極限 $\varlimsup_{n\to\infty}\sqrt[n]{a_n}=c$ について

(1)　$c<1$ ならば　　$\displaystyle\sum_{n=0}^{\infty}a_n$ は収束する

(2)　$c>1$ ならば　　$\displaystyle\sum_{n=0}^{\infty}a_n$ は発散する

(3)　$c=1$ ならば　　この方法では判定不可能

とまとめられる.ここで,極限 $\varlimsup_{n\to\infty}\sqrt[n]{a_n}=c$ は**上極限**を意味する(Tips 参照).

Tips:　上極限・下極限

収束するとは限らない実数列 $\{a_n\}$ から適当な規則 $n\mapsto\nu(n)$ (ただし,$\nu(n)$ は単調増加整数列とする)によって作られた数列 $\{b_n=a_{\nu(n)}\}$ が,$n\to\infty$ である値 b に収束するならば,b をもとの数列 $\{a_n\}$ の**集積点**と呼ぶ.たとえば,$\sin(n\pi/2)$ において $\nu(n)=2n$ ととると,$\{b_n=\sin n\pi=0\}$ で定数列となり,これは間違いなく収束するので,0 は $\sin(n\pi/2)$ の集積点である.同じように,±1 もこの数列の集積点となる.このように一般には複数存在する集積点のうち,最大(最小)のものを数列 $\{a_n\}$ の**上(下)極限**といい,

$$\text{上極限を}\ \ \varlimsup_{n\to\infty}a_n=\limsup_{n\to\infty}a_n,\qquad \text{下極限を}\ \ \varliminf_{n\to\infty}a_n=\liminf_{n\to\infty}a_n$$

と記す.上で例として取り上げた $\sin(n\pi/2)$ の場合に,上極限は $+1$,下極限は -1 である.

例題 6.1 (i) コーシーの判定法が成り立つことを示せ.

(ii) コーシー–アダマールの公式にあらわれる極限値 $\dfrac{1}{r}=\lim_{n\to\infty}\sqrt[n]{|\alpha_n|}$ が存在するならば, r はたしかにベキ級数 $\sum_{n=0}^{\infty}\alpha_n z^n$ の収束半径を与えることを, コーシーの判定条件によって示せ.

［解］ (i) 極限 $c=\lim_{n\to\infty}\sqrt[n]{|a_n|}$ が存在するとして, まず $0<c<1$ のとき, $c<R<1$ をみたす正数 R をとれば, 十分大きな自然数 N に対して $n\geqq N$ をみたす任意の a_n が $|a_n|<R^n$ を満足するようにできる. したがって

$$\left|\sum_{n=N}^{\infty} a_n\right| \leqq \sum_{n=N}^{\infty}|a_n| < \sum_{n=N}^{\infty} R^n = \frac{R^N}{1-R} < \infty$$

が成り立つ. また, $N-1$ 項までの有限項の和はもちろん有限であるから, もとの級数 $\sum_{n=0}^{\infty} a_n$ は 2 つの有限な数の和よりも小さい. したがってそれは有限の値に収束する.

一方 $c>1$ のときは, $c>R'>1$ となる R' をとれば, $n\to\infty$ で $R'^n\to\infty$. よって, $\lim_{n\to\infty}|a_n|>\lim_{n\to\infty} R'^n=\infty$ となるからもとの級数は収束しない.

(ii) $a_n=|\alpha_n z^n|$ とおけば

$$\left|\sum_{n=0}^{\infty}\alpha_n z^n\right| \leqq \sum_{n=0}^{\infty}|\alpha_n z^n| = \sum_{n=0}^{\infty} a_n$$

ここで, 右辺の正項級数の項 a_n の n 乗根は $\sqrt[n]{a_n}=\sqrt[n]{|\alpha_n|}\,|z|$ となるが, 仮定により, $\lim_{n\to\infty}\sqrt[n]{|\alpha_n|}=\dfrac{1}{r}$ は存在するのだから

$$\lim_{n\to\infty}\sqrt[n]{a_n} = \frac{|z|}{r}$$

が成り立つ. そこで, コーシーの判定条件によれば

(1) $\dfrac{|z|}{r}<1$ ならば, $\sum_{n=0}^{\infty} a_n$ は収束し,

(2) $\dfrac{|z|}{r}>1$ ならば, $\sum_{n=0}^{\infty} a_n$ は発散する

ことになる. よって極限値 r が有限ならば, ベキ級数 $S(z)=\sum_{n=0}^{\infty}\alpha_n z^n$ は $|z|<r$ で収束する.

このように級数の各項をその絶対値で置き換えた級数が収束するとき, この級数は**絶対収束**するという. 級数が絶対収束するとき, もとの級数も収束する. 収束円の円周上の点 $z\,(|z|=r)$ においては, コーシーの判定条件を用いるだけではこの点で級数が収束または発散するかについて見極めることはできない. しかし, この円周 $|z|=|r|$ 上には, 与えられた級数で定義される複素関数の特異点が必ず存在する.

例題6.2 数列 a_n を，関係式 $a_n = a_{n-1} + a_{n-2}$ $(n \geqq 2)$, $a_0 = 0$, $a_1 = 1$ によって定義する．以下の問に答えよ．

(i) a_n を求めよ．

(ii) 級数 $\displaystyle\sum_{n=0}^{\infty} a_n z^n$ の収束半径を求め，収束円の内部でこの級数によって与えられる関数を求めよ．

[**解**] (i) $a_n - \alpha a_{n-1} = \beta(a_{n-1} - \alpha a_{n-2})$ とおいて，$a_n - \alpha a_{n-1}$ のなす等比数列を求めるのが常套手段である．仮定した形をもとの漸化式と比較すると，α, β は2次方程式 $\lambda^2 - \lambda - 1 = 0$ の根であればよいことがわかる．仮定した漸化式で α と β とを入れ換えたものも正しいはずであるから

$$a_n - \frac{1+\sqrt{5}}{2} a_{n-1} = \left(\frac{1-\sqrt{5}}{2}\right)^{n-1}\left(a_1 - \frac{1+\sqrt{5}}{2} a_0\right)$$

$$a_n - \frac{1-\sqrt{5}}{2} a_{n-1} = \left(\frac{1+\sqrt{5}}{2}\right)^{n-1}\left(a_1 - \frac{1-\sqrt{5}}{2} a_0\right)$$

が得られる．これを a_n について解き $a_1 = 1$, $a_0 = 0$ を代入して

$$a_n = \frac{\sqrt{5}}{5}\left\{\left(\frac{1+\sqrt{5}}{2}\right)^n - \left(\frac{1-\sqrt{5}}{2}\right)^n\right\}$$

と求まる．

(ii) (i) の結果から

$$\lim_{n\to\infty}\left|\frac{a_{n+1}}{a_n}\right| = \frac{1+\sqrt{5}}{2}\lim_{n\to\infty}\left|\left\{1 - \left(\frac{1-\sqrt{5}}{1+\sqrt{5}}\right)^{n+1}\right\}\Big/\left\{1 - \left(\frac{1-\sqrt{5}}{1+\sqrt{5}}\right)^n\right\}\right| = \frac{1+\sqrt{5}}{2}$$

となるから，ダランベールの判定法により収束半径 r は

$$r = \frac{\sqrt{5}-1}{2}$$

と求まる．

いまの場合に与えられたベキ級数は2つの等比級数からなり，各々の収束半径は $(\sqrt{5}\pm 1)/2$ である．このうち小さい方が両方ともに収束する領域の限界を与えるのは当然である．実際に収束半径内で和を計算すると

$$\sum_{n=0}^{\infty} a_n z^n = \frac{z}{1-z-z^2} \qquad \left(|z| < \frac{\sqrt{5}-1}{2}\right)$$

となっている．

例題 6.3 次の各問に答えよ.

(i) 領域 D において正則な関数の列 $f_n(z)$ $(n=1, 2, \cdots)$ が，D 内の各点において $n \to \infty$ の極限で正則な関数 $f(z)$ に収束し，しかも，すべての n に対して不等式 $|f_n(z) - f(z)| \leq \varepsilon_n$ が成り立つものとする. ここで ε_n は z には無関係で n にのみよる正の数であり，$\varepsilon_n \to 0$ $(n \to \infty)$ をみたす適当な数である. これらの条件がみたされるとき，$f_n(z)$ は $f(z)$ に**一様収束**するという. このとき，

$$\lim_{n \to \infty} \int_C f_n(z) dz = \int_C \lim_{n \to \infty} f_n(z) dz = \int_C f(z) dz$$

が成り立つことを示せ.

(ii) (i) の関数列 $\{f_n(z)\}$ として，ベキ級数 $f(z)$ の初項から第 n 項までの和 $f_n(z) = \sum_{j=0}^{n} \alpha_j z^j$ を考えることにより，一様収束するベキ級数は項別に積分してよいことを示せ.

[**解**] (i) 積分路 C が実変数 t によって $z(t) = x(t) + iy(t)$ $(0 \leq t \leq 1)$ と表わされるものとして，実変数 t の複素数値関数

$$g_n(t) = f_n(z(t)) \frac{dz(t)}{dt}, \quad g(t) = f(z(t)) \frac{dz(t)}{dt}$$

を考えると，t によらず $|g_n(t) - g(t)| < \varepsilon_n$ が成り立つから

$$\left| \int_0^1 g_n(t) dt - \int_0^1 g(t) dt \right| = \left| \int_0^1 (g_n(t) - g(t)) dt \right|$$

$$\leq \int_0^1 |g_n(t) - g(t)| dt \leq \varepsilon_n \int_0^1 dt = \varepsilon_n \to 0 \quad (n \to \infty)$$

となる. よって次の式が成り立つ.

$$\lim_{n \to \infty} \int_C f_n(z) dz = \lim_{n \to \infty} \int_0^1 g_n(t) dt = \int_0^1 g(t) dt = \int_C f(z) dz$$

(ii) $f_n(z) = \sum_{j=0}^{n} \alpha_j z^j$, $f(z) = \sum_{m=0}^{\infty} \alpha_m z^m$ として，領域 D において $f_n(z)$ が $f(z)$ に一様収束するとき，(i) の結果により D 内にある積分路 C にそった積分について

$$\int_C f(z) dz = \lim_{n \to \infty} \int_C f_n(z) dz = \lim_{n \to \infty} \left\{ \int_C \sum_{j=0}^{n} \alpha_j z^j dz \right\}$$

$$= \lim_{n \to \infty} \left\{ \sum_{j=0}^{n} \int_C \alpha_j z^j dz \right\} = \sum_{j=0}^{\infty} \int_C \alpha_j z^j dz$$

が成立する. 上式右辺で第 1 列から第 2 列への等号は，多項式の積分ではつねに項別に積分可能であることを用いて得られる. 収束円の内部ではベキ級数は一様収束するので，収束円の内部で積分するかぎり，ベキ級数はつねに項別積分可能であることがわかる.

iiiiiiiiiiiiiiiiiiiiiiiiiiiiiiiiiiiiiiiiiiiiiiiiiii **問 題 6-1** iiiiiiiiiiiiiiiiiiiiiiiiiiiiiiiiiiiiiiiiiiiiiiiiiii

[**1**]　与えられた級数の収束円を求めよ.

(1)　$\displaystyle\sum_{n=0}^{\infty} z^n$　　　　(2)　$\displaystyle\sum_{n=0}^{\infty} (1+n)(z-\alpha)^n$　　　(3)　$\displaystyle\sum_{n=1}^{\infty} \frac{i^n z^n}{n}$

(4)　$\displaystyle\sum_{n=0}^{\infty} \frac{z^{2n+1}}{(2n+1)!}$　　(5)　$\displaystyle\sum_{n=0}^{\infty} \frac{\alpha(\alpha-1)\cdots(\alpha-n+1)}{n!} z^n$

(6)　$\displaystyle\sum_{n=0}^{\infty} \frac{\alpha(\alpha+1)\cdots(\alpha+n-1)\beta(\beta+1)\cdots(\beta+n-1)}{n!\gamma(\gamma+1)\cdots(\gamma+n-1)} (z-1)^n$

[**2**]　級数 $\displaystyle\sum_{n=0}^{\infty} \frac{z^n}{n!}$ について,以下の問に答えよ.

(1)　この級数の収束半径を求めよ.

(2)　この級数によって定義される関数を $f(z)$ とする.整数 $n \geqq 0$ に対して,関係式

$$\frac{1}{2\pi i} \sum_{m=0}^{\infty} \oint_C \frac{z^{m-n-1}}{m!} dz = \frac{1}{n!}$$

が成り立つことを示し(ここで,積分路 C は原点を内部に含む任意の閉曲線でよい),
これを用いて,$f^{(n)}(0)=1$ $(n=0, 1, 2, \cdots)$ となることを証明せよ.

(3)　指数関数 e^z について,

$$\left[\frac{d^n}{dz^n} e^z\right]_{z=0} = 1 \qquad (n=0, 1, 2, \cdots)$$

が成り立つことを示せ.

[**3**]　ベキ級数 $f(z)=\displaystyle\sum_{n=0}^{\infty} \alpha_n z^n$ の収束半径を R とする.

(1)　収束円の内部($|z|<R$)において $f(z)$ を項別に微分して得られる級数 $g(z)=\displaystyle\sum_{n=1}^{\infty} n\alpha_n z^{n-1}$ は,もとのベキ級数 $f(z)$ と同じ収束半径をもつことを示せ.

(2)　$g(z)$ は $f(z)$ の微分 $f'(z)$ に等しいことを示せ.

[**4**]　$f_k(z)=\displaystyle\sum_{n=1}^{\infty} n^k z^n$ とする.ただし,k は 0 または正の整数とする.以下の問に答えよ.

(1)　$f_k(z)$ の収束半径は 1 となることを示せ.

(2)　収束円の内部で $f_{k+1}(z)=z f_k'(z)$ が成立することを示せ.これを用いて,$k=0, 1, 2$ の各場合に $f_k(z)$ を求め,収束円の周上に $f_k(z)$ は特異点をもつことを示せ.

6–2 正則関数のテイラー展開

テイラー展開　　正則関数 $f(z)$ は，それが正則な領域 D において何回でも微分可能である．D 内の点 z_0 における微分係数 $f^{(n)}(z_0)$ を用いて次のベキ級数

$$\sum_{n=0}^{\infty} \frac{1}{n!} f^{(n)}(z_0)(z-z_0)^n \tag{6.3}$$

を定義すると，この級数はその収束円内でもとの関数 $f(z)$ に一致する．ベキ級数(6.3)を点 z_0 を中心とする $f(z)$ の**テイラー**(Taylor)**展開**，また，この級数を**テイラー級数**という．とくに，$z_0=0$ の場合のテイラー級数をマクローリン(Maclaurin)級数と呼ぶ．

　テイラー級数の収束半径は，z_0 と z_0 に最も近い $f(z)$ の特異点との距離に等しい．したがって，収束円の周上には，z_0 に最も近い $f(z)$ の特異点が存在する．

初等関数のテイラー展開の例

(1)　指数関数 e^z の $z=0$ におけるテイラー展開(収束半径は無限大)

$$e^z = \sum_{n=0}^{\infty} \frac{1}{n!} z^n = 1+z+\frac{1}{2!}z^2+\cdots \tag{6.4}$$

(2)　三角関数 $\cos z$ の $z=0$ におけるテイラー展開(収束半径は無限大)

$$\cos z = \sum_{n=0}^{\infty} \frac{(-1)^n}{(2n)!} z^{2n} = 1-\frac{1}{2!}z^2+\frac{1}{4!}z^4+\cdots \tag{6.5}$$

(3)　三角関数 $\sin z$ の $z=0$ におけるテイラー展開(収束半径は無限大)

$$\sin z = \sum_{n=0}^{\infty} \frac{(-1)^n}{(2n+1)!} z^{2n+1} = z-\frac{1}{3!}z^3+\frac{1}{5!}z^5+\cdots \tag{6.6}$$

(4)　$1/(1-z)$ の $z=0$ におけるテイラー展開(収束半径は 1)

$$\frac{1}{1-z} = \sum_{n=0}^{\infty} z^n = 1+z+z^2+\cdots \tag{6.7}$$

例題 6.4 関数 $f(z)$ は 2 点 z, z_0 を含む領域 D 内で正則とする. コーシーの積分公式

$$f(z) = \frac{1}{2\pi i} \oint_C \frac{f(w)}{w-z} dw$$

を用いて, $f(z)$ の z_0 を中心とするテイラー展開の公式を導け. ただし, 積分路 C は D 内の閉曲線で 2 点 z, z_0 を内部に含むものとする.

[**解**] 複素積分の積分路は, 被積分関数の特異点を横切らないかぎり, 正則な領域内で自由に変形してよいので, ここでは C として z_0 を中心とする円周をとる. もちろん円の内部に z も含むようにとる必要がある. このとき, $|z-z_0| = R_1$, $|w-z_0| = R_2$ とすれば $R_1 < R_2$ となり, $\left| \dfrac{z-z_0}{w-z_0} \right| < 1$ が成り立つ. そこで, テイラー展開を導くために, 次のような工夫をする.

$$\frac{f(w)}{w-z} = \frac{f(w)}{w-z_0} \frac{1}{1 - \dfrac{z-z_0}{w-z_0}} = \sum_{n=0}^{\infty} \frac{f(w)(z-z_0)^n}{(w-z_0)^{n+1}} \tag{1}$$

上式右辺の級数が $\dfrac{f(w)}{w-z}$ に一様収束することを示すために

$$S_N(w, z) = \sum_{n=0}^{N-1} \frac{f(w)(z-z_0)^n}{(w-z_0)^{n+1}}, \quad S(w, z) = \frac{f(w)}{w-z}$$

を定義し, $S_N \to S$ の様子を調べよう. 計算により

$$S_N - S = -\frac{f(w)}{w-z_0} \frac{\left(\dfrac{z-z_0}{w-z_0} \right)^N}{1 - \dfrac{z-z_0}{w-z_0}}$$

がわかるので, 積分路 C 上で $|f(z)|$ がとる最大値を M とすれば

$$|S_N - S| \leq \frac{M}{R_2 - R_1} \left(\frac{R_1}{R_2} \right)^N$$

が成り立つ. よって, $S_N \to S$ の収束は一様である. 一様収束する級数の積分は項別に行なってよいので, (1)を代入して項別積分を実行すれば, テイラー展開

$$f(z) = \sum_{n=0}^{\infty} \frac{1}{n!} f^{(n)}(z_0)(z-z_0)^n$$

が導かれる. ただし, 項別積分の各項にグルサーの公式(5.3)を適用する.

例題 6.5 次の関数の指定された点を中心とするテイラー級数を求めよ.

(i) e^z, $z = i\pi$　　　(ii) $\sin z$, $z = \dfrac{\pi}{4}$　　　(iii) $\sin z$, $z = i$

[**解**]　(i)　$\dfrac{d^n e^z}{dz^n} = e^z$ より,

$$\left[\frac{d^n e^z}{dz^n}\right]_{z=i\pi} = e^{i\pi} = -1.$$

よって

$$e^z = -\sum_{n=0}^{\infty} \frac{1}{n!}(z-i\pi)^n = -1-(z-i\pi)-\frac{1}{2!}(z-i\pi)^2 - \cdots$$

(ii)　$\dfrac{d^{2n}\sin z}{dz^{2n}} = (-1)^n \sin z$, $\dfrac{d^{2n+1}\sin z}{dz^{2n+1}} = (-1)^n \cos z$ より,

$$\left[\frac{d^{2n}\sin z}{dz^{2n}}\right]_{z=\pi/4} = (-1)^n \frac{\sqrt{2}}{2},$$

$$\left[\frac{d^{2n+1}\sin z}{dz^{2n+1}}\right]_{z=\pi/4} = (-1)^n \frac{\sqrt{2}}{2}$$

よって

$$\sin z = \frac{\sqrt{2}}{2} \sum_{n=0}^{\infty} (-1)^n \frac{1}{(2n)!}\left(z-\frac{\pi}{4}\right)^{2n} + \frac{\sqrt{2}}{2} \sum_{n=0}^{\infty} (-1)^n \frac{1}{(2n+1)!}\left(z-\frac{\pi}{4}\right)^{2n+1}$$

$$= \frac{\sqrt{2}}{2}\left\{1 - \frac{1}{2!}\left(z-\frac{\pi}{4}\right)^2 + \cdots + \frac{(-1)^n}{(2n)!}\left(z-\frac{\pi}{4}\right)^n + \cdots\right.$$

$$\left. + \left(z-\frac{\pi}{4}\right) - \frac{1}{3!}\left(z-\frac{\pi}{4}\right)^3 + \cdots + \frac{(-1)^n}{(2n+1)!}\left(z-\frac{\pi}{4}\right)^{2n+1} + \cdots\right\}$$

(iii)　$\sin i = \dfrac{i(e^2-1)}{2e}$, $\cos i = \dfrac{e^2+1}{2e}$ より, (ii) と同様にして

$$\sin z = \frac{i(e^2-1)}{2e} \sum_{n=0}^{\infty} \frac{(-1)^n}{(2n)!}(z-i)^{2n} + \frac{(e^2+1)}{2e} \sum_{n=0}^{\infty} \frac{(-1)^n}{(2n+1)!}(z-i)^{2n+1}$$

$$= \frac{i(e^2-1)}{2e}\left\{1 - \frac{1}{2!}(z-i)^2 + \cdots + \frac{(-1)^n}{(2n)!}(z-i)^{2n} + \cdots\right\}$$

$$+ \frac{(e^2+1)}{2e}\left\{(z-i) - \frac{1}{3!}(z-i)^3 + \cdots + \frac{(-1)^n}{(2n+1)!}(z-i)^{2n+1} + \cdots\right\}$$

━━━━━━━━━━━━━━━ **問 題 6-2** ━━━━━━━━━━━━━━━

[**1**] 与えられた関数の指示された点におけるテイラー展開を求めよ.

(1) $\dfrac{1}{z}$, $z=1$ (2) $\dfrac{1}{1-z}$, $z=2$

(3) $\dfrac{1}{4-z^2}$, $z=0$ (4) $\dfrac{z}{4-z^2}$, $z=0$

[**2**] θ をパラメーターとするとき, 関数 $f(z)=\dfrac{1}{1-2z\cos\theta+z^2}$ の $z=0$ を中心とするテイラー展開は

$$\frac{1}{1-2z\cos\theta+z^2}=\sum_{n=0}^{\infty}\frac{\sin\{(n+1)\theta\}}{\sin\theta}z^n, \quad |z|<1$$

で与えられることを示せ.

[**3**] 例題 6.4 を参考にして,

(1) $\dfrac{1}{(1-z)^n}$ ($n=1,2,\cdots$) を原点を中心とするテイラー級数に展開せよ.

(2) (1)で $n\geqq2$ の級数は, $n=1$ のテイラー級数を項別に $n-1$ 回微分し, それを $(n-1)!$ で割ったものに等しいことを示せ.

[**4**] 次の各問に答えよ.

(1) $|z|<r$ で正則な関数 $f(z)$ のマクローリン展開を $f(z)=\sum\limits_{n=0}^{\infty}c_n z^n$ とすれば, $0\leqq\rho<r$ のとき

$$\frac{1}{2\pi}\int_0^{2\pi}|f(\rho e^{i\theta})|^2\,d\theta=\sum_{n=0}^{\infty}|c_n|^2\rho^{2n}$$

が成り立つことを示せ.

(2) $f(z)=\sum\limits_{k=0}^{n-1}z^k$ は z 平面のいたるところ正則な関数である. $z=e^{i\theta}$ とおけば,

$$f(e^{i\theta})=e^{i(n-1)\theta/2}\frac{\sin(n\theta/2)}{\sin(\theta/2)}$$

と表わされること, および (1) の結果を用いて

$$\frac{1}{2\pi}\int_0^{2\pi}\left(\frac{\sin(n\theta/2)}{\sin(\theta/2)}\right)^2 d\theta=n$$

を示せ.

6–3 ローラン展開

ローラン展開　関数 $f(z)$ が点 z_0 を中心とする円環領域 $D: r_1 < |z-z_0| < r_2$ で正則ならば，$f(z)$ は点 z_0 を中心として，次のように展開できる.

$$f(z) = \sum_{n=0}^{\infty} a_n(z-z_0)^n + \sum_{n=1}^{\infty} a_{-n}(z-z_0)^{-n}$$

$$= a_0 + a_1(z-z_0) + a_2(z-z_0)^2 + \cdots$$

$$+ \frac{a_{-1}}{z-z_0} + \frac{a_{-2}}{(z-z_0)^2} + \cdots \tag{6.8}$$

ここで，展開の係数 a_n は，周回積分

$$a_n = \frac{1}{2\pi i} \oint_C \frac{f(w)}{(w-z_0)^{n+1}} dw \tag{6.9}$$

で与えられる. ただし，積分路 C は，点 z_0 を中心とし半径 r $(r_1 < r < r_2)$ の円を正の向きに1周するものとする. これを $f(z)$ の $z=z_0$ を中心とする**ローラン (Laurent) 展開**という.

主要部　式(6.8)第1行目の右辺第2項 $\sum_{n=1}^{\infty} a_{-n}(z-z_0)^{-n}$ をローラン展開の**主要部**という. 主要部の形により，$f(z)$ は次のように分類される.

(1)　主要部がないとき，$f(z)$ は $z=z_0$ で正則である.

(2)　主要部が有限個の項

$$\sum_{n=1}^{k} a_{-n}(z-z_0)^{-n} = \frac{a_{-1}}{z-z_0} + \cdots + \frac{a_{-k}}{(z-z_0)^k} \tag{6.10}$$

からなるとき，$f(z)$ は $z=z_0$ で k 位の極をもつ.

(3)　主要部が無限個の項

$$\sum_{n=1}^{\infty} a_{-n}(z-z_0)^{-n} = \frac{a_{-1}}{z-z_0} + \frac{a_{-2}}{(z-z_0)^2} + \cdots \tag{6.11}$$

からなるとき，点 z_0 は $f(z)$ の真性特異点で，どんな自然数 k をとっても $\lim_{z \to z_0}\{(z-z_0)^k f(z)\}$ は極限値をもたない.

例題 6.6　円環領域 $r_1 < |z - z_0| < r_2$ を考え，点 z_0 を中心とする $f(z)$ のローラン展開の式(6.8)を導け.

───

[解]　正の数 ρ_1, ρ_2 は $r_1 < \rho_1 < \rho_2 < r_2$ をみたすとして，点 z_0 を中心とする半径 ρ_1, ρ_2 の円をそれぞれ C_1, C_2 とする．C_1 と C_2 に挟まれた領域 $\bar{D}$ と円周 C_1, C_2 上で関数 $f(z)$ が正則であるとき，この多重連結領域にコーシーの積分公式(5.2)を適用すれば，$\bar{D}$ 内の点 z について

$$f(z) = \frac{1}{2\pi i} \oint_{C_2} \frac{f(w)}{w - z} \, dw - \frac{1}{2\pi i} \oint_{C_1} \frac{f(w)}{w - z} \, dw$$

が成り立つ．この第1の積分については，前節の例題6.4と全く同じ変形ができる．よってこの積分は(6.8)第1行目の右辺第1項

$$\sum_{n=0}^{\infty} a_n (z - z_0)^n, \qquad a_n = \frac{1}{2\pi i} \oint_{C_2} \frac{f(w)}{(w - z_0)^{n+1}} \, dw \tag{1}$$

を与える．この場合 C_2 の内部では $f(z)$ が正則であるとは限らないので，(1)の a_n を必ずしも $\dfrac{1}{n!} f^{(n)}(z_0)$ と表わすことはできないことに注意したい.

次に第2の積分においては，$|z - z_0| > |w - z_0|$ が成り立つので

$$-\frac{1}{w - z} = \frac{1}{z - z_0 - (w - z_0)} = \frac{1}{z - z_0} \sum_{n=0}^{\infty} \left(\frac{w - z_0}{z - z_0} \right)^n$$

と展開できることを用いれば

$$-\frac{f(w)}{w - z} = \sum_{n=0}^{\infty} \frac{f(w)(w - z_0)^n}{(z - z_0)^{n+1}}$$

が導かれる．この級数が一様収束することも前節同様に示せるので，これを $f(z)$ の右辺第2項に代入して項別に積分を行なえば，ローラン展開の主要部

$$\sum_{n=1}^{\infty} a_{-n}(z - z_0)^{-n}, \qquad a_{-n} = \frac{1}{2\pi i} \oint_{C_1} f(w)(w - z_0)^{n-1} \, dw \tag{2}$$

が得られる.

最後に，(1), (2)の係数 a_n, a_{-n} を与える積分の積分路は $\bar{D}$ 内で任意に変形してよいことに注意して，(1)の a_n と(2)の a_{-n} はたとえば C を $\bar{D}$ 内の円として，

$$a_n = \frac{1}{2\pi i} \oint_C \frac{f(w)}{(w - z_0)^{n+1}} \, dw \qquad (n = 0, \pm 1, \pm 2, \cdots)$$

とまとめられることがわかるので，ローラン展開の成り立つことが示された.

例題 6.7 次の関数の $0<|z|<r$ におけるローラン展開について，それぞれの関数に適した r を定めよ．また各関数の $z=0$ における特異性を調べよ．

(i) $\dfrac{\sin z}{z}$ (ii) $\dfrac{1}{z(z-1)}$ (iii) $z^m e^{1/z}$ （m は整数）

[**解**] (i) 与えられた関数の特異点は $z=0$ だけであるから，$r=\infty$ ととることができる．この関数のローラン展開を $\displaystyle\sum_{n=-\infty}^{\infty} a_n z^n$ と表わしたとき，定義式(6.9)により，係数 a_n は

$$a_n = \frac{1}{2\pi i}\oint_C \frac{\sin w}{w^{n+2}}\,dw$$

で与えられる．ここで C は円周 $|z|=\rho e^{i\theta}\,(0<\rho<\infty)$ を正の方向に1周するものとする．$\sin w$ はいたるところ正則であるから，$n+2\leqq 0$ のとき，すなわち $n\leqq -2$ のとき，a_n の被積分関数はいたるところ正則であり，$a_n=0\,(n\leqq -2)$ となる．次に $n=-1$ のとき，コーシーの積分公式(5.1)より（$\sin z$ が正則であるから），

$$a_{-1} = [\sin w]_{w=0} = 0$$

となる．同様にして $n\geqq 0$ のとき，グルサーの公式(5.3)から

$$a_n = \frac{1}{(n+1)!}\left[\frac{d^{n+1}}{dw^{n+1}}\sin w\right]_{w=0}$$

と表わされる．よって，$a_{2n-1}=0$, $a_{2n}=(-1)^n/(2n+1)!\ (n=0,1,2,\cdots)$ となる．この結果，$\dfrac{\sin z}{z}$ は $0<|z|<\infty\ (r=\infty)$ で，次のようにローラン展開できる．

$$\frac{\sin z}{z} = 1 - \frac{1}{3!}z^2 + \frac{1}{5!}z^4 + \cdots$$

主要部は現われないので，$z=0$ は除去可能な特異点である．この式から $\displaystyle\lim_{z\to 0}\frac{\sin z}{z}=1$ となることが理解できるであろう．

[(i)の別解] 前節の公式(6.6)で与えられた $\sin z$ のテイラー展開

$$\sin z = \sum_{n=0}^{\infty}\frac{(-1)^n}{(2n+1)!}z^{2n+1} = z - \frac{1}{3!}z^3 + \frac{1}{5!}z^5 + \cdots$$

を用いれば，上で得られたローラン展開の式が得られる．

(ii) 与えられた関数は $z=0$ と $z=1$ で極をもつから，この場合には $r=1$ となる．定義式(6.9)によりローラン展開の係数 a_n は

$$a_n = \frac{1}{2\pi i}\oint_C \frac{dw}{w^{n+2}(w-1)}$$

で与えられる．ここで C は円周 $z=\rho e^{i\theta}$ $(0<\rho<1)$ を正の方向に1周するものとする．(i)と同様にして，$n\leqq-2$ のとき，$a_n=0$．次に，$n\geqq-1$ のとき，

$$a_n = \frac{1}{(n+1)!}\left[\frac{d^{n+1}}{dw^{n+1}}\left(\frac{1}{w-1}\right)\right]_{w=0} = -1$$

となる．よって，与えられた関数は $0<|z|<1$ $(r=1)$ で

$$\frac{1}{z(z-1)} = -\sum_{n=0}^{\infty} z^n - \frac{1}{z} \qquad (0<|z|<1)$$

のようにローラン展開できる．主要部は $-1/z$ のみであり，これは $z=0$ が1位の極であることを示す．

　[(ii)の別解]

$$\frac{1}{z(z-1)} = \frac{1}{z-1} - \frac{1}{z}$$

と変形し，$|z|<1$ で成り立つ等比級数の公式

$$\frac{1}{1-z} = \sum_{n=0}^{\infty} z^n$$

を用いれば，上で求められたローラン展開の式が得られる．

　(iii)　与えられた関数は $z=0$ 以外に特異点をもたないから，$r=\infty$ ととれる．(i)および(ii)と同様にして

$$a_n = \frac{1}{2\pi i}\oint_C dw\,\frac{e^{1/w}}{w^{n-m+1}} = \frac{1}{2\pi i}\oint_{C'} dz\, z^{n-m-1}e^z$$

となる．上式で最後の等号は $w=1/z$ とおいて得られたものである．また C は $|w|=\rho$ $(0<\rho<r)$ の円周，C' は $|z|=1/\rho$ の円周を表わし，積分はともに正の方向に1周するものとする．よって $n\geqq m+1$ のとき，$a_n=0$．$n\leqq m$ のとき，$n=m-k$ $(k=0,1,2,\cdots)$ とおけば，$a_{m-k}=1/k!$ となる．これを代入すると，与えられた関数は

$$z^m e^{1/z} = \sum_{k=0}^{\infty} \frac{1}{k!} z^{m-k} \qquad (|z|>0)$$

のようにローラン展開できる．これは，m の値に関係なく無限に続く z の負ベキを含むから，主要部は無限項からなる．すなわち，$z=0$ は，この関数の真性特異点となる．

　[(iii)の別解]　上の結果で $m=0$ とおけば

$$e^{1/z} = \sum_{n=0}^{\infty} \frac{1}{n!} z^{-n} \qquad (|z|>0)$$

となるが，これは指数関数のテイラー展開 $e^z = \sum_{n=0}^{\infty} \frac{1}{n!} z^n$ を $|z|\neq0$ として $e^{1/z}$ に適用して得られたものと同じである．これを $z^m e^{1/z}$ に代入すると，求めるローラン展開が得られる．

これらの例から分かるように，与えられた関数をローラン級数に展開するには，定義式(6.9)に戻って展開の係数 a_n を計算しなくても，すでに得られている展開式を利用して求めることもできる.

例題6.8 a, b は正の実数で $a < b$ とする．関数 $f(z) = \dfrac{1}{(z-a)(z-b)}$ の $z=0$ を中心とするローラン展開を，次の各々の領域において求めよ.

(i) $D_1:$ $a < |z| < b$ (ii) $D_2:$ $b < |z|$

[**解**] 領域 D_1, D_2 において $f(z)$ は正則だから，それぞれの領域で成り立つローラン展開が存在する.

(i) まず，部分分数分解

$$\frac{1}{(z-a)(z-b)} = \frac{1}{a-b}\left(\frac{1}{z-a} - \frac{1}{z-b}\right)$$

を行なう．右辺の第1項は $z=a$ に，第2項は $z=b$ に極をもつから，領域 $a < |z| < b$ では，第1項は

$$\frac{1}{z-a} = \sum_{n=1}^{\infty} \frac{a^{n-1}}{z^n} \tag{1}$$

とローラン展開でき，第2項は

$$\frac{1}{z-b} = \sum_{n=0}^{\infty} \frac{z^n}{b^{n+1}} \tag{2}$$

とテイラー展開できるので，これらを用いると求めるローラン展開は

$$f(z) = \frac{1}{a-b}\left(\sum_{n=1}^{\infty} \frac{a^{n-1}}{z^n} - \sum_{n=0}^{\infty} \frac{z^n}{b^{n+1}}\right) \quad (a < |z| < b)$$

となる.

(ii) 同じ部分分数分解から出発するが，こんどの領域 $b < |z|$ では，右辺第2項をテイラー展開(2)することは不可能であるから，そのかわりにローラン展開

$$\frac{1}{z-b} = \sum_{n=1}^{\infty} \frac{b^{n-1}}{z^n} \tag{3}$$

を用いる．(1)の方はここでも通用するから，これらを代入すると，この領域で正しいローラン展開として

$$f(z) = \frac{1}{a-b} \sum_{n=2}^{\infty} \frac{a^{n-1}-b^{n-1}}{z^n} \quad (|z| > b)$$

を得る.

(i) と (ii) はともに $f(z)$ の原点を中心とするローラン展開であるが，領域によって展開の級数が異なることに注意したい．

―――――――――――――――――― **問 題 6-3** ――――――――――――――――――

[1] 関数 $f(z) = \dfrac{1}{z(z^2+1)}$ の

(1) $z=0$ のまわり $(0<|z|<1)$

(2) $z=i$ のまわり $(0<|z-i|<1)$

でのローラン展開を求めよ．

[2] 3つの級数

$$f_0(z) = \sum_{n=0}^{\infty} z^{2n}, \quad f_{\pm}(z) = \frac{1}{4}\sum_{n=0}^{\infty}\left(\frac{1\mp z}{2}\right)^n + \frac{1}{2}\frac{1}{1\mp z}$$

について考える．以下の問に答えよ．

(1) これらの級数が収束する領域を求めよ．

(2) 各級数の収束領域が重なるところでは，$f_0(z)$, $f_{\pm}(z)$ はすべて同じ関数を与えることを示せ．

[3] 関数 $f(z) = e^{\alpha(z-1/z)/2}$ を考える．この関数は $z=0$ に特異点をもつ．

(1) $|z|>0$ において成り立つ $f(z)$ のローラン展開を $f(z) = \displaystyle\sum_{n=-\infty}^{\infty} J_n(\alpha) z^n$ とすれば

$$J_n(\alpha) = \frac{1}{\pi}\int_0^{\pi}\cos(n\theta - \alpha\sin\theta)\,d\theta$$

と表わせることを示せ．$J_n(\alpha)$ で α を改めて変数 z で置き直せば，$J_n(z)$ は z の複素関数となる．ここで与えられた関数 $J_n(z)$ を n 次の**ベッセル**(Bessel)**関数**という．

(2) (1)で与えた関数 $J_n(z)$ で $n\geqq 0$ のものは

$$J_n(z) = \sum_{l=0}^{\infty}\frac{(-1)^l}{l!(l+n)!}\left(\frac{z}{2}\right)^{n+2l}$$

で与えられることを示せ．

(3) $n\geqq 1$ に対して $J_{-n}(z) = (-1)^n J_n(z)$ が成り立つことを (1) の定義（これを $J_n(z)$ の**積分表示**という）を用いて示せ．

[4] 関数 $f(z) = \dfrac{e^{-\alpha z/(1-z)}}{1-z}$ について考える．

(1) $f(z)$ の $|z-1|>0$ におけるローラン展開を求めよ．

(2) $f(z)$ は $|z|\leqq 1$ で正則であるから，$z=0$ を中心とするマクローリン級数に展開できる．この級数を $f(z) = \displaystyle\sum_{n=0}^{\infty} L_n(\alpha) z^n$ と表わしたとき，$L_n(\alpha)$ は次式で与えられることを示せ．

$$L_n(\alpha) = \sum_{m=0}^{n} \binom{n}{m} (-1)^m \frac{\alpha^m}{m!}$$

この級数の展開係数から得られた関数 $L_n(z)$ をラゲール(Laguerre)多項式という.

Coffee Break

ベッセル関数とベッセル

問題 6–3 の[3]で導入されたベッセル関数は，惑星の運動に関するニュートンの運動方程式を解くために考えられたものであるが，現在では電磁気学・量子力学など理工学の多くの分野で応用され重要な役割を果たしている．この関数は，ドイツの数学者であり天文学者でもあった F. W. Bessel (1784–1846)によって，1824 年ごろ組織的に研究されたのにちなんでベッセル関数と呼ばれている.

ベッセルは天文学者としてもいくつかの重要な発見をした．1826 年に白鳥座 61 番星の視差を測定し，恒星までの距離の測定に先駆的な貢献をしたのをはじめとして，シリウス(最も明るい恒星として知られている)の固有運動を観測しその伴星の存在を予測したことでも有名である．彼が存在を予測した伴星は，ベッセルの死後望遠鏡によって発見され，太陽とほぼ同じ大きさの質量をもち半径が太陽の約 50 分の 1 の天体であることが明らかになった.

恒星の誕生からその終末までを理論的に調べる恒星構造論によれば，太陽と同程度の質量をもつ恒星はその進化の最終段階で白色矮星となることを予測している．また，太陽よりもはるかに大きい質量をもつ恒星は最終的に中性子星となり，さらに質量の大きい恒星は最後にブラックホールとなることが理論的に予言されている．ベッセルがその存在を予言したシリウスの伴星は，太陽に比べてはるかに大きな質量密度をもつ不思議な天体であることが観測によって示されたが，その実体こそ理論的に予言されていた恒星進化の最終形態の 1 つである白色矮星である．われわれはその伴星に太陽の将来の姿を見ることができる.

7

多価関数とその積分

複素変数 z の 1 つの値に対して，関数の値が 2 つ以上対応するとき，これを多価関数という．整数ベキ以外のベキ関数や対数関数などは多価関数の例であり，複素関数を応用するときに多価関数に出会う機会が多い．多価関数はそのままでは微分・積分できないので，これらの関数の取扱いには工夫が必要となる．

7–1 分数ベキ関数

n 価関数の例　　$w = (z-\alpha)^{1/n}$

複素数には n 個の異なる n 重根が存在する（第 1 章）から，$z-\alpha$ の n 重根として与えられる関数 $w=(z-\alpha)^{1/n}$ の場合，$z=\alpha+re^{i\theta}$ に対して n 個の値

$$w_k = \sqrt[n]{r}\, e^{i(\theta+2\pi k)/n} \qquad (k=0, 1, \cdots, n-1) \tag{7.1}$$

が存在する．したがって，$(z-\alpha)^{1/n}$ では，z 平面上の点 $z=\alpha+re^{i\theta}$ に対して，w 平面上の n 個の点が対応するので，この関数は n 価の関数となる．(7.1) で与えられた w_k を $w=(z-\alpha)^{1/n}$ の**分枝**という．この関数には n 個の分枝が存在する．

$z=\alpha+re^{i\theta}$ で，θ を 0 から 2π まで連続的に変化させたときに，z は点 α のまわりを反時計回りに 1 周して元の値に戻るが，w の偏角は $2\pi/n$ だけ増えて w_k から w_{k+1}（w_n は w_0）に移る．この例の場合における点 $z=\alpha$ のように，z 平面上のある点を 1 周したとき，多価関数の分枝が別の分枝に移るとき，この点をその多価関数の**分岐点**という．

切断とリーマン面　　複素関数の微分・積分は，関数が 1 価でなければ定義できない．したがって，多価関数はそのままでは微分・積分することができない．前章までの議論を多価関数の場合に拡張するためには，それを 1 価関数として扱えるような工夫が必要となる．そのための 1 つの方法は，1 つの分枝だけを取り出して，それを関数の値とみなすものである．これは z が分岐点のまわりを 1 周することができないように，z 平面を**切断**することを意味する．

もう 1 つの方法は次のようなものである．まず関数が n 価であることに対応して，切断された n 個の z 平面 $S_0, S_1, \cdots, S_{n-1}$ を用意し，これを 1 つに貼り合わせて作られた面を考える．これをその多価関数の**リーマン面**という（リーマン面の例としては図 7–1 (d) および図 7–2 (b) を参照）．z の偏角が 0 から 2π まで増えたとき，リーマン面上で S_k（$k=0, 1, \cdots, n-1$）上の点は S_{k+1} 上の対応する点に移る（S_{n-1} 上の点は S_0 上の点に移る）．ここで，各 S_k 上の点と分枝

w_k の値を対応させれば，リーマン面上の各点には 1 個の w が対応することになり，その対応は 1 対 1 対応となる．この結果，多価関数はリーマン面上では 1 価関数として取り扱うことが可能となる．

2 つの分岐点をもつ関数の例　$w = \sqrt{(z-\alpha)(z-\beta)}$

　この関数は 2 価関数であり，2 点 α と β がその分岐点となる．z 平面上で分岐点のいずれか一方のみを取り囲むように 1 周したときに，w の分枝は他の分枝に移るが，2 つの分枝をともに取り囲むように 1 周したときには，分枝は元のままに留まり他の分枝に移動することはない．このことから，この場合 2 点 α と β を結ぶ直線にそって z 平面を切断することによって，切断された面上でこの関数は 1 価関数として取り扱うことが可能になる．

例題 7.1　関数 $w = z^{1/3}$ について次の問に答えよ．

　(i)　$z = re^{i\theta}$，$r > 0$，$0 \leqq \theta < 2\pi$ とおき，w の分枝 $w_k(r, \theta)$ $(k = 0, 1, 2)$ をすべて求めよ．ただし，$w_k(1, 0) = e^{i2\pi k/3}$ と定める．

　(ii)　$\boldsymbol{w}(r, \theta) = (w_0, w_1, w_2)$ とする．$\boldsymbol{w}(r, \theta)$, $\boldsymbol{w}(r, \theta+2\pi)$, $\boldsymbol{w}(r, \theta+4\pi)$, $\boldsymbol{w}(r, \theta+6\pi)$ を求めよ．

　(iii)　$z_0 = r_0 e^{i\theta_0}$ において $0 < \theta_0 < 2\pi$，$r_0 > 0$ とする．次の極限を求めよ．

$$\lim_{z \to z_0} \frac{\boldsymbol{w}(z) - \boldsymbol{w}(z_0)}{z - z_0}$$

　［解］　(i)　定義にしたがって分枝は順番に $w_0 = \sqrt[3]{r}\, e^{i\theta/3}$，$w_1 = \sqrt[3]{r}\, e^{i(\theta+2\pi)/3}$，$w_2 = \sqrt[3]{r}\, e^{i(\theta+4\pi)/3}$ となる．

　(ii)　(i) の結果より

$$\boldsymbol{w}(r, \theta) = \sqrt[3]{r}\, (e^{i\theta/3}, e^{i(\theta+2\pi)/3}, e^{i(\theta+4\pi)/3})$$

となる．その他の場合は，この式で θ を適宜取り替えて

$$\boldsymbol{w}(r, \theta+2\pi) = \sqrt[3]{r}\, (e^{i(\theta+2\pi)/3}, e^{i(\theta+4\pi)/3}, e^{i\theta/3}) = (w_1, w_2, w_0)$$

$$\boldsymbol{w}(r, \theta+4\pi) = \sqrt[3]{r}\, (e^{i(\theta+4\pi)/3}, e^{i\theta/3}, e^{i(\theta+2\pi)/3}) = (w_2, w_0, w_1)$$

$$\boldsymbol{w}(r, \theta+6\pi) = \sqrt[3]{r}\, (e^{i\theta/3}, e^{i(\theta+2\pi)/3}, e^{i(\theta+4\pi)/3}) = (w_0, w_1, w_2)$$

となる．z が原点のまわりを 1 周するごとに $w_i \to w_{i+1}$ の乗り換えが見られ，3 周して元

に戻ることがわかる．よって，$\boldsymbol{w}(r,\theta)$ は θ に関して周期 6π の周期関数である．

(iii) 条件 $0<\theta_0<2\pi$，$0<r_0$ により，z_0 は分岐点を含む切断線の上にはない．このとき，z の増分 $|\varDelta z|=|z-z_0|$ を十分小さくとれば，$w_k(z_0)$ と $w_k(z_0+\varDelta z)$ は同じ分枝に対応すると考えてよい．したがって，極座標を用いて表わした z の増分 $\varDelta z=z-z_0=(\varDelta r+ir_0\varDelta\theta)e^{i\theta_0}$ に対応する w_k の増分 $\varDelta w_k=w_k(r_0+\varDelta r,\theta_0+\varDelta\theta)-w_k(r_0,\theta_0)$ は

$$\varDelta w_k = \frac{1}{3}r_0^{-2/3}e^{2\pi ik/3}(\varDelta r+ir_0\varDelta\theta)+\text{高次の微小量}$$

$$= \frac{w_k}{3z_0}\varDelta z + \text{高次の微小量}$$

となる．したがって，求める極限は

$$\lim_{z\to z_0}\frac{\boldsymbol{w}(z)-\boldsymbol{w}(z_0)}{z-z_0}=\frac{\boldsymbol{w}}{3z_0}$$

で与えられる．ところで，$w_k^3(z_0)=z_0$ によって，$\dfrac{w_k(z_0)}{z_0}=\dfrac{1}{w_k^2(z_0)}$ であるから，これはまた

$$\lim_{z\to z_0}\frac{\boldsymbol{w}(z)-\boldsymbol{w}(z_0)}{z-z_0}=\frac{1}{3}\left(\frac{1}{w_0^2(z_0)},\frac{1}{w_1^2(z_0)},\frac{1}{w_2^2(z_0)}\right)$$

とも表わされる．すなわち分枝切断線上の点を除いたところでは，$z^{1/3}$ のそれぞれの分枝が独立な関数として微分可能であり，その各分枝の導関数に対して次の関係

$$\frac{d}{dz}z^{1/3}=\frac{1}{3}z^{-2/3}$$

が成立している．

一方，切断線上では極限 $\displaystyle\lim_{z\to z_0}\frac{\boldsymbol{w}(z)-\boldsymbol{w}(z_0)}{z-z_0}$ が存在しないから，この線上では関数 $w=z^{1/3}$ は微分可能でない．

例題 7.2 関数 $w=(z-z_0)^{1/2}$ について

(i) w の 2 つの分枝 w_0 と w_1 を求めよ.

(ii) z 平面で z が z_0 を中心とする半径 r の円周 C 上を時計の針とは逆方向に 1 周するとき, w 平面で w_0 と w_1 が描く曲線を図示せよ.

(iii) z が円周 C 上を時計の針とは逆方向に 2 周したとき, w_0 と w_1 が w 平面で描く曲線を図示せよ.

(iv) この関数のリーマン面を作るにはどのようにすればよいか.

[**解**] $z=z_0+re^{i\theta}$ とおいて考える.

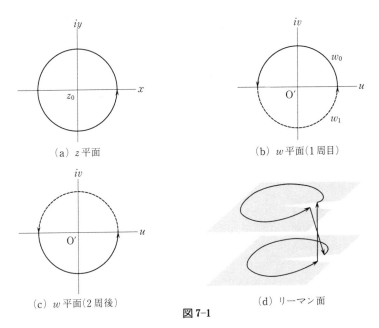

(a) z 平面

(b) w 平面(1 周目)

(c) w 平面(2 周後)

(d) リーマン面

図 7-1

(i) 2 つの分枝は, $w_0=\sqrt{r}\,e^{i\theta/2}$, $w_1=\sqrt{r}\,e^{i(\theta+2\pi)/2}=-\sqrt{r}\,e^{i\theta/2}$ となる(図 7-1(a)).

(ii) 図 7-1(b)のように, w_0 はその偏角が 0 から π まで増える半円上を動き, w_1 はその偏角が π から 2π まで増える半円上を動く.

(iii) (ii)の続きで 2 周目にはいると, $w_0\to w_1$, $w_1\to w_0$ の入れ替えが起こり, z が 2 周して元に戻るとき w_k は w 平面上の円を 1 周して元の点に帰る(図 7-1(c)).

(iv) $z=z_0$ が分岐点であるから，これを端点とする半直線にそって切断した z 平面を2枚用意して，これを貼り合わせることによってリーマン面を作ることができる(図 7-1(d)).

============================= 問 題 7-1 =============================

[**1**] 関数 $w=\{z(z-1)\}^{1/2}$ について以下の問に答えよ.

(1) 点 z と点 $z=0$ および $z=1$ を結ぶ線分の長さを r_1, r_2 とし，これらの線分が実軸となす角をそれぞれ θ_1, θ_2 とすれば，$z=r_1e^{i\theta_1}$，$z-1=r_2e^{i\theta_2}$ の関係が成り立つ．これを用いて w の2つの分枝 w_0 と w_1 を表わせ.

(2) z が $z=0$ を中心とする半径 $r\,(0<r<1)$ の円周 C_1 を正の方向に1周するとき，w の各分枝がどのように変化するかを調べよ.

(3) z が $z=1$ を中心とする半径 $r\,(1<r)$ の円周 C_2 を正の方向に1周するとき，w の各分枝がどのように変化するかを調べよ.

[**2**] 拡大 z 平面で考えたとき，

(1) 無限遠点 $z=\infty$ は，$f(z)=z^{1/2}$ の分岐点となることを示せ.

(2) $z=\infty$ は $f(z)=\{z(z-1)\}^{1/2}$ の分岐点ではないこと，すなわちこの関数の分岐点は $z=0$ と $z=1$ だけであることを示せ.

[**3**] 関数 $f(z)=z^{p/q}$ (p, q は互いに素な正の整数) について，

(1) $f(z)$ の q 個の分枝 $w_k\,(k=0, 1, \cdots, q-1)$ を求め，$z=0$ と $z=\infty$ が $f(z)$ の分岐点であることを示せ.

(2) w_k の微分 w'_k を求め，w'_k/w_k は原点を除いて1価正則(したがって，これはまとめて1つの関数 $f'(z)/f(z)$ と表わすことができる)であることを示せ.

(3) 次の積分を求めよ．ただし，積分路は $z=0$ のまわりを正の向きに1周するものをとる.

$$\frac{1}{2\pi i}\oint_C \frac{f'(z)}{f(z)}dz$$

(4) この結果を問題 5-2, [5] と比較しその違いについて考えよ.

7–2 対数関数

対数関数　　指数関数 $z=e^w$ の逆関数を

$$w = \log z \tag{7.2}$$

と表わし，これを対数関数と呼ぶ．点 z に対応する w の値を求めるには，式 $z=e^w$ に戻って，その対応関係を調べればよい．$r>0,\ 0\leqq\theta<2\pi$ として，$z=re^{i\theta},\ w=u+iv$ とおけば

$$re^{i\theta} = e^u e^{iv} \iff u = \log r,\ v = \theta+2k\pi \qquad (k\text{ は整数}) \tag{7.3}$$

となり，$k=0, \pm1, \pm2, \cdots$ に対応して，w には無限個の値が存在する．よって，対数関数は**無限多価関数**である．対数関数の分枝 w_k は

$$w_k = \log r+i(\theta+2k\pi) \qquad (k=0, \pm1, \pm2, \cdots) \tag{7.4}$$

で与えられる．ここで，w_0 を特に $\log z$ の**主値**と呼び，$w_0=\mathrm{Log}\,z$ で表わす．

$$z = re^{i\theta} \implies \mathrm{Log}\,z = \log r+i\theta \qquad (r>0,\ 0\leqq\theta<2\pi) \tag{7.5}$$

対数関数の分岐点は $z=0$ であり，この点のまわりを 1 周すると分枝が移る．ただし，分数ベキ関数の場合とは違って，対数関数の場合には分岐点のまわりを何回まわっても元の分枝に戻ることはない．この種の分岐点を**対数分岐点**と呼び，分数ベキ関数の分岐点(**代数分岐点**)と区別する．

対数関数のリーマン面　　点 z が原点のまわりを 1 周できないように z 平面を切断し分枝の 1 つを選ぶか，またはそのように切断された無限個の z 平面を貼り合わせて作ったリーマン面上で定義すれば，対数関数を 1 価関数として取り扱うことができる(図 7–2)．切断の仕方は $z=0$ ともう 1 つの分岐点 $z=\infty$ (拡大 z 平面(2–2 節)で考えたとき，$z=\infty$ も分岐点となることは問題 7–2 の[2]の(2)で示される)を結ぶ任意の直線にそって行なうことができる．例えば，z 平面の正の実軸(または負の実軸)にそって切断すればよい．

分岐点の特異性　　分岐点 $z=0$ は対数関数の特異点ではあるが，それは極でもなく真性特異点でもない．これは次の式が成り立つことからわかる．

$$\lim_{z\to0} z \log z = 0 \tag{7.6}$$

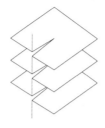

（a）z 平面の貼り合わせ

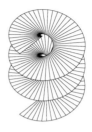

（b）対数関数のリーマン面

図 7-2

Tips: 1＝−1? パラドックスの再考

1＝−1 のパラドックスが起きた理由を考えてみよう．まず $z_1＝r_1e^{i\theta_1}$, $z_2＝r_2e^{i\theta_2}$ とおくと，

$$z_1^{1/2} = \sqrt{r_1}\,e^{i(\theta_1+2k\pi)/2} \qquad (k=0,1)$$

$$z_2^{1/2} = \sqrt{r_2}\,e^{i(\theta_2+2l\pi)/2} \qquad (l=0,1)$$

となる．したがって，$z_1^{1/2}z_2^{1/2}$ と $(z_1z_1)^{1/2}$ はそれぞれ

$$z_1^{1/2}z_2^{1/2} = \sqrt{r_1r_2}\,e^{i(\theta_1+\theta_2+2(k+l)\pi)/2} = \sqrt{r_1r_2}\,e^{i(\theta_1+\theta_2)/2}e^{i(k+l)\pi}$$

$$(z_1z_2)^{1/2} = \sqrt{r_1r_2}\,e^{i(\theta_1+\theta_2+2m\pi)/2} = \sqrt{r_1r_2}\,e^{i(\theta_1+\theta_2)/2}e^{im\pi} \qquad (m=0,1)$$

で与えられる．したがって，$k+l=m$ ならば $z_1^{1/2}z_2^{1/2} = (z_1z_2)^{1/2}$ が成り立つが，$k+l\neq m$ のとき $z_1^{1/2}z_2^{1/2} \neq (z_1z_2)^{1/2}$ となり，等式 $z_1^{1/2}z_2^{1/2} = (z_1z_2)^{1/2}$ はいつでも成り立つわけではない．

ここで $z_1=z_2=z=re^{i\theta}$, $z^{1/2}=\sqrt{r}\,e^{i(\theta+2k\pi)/2}$ とおくと

$$z^{1/2}z^{1/2} = re^{i(\theta+2k\pi)} = re^{i\theta} \qquad (k=0,1)$$

$$(z^2)^{1/2} = (r^2e^{2i\theta})^{1/2} = re^{i(\theta+m\pi)} = re^{i\theta} \qquad (m=0 \text{ のとき})$$

$$= -re^{i\theta} \qquad (m=1 \text{ のとき})$$

となる．したがって，$m=1$ ととると $z^{1/2}z^{1/2} = (z^2)^{1/2}$ が成り立たないにもかかわらず，この場合に $z^{1/2}z^{1/2}$ と $(z^2)^{1/2}$ を等しくおけば矛盾が生ずるのは当然であり，これはパラドックスではない（$r=1$, $\theta=\pi$, $m=1$ ととれば，1＝−1 のいわゆる「パラドックス」が再現する）．この例は，多価関数の取扱いには十分な注意が必要であることを示している．

例題 7.3 図に示すように，変数 z が z 平面上で，点 $z = i$ から直線 Γ_1 にそって点 $z = 2i$ に移動し，次に半円 C_1 にそって点 $z = -2i$ まで移動した後，直線 Γ_2 にそって点 $z = -i$ に移動し，その後半円 C_2 にそって点 $z = i$ に戻る閉曲線を描くとき，対数関数 $w = \log z$ の各分枝 w_k が w 平面上で描く曲線を図示せよ．ただし，$z = 0$ から実軸の正の方向に伸びる半直線を切断線とする．

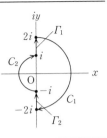

[解] $\Gamma_1, C_1, \Gamma_2, C_2$ の各曲線上で，z は

Γ_1： $z = i(1+t)$, $\qquad t = 0 \to 1$

C_1： $z = 2e^{i\pi(3-2t)/2}$, $\qquad t = 1 \to 2$

Γ_2： $z = i(t-4)$, $\qquad t = 2 \to 3$

C_2： $z = e^{-i\pi(2t-5)/2}$, $\qquad t = 3 \to 4$

と表わせる．ここで，C_1 の中間点(実軸を横切る点)において分枝が変わること，すなわち w_k は w_{k-1} へ接続されること，に注意せよ．w_0 の軌跡を求めれば，それを $2k\pi i$ ずらせば w_k の動きがわかるので，ここでは w_0 を例にとって考える．上の各場合に対応して w_0 を求めると次のようになる．

Γ_1： $w = \log(t+1) + i\pi/2$, $\qquad t = 0 \to 1$

C_1： $w = \log 2 + i\pi(3-2t)/2$, $\qquad t = 1 \to 2$

Γ_2： $w = \log(t-4) - i\pi/2$, $\qquad t = 2 \to 3$

C_2： $w = -i\pi(2t-5)/2$, $\qquad t = 3 \to 4$

与えられた図に対応するリーマン面上の経路と w 平面上の軌跡は図 7-3(a), (b)のようになる．

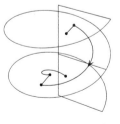

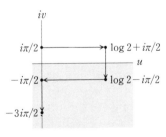

（a）リーマン面上の経路　　　　（b）w 平面上の軌跡

図 7-3

この例では，原点から実軸の正の方向に伸びる半直線にそって切断して考えたが，原点から実軸の負の方向に伸びる半直線にそって切断することもできるし，あるいは原点から虚軸の正(または負)の方向に伸びる半直線にそって切断することも可能である．これらの切断線はいずれも，原点(分岐点)ともう1つの分岐点である無限遠点(問題7-2の[2]の(2)参照)を結ぶ半直線であることからわかるように，それが原点と無限遠点を結ぶ半直線であるかぎり切断線の選び方はいろいろ考えられることに注意したい．

ここでの考察からわかるように，z平面で分岐点を囲む閉曲線にそって1周するとき，切断線のとり方に関係なくw平面では1つの分枝から異なる分枝に移動する．したがって，z平面で分岐点を囲む閉曲線にそって1周して元の位置に戻っても，w平面では元の位置に戻ることはない．これは多価関数に特有の性質であり，対数関数が多価関数であることを端的に示すものである．

例題 7.4 対数関数 $w = \log z$ の主値 $\mathrm{Log}\, z$ について次の問に答えよ．

(i) $\mathrm{Log}\, z_1 + \mathrm{Log}\, z_2 = \mathrm{Log}(z_1 z_2)$ はつねに成り立つか．

(ii) $2\,\mathrm{Log}\, z = \mathrm{Log}\, z^2$ はつねに成り立つか．

[**解**] $z = re^{i\theta}$ $(r > 0,\ 0 \leq \theta < 2\pi)$ とすれば，$\mathrm{Log}\, z = w_0 = \log r + i\theta$ となる．

(i) $z_1 = r_1 e^{i\theta_1}$，$z_2 = r_2 e^{i\theta_2}$ とおけば，これらの対数の主値 $\mathrm{Log}\, z_1$，$\mathrm{Log}\, z_2$ は，$0 \leq \theta_1 < 2\pi$，$0 \leq \theta_2 < 2\pi$ として

$$\mathrm{Log}\, z_1 = \log r_1 + i\theta_1, \qquad \mathrm{Log}\, z_2 = \log r_2 + i\theta_2$$

であるから

$$\mathrm{Log}\, z_1 + \mathrm{Log}\, z_2 = \log r_1 + \log r_2 + i(\theta_1 + \theta_2)$$
$$= \log r_1 r_2 + i(\theta_1 + \theta_2)$$

となる．ここで，実変数の対数関数の公式 $\log x + \log y = \log xy$ を用いた．一方 $z_1 z_2 = r_1 r_2 e^{i(\theta_1 + \theta_2)}$，$0 \leq \theta_1 + \theta_2 < 4\pi$ より，これの対数の主値は，その偏角 $\theta_1 + \theta_2$ の大きさに応じて

$$\mathrm{Log}\, z_1 z_2 = \log r_1 r_2 + i \begin{cases} (\theta_1 + \theta_2) & (0 \leq \theta_1 + \theta_2 < 2\pi) \\ (\theta_1 + \theta_2 - 2\pi) & (2\pi \leq \theta_1 + \theta_2 < 4\pi) \end{cases}$$

となる．この両者を比較すれば，与えられた関係は $0 \leq \theta_1 + \theta_2 < 2\pi$ のときに限って成り立つことがわかる．

(ii) (i)において $z_1 = z_2 = z$ とした場合に相当するので $z = re^{i\theta}$ の θ が $0 \leq \theta < \pi$ のときは正しいが，そうでなければこの関係は成立しない．

　以上により実変数の対数関数の場合とは異なり，複素変数の対数関数の主値に関しては，(i)，(ii)ともいつでも成り立つ関係ではないことがわかる．

███████████████████████████████ 問 題 7–2 ███████████████████████████████

[1] 次の値を求めよ．

(1)　$\log i$　　　(2)　$\log(-1)$　　　(3)　$\log(1-\sqrt{3}\,i)$

[2] 対数関数 $w=\log z$ について，次の問に答えよ．

(1)　極限の関係式 $\lim\limits_{z\to 0} z\log z=0$ を証明せよ．

(2)　$z=\infty$ も対数分岐点であることを示せ．

[3] $z=re^{i\theta}\ (r>0,\ 0\leqq\theta<2\pi)$ として，対数関数 $\log z$ の分枝

$$w_k(z) = \log r+i(\theta+2\pi k)$$

の微分可能性を以下の指示に従って調べよ．

(1)　極限

$$\lim_{z\to z_0}\frac{w_k(z)-w_k(z_0)}{z-z_0}$$

を計算し，各分枝は切断線（ここでは原点から実軸の正の方向に伸びる半直線をとる）をのぞいて微分可能で，その導関数が $\dfrac{1}{z}$ と表わされることを示せ．

(2)　$w=\log z$ の各分枝がコーシー–リーマンの方程式をみたすことを示せ．

[4] 関数 $w=\log(1-z)$ の分枝のうち，z 平面の $\mathrm{Re}\,z<1$ をみたす実軸上で実数となる分枝について，$z=0$ を中心とするテイラー展開を求めよ．

[5] $\alpha,\beta\ (\alpha\neq\beta)$ を複素定数として，関数 $w=\log\dfrac{z-\alpha}{z-\beta}$ のふるまいを調べる．以下の問に答えよ．

(1)　$z=\alpha$ を中心とする半径 r の円にそって z 平面を 1 周するとき，

　(i)　$0<r<|\alpha-\beta|$ の場合，

　(ii)　$r>|\alpha-\beta|$ の場合

の 2 通りについて，w の軌跡を調べよ．

(2)　この関数を 1 価にする方法を与えよ．

[6] 以下の問に答えよ．

(1)　問題 4–3 [2] の問(2)，(3)で $n=-1$ の場合について，対数関数を用いて答えよ．

(2)　点 z_0 を中心とする円環領域 D で成り立つローラン展開

$$f(z) = \sum_{n=-\infty}^{\infty} a_n(z-z_0)^n \qquad (z\in D)$$

をもつ関数 $f(z)$ の，D の内部に含まれる閉曲線 C にそって z_0 のまわりを正の向きに1周する積分について

$$a_{-1} = \frac{1}{2\pi i} \oint_C f(z)\, dz$$

が成り立つことを示せ．

Coffee Break

ミクロ世界への扉を開く複素数の偏角

z 平面で原点を中心とする半径 r の円周上に2点 z_1 と z_2 をとると，$z_1 = re^{i\theta_1}$, $z_2 = re^{i\theta_2}$ と表わすことができる．このとき z_1 と z_2 のそれぞれの絶対値の2乗の和を P_1，また z_1 と z_2 の和の絶対値の2乗を P_2 とおくと，

$$P_1 = |z_1|^2 + |z_2|^2 = 2r^2, \qquad P_2 = |z_1 + z_2|^2 = 2r^2\{1 + \cos(\theta_1 - \theta_2)\}$$

となる．ここで2つの複素数の偏角の差 $\theta = \theta_1 - \theta_2$ を変化させたとき，P_1 は変化することなく一定値を保ったままであるが，P_2 の値は $4r^2$ と 0 の間で増減する．θ の変化に対応する P_1 と P_2 の振舞いの違いは，$\cos(\theta_1 - \theta_2)$ 項の有無の違いによるものであり，それはまた z_1 と z_2 が偏角をもつ複素数であることからきたものである．

　物理学の分野では複素数の偏角を位相と呼び，一般的にはそれは時間と位置の関数である．上と同様に2つの複素数が表わす量の位相差を θ で表わしたとき，$\cos\theta$ 項の存在によって生じる現象を干渉という．光が波動としての特性を示すことが示されたのは，また電子を粒子とみなしたのではその実体をとらえきれないことが明らかになったのも，光や電子が関与する実験で干渉現象が起きることが確認されたことによるものである．

　計算過程が示すように P_1 と P_2 の違いは，2つの複素数の和を求めることとそれらの絶対値をとることの順序を逆にしたことによって生じたものであるが，上の例が示すようにこの違いが物理学では重要な意味をもっている．

7–3　その他の多価関数

逆三角関数・逆双曲線関数　複素変数の三角関数・双曲線関数の逆関数を逆三角関数・逆双曲線関数と呼ぶ. これらの関数の例としては

$$z = \sin w \iff w = \sin^{-1}z = \frac{1}{i}\log(iz+\sqrt{1-z^2})$$

$$z = \cos w \iff w = \cos^{-1}z = \frac{1}{i}\log(z+\sqrt{z^2-1})$$

$$z = \sinh w \iff w = \sinh^{-1}z = \log(z+\sqrt{z^2+1})$$

$$z = \cosh w \iff w = \cosh^{-1}z = \log(z+\sqrt{z^2-1})$$

などがある. これらの関数は, 対数関数を用いて表わされることからもわかるように, 無限多価関数である. 無限個の分枝の中から1つの分枝を選び固定すれば, これらの関数は1価の正則関数として取り扱うことができるので, 微分可能となる. 上で与えた逆三角関数と逆双曲線関数の導関数は

$$(\sin^{-1}z)' = \frac{1}{\sqrt{1-z^2}}, \quad (\cos^{-1}z)' = -\frac{1}{\sqrt{1-z^2}}$$
$$(\sinh^{-1}z)' = \frac{1}{\sqrt{z^2+1}}, \quad (\cosh^{-1}z)' = \frac{1}{\sqrt{z^2-1}} \tag{7.7}$$

となる.

一般のベキ関数　任意の複素定数 α をベキとする一般のベキ関数 z^α は

$$z^\alpha = e^{\alpha \log z} \tag{7.8}$$

で定義される. ここで $\log z = \log r + i(\theta+2k\pi)$ を代入すると,

$$z^\alpha = e^{\alpha\{\log r+i(\theta+2k\pi)\}} = e^{\alpha(\log r+i\theta)}e^{2k\alpha\pi i} \tag{7.9}$$

となる. α が有理数でないとき, $e^{2k\alpha\pi i}$ $(k=0, \pm1, \pm2, \cdots)$ は, k の値のそれぞれに対応して異なる値をもつ. よって, ベキ関数 z^α ($\alpha \pm$有理数) は, $k=0,$ $\pm1, \pm2, \cdots$ のそれぞれに対応して無限多価関数となる. $\log z$ の主値を $\mathrm{Log}\, z$ とすれば, ベキ関数の主値は $e^{\alpha\, \mathrm{Log}\, z}$ ととればよい.

例題7.5 逆三角関数 $w=\sin^{-1}z$ について，以下の問に答えよ.

(i) $z=\sin w$ を解き，$w=\dfrac{1}{i}\log(iz+\sqrt{1-z^2})$ となることを示せ.

(ii) z 平面の実軸上 $|z|\geqq1$ の部分にそって切断された面上で，この関数が1価となること，および切断線を除く z 平面上で正則となることを示せ. ただし，対数関数の分枝としては主値を用いるものとする.

[**解**] 逆関数を考察するには，対数関数の場合と同じように，もとの関数に戻って調べるのが定石である.

(i) $\zeta=e^{iw}$ とおくと，$z=\sin w=(e^{iw}-e^{-iw})/2i$ は

$$z=\frac{1}{2i}\left(\zeta-\frac{1}{\zeta}\right) \iff \zeta^2-2iz\zeta-1=0$$

となる. これを解いて，$\zeta=iz+(1-z^2)^{1/2}$ を得る. ここで，$(1-z^2)^{1/2}$ は2価であることに注意せよ. 次に $\zeta=e^{iw}$ を逆に解いて $iw=\log\zeta$ であるから，これにいま得た結果を代入して

$$w=\frac{1}{i}\log(iz+\sqrt{1-z^2})$$

となる.

(ii) まず，$\eta=1-z^2$ とおく. 指定された領域において $\sqrt{\eta}$ が1価となることは，分岐点 $\eta=0$ すなわち $z=\pm1$ のまわりを1周できないことからわかる. また切断線を除いた z 平面上でこの関数 $\sqrt{\eta}$ が微分可能なことは，例題7.1と全く同じようにして確かめられる. このとき，$\sqrt{\eta}$ の導関数は

$$\frac{d}{dz}\sqrt{\eta}=\frac{1}{2\sqrt{\eta}}\frac{d\eta}{dz}=-\frac{z}{\sqrt{1-z^2}}$$

と求められる. ここに，合成関数の微分の規則を用いた.

次に $\zeta=iz+\sqrt{\eta}$ とおき，$\log\zeta$ の主値を考えることにすると，これはふたたび1価正則となり，その導関数は

$$\frac{d}{dz}\log\zeta=\frac{1}{\zeta}\frac{d\zeta}{dz}=\frac{1}{iz+\sqrt{1-z^2}}\left(i-\frac{z}{\sqrt{1-z^2}}\right)=\frac{i}{\sqrt{1-z^2}}$$

と求められる. この計算にも合成関数の微分法を用いた. $w=-i\log\zeta$ であるから，この式から $\sin^{-1}z$ の微分の公式が得られる.

例題 7.6 次の問に答えよ.

(i) 逆関数の微分公式を用いて，逆三角関数・逆双曲線関数の導関数の公式 (7.7) を導け.

(ii) 微分の定義によって，一般のベキ関数の微分公式を導け.

[**解**] 分枝を決めた場合の対数関数や平方根の微分法はすでに知っているので，これらの知識と合成関数の微分法を用いることにより，例題 7.5 の $\sin^{-1}z$ と同様にして，逆三角関数・逆双曲線関数の導関数を計算できる. この計算は読者にまかせて，ここでは別の方法として，与えられた関数がもとの関数の逆関数であることを用いて，逆関数の微分公式を適用してこれらの関数の導関数を求める.

(i) 適当に分枝を決めれば，z と w の対応は 1 対 1 である.

(1) $w = \sin^{-1}z \iff z = \sin w$

$$\frac{dz}{dw} = \cos w = \sqrt{1-z^2} \implies \frac{dw}{dz} = \frac{1}{\sqrt{1-z^2}}$$

(2) $w = \cos^{-1}z \iff z = \cos w$

$$\frac{dz}{dw} = -\sin w = -\sqrt{1-z^2} \implies \frac{dw}{dz} = -\frac{1}{\sqrt{1-z^2}}$$

(3) $w = \sinh^{-1}z \iff z = \sinh w$

$$\frac{dz}{dw} = \cosh w = \sqrt{z^2+1} \implies \frac{dw}{dz} = \frac{1}{\sqrt{z^2+1}}$$

(4) $w = \cosh^{-1}z \iff z = \cosh w$

$$\frac{dz}{dw} = \sinh w = \sqrt{z^2-1} \implies \frac{dw}{dz} = \frac{1}{\sqrt{z^2-1}}$$

(ii) 定義にしたがって

$$f'(z) = \lim_{\Delta z \to 0} \frac{(z+\Delta z)^\alpha - z^\alpha}{\Delta z} = e^{2k\alpha\pi i} \lim_{\Delta z \to 0} \frac{e^{\alpha\{\log(r+\Delta r)+i(\theta+\Delta\theta)\}} - e^{\alpha(\log r+i\theta)}}{\Delta z}$$

を求める. $e^{\alpha\{\log(r+\Delta r)+i(\theta+\Delta\theta)\}} = e^{\alpha(\log r+i\theta)}\left\{1+\dfrac{\alpha}{r}(\Delta r+ir\Delta\theta)\right\}$, $\Delta z = (\Delta r+ir\Delta\theta)e^{i\theta}$ より

$$e^{\alpha\{\log(r+\Delta r)+i(\theta+\Delta\theta)\}} - e^{\alpha(\log r+i\theta)} = \frac{\alpha}{z}e^{\alpha(\log r+i\theta)}\Delta z$$

となる. よって，$f'(z) = \alpha z^{\alpha-1}$ が得られる.

════════════════════════ **問 題 7–3** ════════════════════════

[1] 次の値を求めよ.

(1) i^i　　(2) $(-1)^i$　　(3) $\sin^{-1}2$　　(4) $\cos^{-1}i$

[2] 次の各問に答えよ.

(1) $\sinh w = z$ を w について解くことにより，$\sinh^{-1}z$ の表示 $\log(z+\sqrt{z^2+1}\,)$ を導け.

(2) $\tan w = z$ を w について解くことにより，$\tan^{-1}z$ を求めよ.

[3] 逆三角関数・逆双曲線関数について，適当な分枝を1つ決めればコーシー–リーマン方程式が成り立つことを示せ.

[4] $\sin^{-1}z,\ \cos^{-1}z,\ \sinh^{-1}z,\ \cosh^{-1}z$ と同様に，次のような関数も定義できる.

(1) $\tan^{-1}z = \dfrac{1}{2i}\log\dfrac{1+iz}{1-iz}$　　(2) $\cot^{-1}z = \dfrac{1}{2i}\log\dfrac{z+i}{z-i}$

(3) $\tanh^{-1}z = \dfrac{1}{2}\log\dfrac{1+z}{1-z}$　　(4) $\coth^{-1}z = \dfrac{1}{2}\log\dfrac{z+1}{z-1}$

これらの関数を1価にする方法を考え，そこでこれらの導関数を求めよ.

[5] 次の設問に答えよ.

(1) 次の関数の主値についてマクローリン展開を求めよ.

　(i) $(1+z)^\alpha$　　(ii) $\sin^{-1}z$　　(iii) $\tanh^{-1}z$

(2) $\sin^{-1}z$ の主値のマクローリン展開が

$$\sin^{-1}z = c_0 + c_1 z + c_2 z^2 + \cdots$$

で与えられるとき，逆三角関数は三角関数の逆関数であることを用いて，係数 c_n を決定せよ.（はじめの数項でよい.）

7-4 多価関数を含む積分

多価関数は切断線の上下(あるいは左右)で不連続であるが，この性質をうまく利用すれば実定積分の計算に威力を発揮する．これは第5章には見られなかった新しい応用である．

有理関数と対数関数の積の積分 $\displaystyle\int_0^\infty f(x)(\log x)^n\,dx$

有理関数 $f(x)$ と対数関数との積 $f(x)(\log x)^n$ の区間 $0\sim\infty$ にわたる積分は，$f(x)$ が偶関数ならば，図7-4の積分路にそった $f(z)(\log z)^n$ の積分から求められる．$f(x)$ が偶関数でなければ図7-5の積分路をとって $f(z)(\log z)^{n+1}$ を積分する．

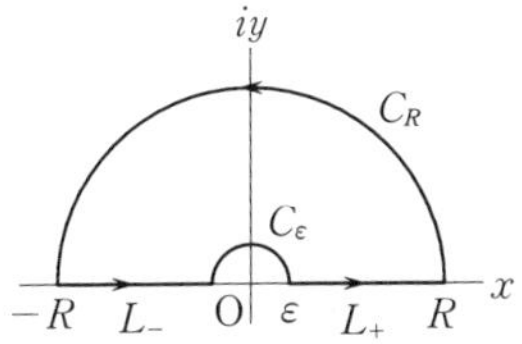

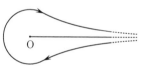

図7-4 $\varepsilon\to0,\ R\to\infty$

ベキ関数を含む積分 $\displaystyle\int_0^\infty x^p f(x)dx$

ここで $0<p<1$ とし(整数ベキは $f(x)$ に繰り込めるから)，$f(x)$ は区間 $[0,\ +\infty]$ において有限であるものとする．与えられた積分は，原点から実軸の正の方向に向かう半直線にそって切断を導入し(図7-5)，その上下における z^p の多価性を利用して計算できる．

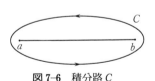

図7-5 $\mathrm{Re}\,z>0$ に切断線

有理関数の有限区間の定積分 $\displaystyle\int_a^b f(x)dx$

$f(z)$ が区間 $[a,\ b]$ を含む領域 D で正則ならば，D 内に図7-6の積分路 C をとって，有限区間の実定積分を次の公式によって計算できる．

図7-6 積分路 C

$$\int_a^b f(x)dx = \frac{1}{2\pi i}\oint_C f(z)\,\mathrm{Log}\,\frac{z-a}{z-b}dz \tag{7.10}$$

ただし，Log は対数の主値である．

例題 7.7 次の定積分を計算せよ．ただし，a は正の実数とする．

$$\int_0^\infty \frac{\log x}{x^2+a^2}\,dx$$

[**解**] 図 7-4 のような閉曲線 C にそった複素関数

$$\frac{\mathrm{Log}\,z}{z^2+a^2}$$

の積分を考える．$z=re^{i\theta}$ とおいて，対数関数 $\log z$ の主値を

$$\mathrm{Log}\,z = \log r + i\theta \qquad (0 \leqq \theta < 2\pi)$$

ととる．したがって，実軸の正の部分 $z=x$，$x>0$ では

$$\mathrm{Log}\,z = \log x$$

一方，実軸の負の部分 $z=x$，$x<0$ では

$$\mathrm{Log}\,z = \log|x| + i\pi$$

となる．被積分関数の積分路内に含まれる特異点は $z=ia$ のみであるから，留数定理を適用して，周回積分の値は

$$\oint_C dz \frac{\mathrm{Log}\,z}{z^2+a^2} = 2\pi i\,\mathrm{Res}\left(\frac{\mathrm{Log}\,z}{z^2+a^2}\right)\bigg|_{z=ia} = \frac{\pi}{a}\left(\log a + i\frac{\pi}{2}\right) \tag{1}$$

となる．ここで，$\mathrm{Log}\,ia = \mathrm{Log}\,ae^{i\pi/2} = \log a + i\pi/2$ を用いた．

ところで，周回積分を半径 R の半円 C_R，半径 ε の半円 C_ε，および線分 $L_+(\varepsilon \sim R)$，$L_-(-R \sim -\varepsilon)$ に分けたとき，$R\to\infty$，$\varepsilon\to 0$ でこれらの半円上の積分は 0 になる．また実軸にそった積分は

$$\int_{L_+} + \int_{L_-} \to 2\int_0^\infty \frac{\log x}{x^2+a^2}\,dx + i\pi\int_0^\infty \frac{1}{x^2+a^2}\,dx \tag{2}$$

となる．2 つの式(1)，(2)の実部と虚部をそれぞれ等しいとおくと

$$\int_0^\infty \frac{\log x}{x^2+a^2}\,dx = \frac{\pi}{2a}\log a$$

および

$$\int_0^\infty \frac{1}{x^2+a^2}\,dx = \frac{\pi}{2a}$$

を得る．第 2 の結果は実変数の範囲で，あるいは第 5 章の方法で容易に導けるものであるが，ここではそれが副産物として得られた．

例題 7.8 図 7-7 の積分路にそった積分を考えて

$$\frac{\sin p\pi}{\pi}\int_0^\infty \frac{x^{p-1}}{1+x}\,dx = 1$$

を示せ. ただし, $0<p<1$ とする.

[**解**] 関数 $\dfrac{z^{p-1}}{1+z}$ の図 7-7 の積分路にそった周回積分を考える. 図中 C_ε, C_R はそれぞれ半径 ε, R の円を表わす. また $L_\pm$ は実軸の正の部分の上下を通る半直線を表わす. 関数 $\dfrac{z^{p-1}}{1+z}$ の分枝としては, 実軸の正の部分への上半面からの極限が, 実数値 $\dfrac{x^{p-1}}{1+x}$ となるようにとって考える.

大きな R $(R \gg 1)$ に対して, C_R 上では被積分関数 $\dfrac{z^{p-1}}{1+z}$ の絶対値は R^{p-2} となるから, C_R 上の積分は $R \to \infty$ で 0 となる ($0<p<1$ だから). したがって, 図 7-7 の積分路は図 7-5 の積分路を変形したものと考えられる. これは, 無限遠点からやってきて無限遠点に戻る図 7-5 の積分路を, C_R を経由して戻るものと考えて積分路を変形したことになる. また, 小さな ε ($\varepsilon \ll 1$) に対して, C_ε 上では被積分関数の絶対値は ε^{p-1} だから, その積分は $\varepsilon \to 0$ で 0 となる. よって, 右図の積分路にそった周回積分は, 半直線 $L_\pm$ 上の積分の和となる.

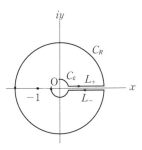

図 7-7 積分路を変形

ここで, 原点から実軸の正の部分にそった半直線は被積分関数の分枝切断線であって, L_+ 上では $z^{p-1}=x^{p-1}$, L_- 上では $z^{p-1}=e^{2\pi i(p-1)}x^{p-1}$ より, $L_\pm$ 上の積分は, それぞれ

$$\int_{L_+}\frac{z^{p-1}}{1+z}\,dz = \int_0^\infty \frac{x^{p-1}}{1+x}\,dx,$$

$$\int_{L_-}\frac{z^{p-1}}{1+z}\,dz = e^{2\pi i(p-1)}\int_\infty^0 \frac{x^{p-1}}{1+x}\,dx = -e^{2\pi i(p-1)}\int_0^\infty \frac{x^{p-1}}{1+x}\,dx$$

と表わされる. 一方, 問題の積分路は特異点 $z=-1$ のまわりを正の向きにまわることから, 留数定理によりこの周回積分の値は

$$2\pi i \,\mathrm{Res}\left(\frac{z^{p-1}}{1+z}\right)\Big|_{z=-1} = 2\pi i e^{\pi i(p-1)}$$

に等しい. よって,

$$(1-e^{2\pi i(p-1)})\int_0^\infty \frac{x^{p-1}}{1+x}\,dx = 2\pi i e^{\pi i(p-1)}$$

すなわち,

$$\frac{\sin p\pi}{\pi} \int_0^\infty \frac{x^{p-1}}{1+x}\, dx = 1$$

となる.

Tips: 積分路の描き方

図 7-5 で与えられた曲線はどんな積分路を意味しているのだろうか. 一見したところ, この曲線は適当に描かれているようであり, このままでは積分路を明確に定義できないのではないかという疑問が生まれるかもしれない.

しかし, ここまでの問題を解いてきた読者はすでに, 複素積分においては積分路の詳細な形はあまり意味をもたないこと, そのかわりに被積分関数の特異点の位置と構造および(被積分関数が多価関数の場合)切断の位置またはリーマン面の構造が複素積分の結果を決定することを理解しているはずである. 図 7-5 のようなわかりにくい積分路を描いた理由は, ここでこの点を再度強調したかったためである.

多価関数に対していくつかの切断の仕方が可能であることは本文で述べているが, リーマン球面(「Tips: 拡大 z 平面とリーマン球面」を参照)で考えればそれらの切断線の関係はより明確になる. 興味のある読者は本文中の多価関数を例にとって, リーマン球面上での積分を試してみることを薦めたい. 複素積分の構造の美しさにふれることができるであろう.

例題 7.9 (i) 121 ページの公式 (7.10) が成り立つことを示せ.

(ii) これを用いて $\displaystyle\int_{-1}^{1} \frac{1}{1+x^2}\,dx$ を計算せよ.

[**解**] (i) 仮定から, 領域 D で $f(z)$ は正則であるから, コーシーの積分公式により

$$f(z) = \frac{1}{2\pi i}\oint_C \frac{f(w)}{w-z}\,dw$$

が D 内の点 z に対して成り立つ. これを代入すれば (7.10) は

$$\int_a^b f(x)dx = \int_a^b \left\{\frac{1}{2\pi i}\oint_C \frac{f(w)}{w-x}\,dw\right\}dx$$

と 2 重積分に書き換えられる. この式の被積分関数は, 区間 $[a, b]$ 内の x および積分路 C 上の w に関して連続であるから, 積分の順序を交換してよい.

$$\int_a^b f(x)dx = \frac{1}{2\pi i}\oint_C f(w)\left\{\int_a^b \frac{1}{w-x}\,dx\right\}dw$$

x についての積分を先に実行すれば, 対数関数の主値 Log を用いて

$$\int_a^b f(x)dx = \frac{1}{2\pi i}\oint_C f(w)\,\mathrm{Log}\,\frac{w-a}{w-b}\,dw$$

が得られる.

(ii) 被積分関数の極は $z = \pm i$ にあるので, それらを含まないように積分路 C をとることにすれば

$$\int_{-1}^{1} \frac{1}{1+x^2}\,dx = \frac{1}{2\pi i}\oint_C \frac{1}{1+z^2}\,\mathrm{Log}\,\frac{z-1}{z+1}\,dz$$

が成り立つ. $\zeta = 1/z$ と変換すれば, 上の積分は変換された積分路 C' を正の方向に 1 周する周回積分

$$\frac{1}{2\pi i}\oint_{C'} \frac{1}{1+\zeta^2}\,\mathrm{Log}\,\frac{1-\zeta}{1+\zeta}\,d\zeta$$

となる. このとき C' 上および C' の内部で $\mathrm{Log}\,\dfrac{1-\zeta}{1+\zeta}$ は正則で, $\dfrac{1}{1+\zeta^2}$ は $\zeta = \pm i$ に極をもつ. よって留数定理により, この積分は

$$\frac{1}{2i}\left\{\mathrm{Log}\,\frac{1-i}{1+i} - \mathrm{Log}\,\frac{1+i}{1-i}\right\} = \frac{1}{2i}\left(\frac{3\pi i}{2} - \frac{\pi i}{2}\right) = \frac{\pi}{2}$$

となる. ここでは多価関数の積分を用いて与えられた積分を計算したが, この問題の結果を求めるためだけならば, このような大がかりな計算をしなくても, 直接積分して求めることができることはいうまでもない.

━━━━━━━━━━━━━━━━━━━━━━━━━━━ **問 題 7–4** ━━━━━━━━━━━━━━━━━━━━━━━━━━━

[1] 次の定積分を計算せよ. ただし, $a>0$, $0<p<1$, n は自然数とする.

(1) $\displaystyle\int_0^\infty \frac{(\log x)^2}{x^2+a^2}\,dx$ (2) $\displaystyle\int_0^\infty \frac{\log x}{(x+a)^2}\,dx$

(3) $\displaystyle\int_0^\infty \frac{x^{p-1}}{(1+x)^n}\,dx$ (4) $\displaystyle\int_0^\infty \frac{x^{p-1}}{1+x^n}\,dx$

[2] 次の公式を証明せよ. ただし, 文字定数はすべて実数とする.

(1) $\displaystyle\int_a^b \sqrt{(x-a)(b-x)}\,dx = \frac{\pi}{8}(b-a)^2$ $(a<b)$

(2) $\displaystyle\int_a^b \frac{1}{x}\sqrt{(b-x)(x-a)}\,dx = \pi\left(\frac{a+b}{2}-\sqrt{ab}\right)$ $(a>0,\ b>0)$

(3) $\displaystyle\int_0^1 \frac{x^{p-1}}{(1-x)^p(1+ax)}\,dx = \frac{\pi}{\sin p\pi}(1+a)^{-p}$ $(0<p<1,\ |a|<1)$

(4) $\displaystyle\int_a^b \frac{1}{x}\left(\frac{b-x}{x-a}\right)^{p-1}dx = \left\{1-\left(\frac{b}{a}\right)^{p-1}\right\}\frac{\pi}{\sin p\pi}$ $(0<p<1,\ 0<a<b)$

[3] 次の各問に答えよ.

(1) 次の積分を求めよ. ただし, $0<p<1$ とする.

$$\int_0^1 \frac{x^{p-1}+x^{-p}}{1+x}\,dx$$

(2) 上の結果を用いて, 次の公式が成り立つことを示せ.

$$\frac{\pi}{\sin p\pi} = \frac{1}{p} - \sum_{n=1}^\infty (-1)^n \frac{2p}{n^2-p^2}$$

[4] 積分表示 (t^{z-1} は主値をとる)

$$\Gamma(z) = \int_0^\infty e^{-t}t^{z-1}\,dt \qquad (\mathrm{Re}\,z>0)$$

によって定義される関数 $\Gamma(z)$ を**ガンマ関数**と呼ぶ. これについて以下の問に答えよ.

(1) $\Gamma(1)$ を求めよ.

(2) $z\Gamma(z)=\Gamma(z+1)$, したがって 0 以上の整数 n について $\Gamma(n+1)=n!$ が成り立つことを示せ.

8

境界値問題と
等角写像

理工学のいろいろな分野で現われるポテンシャル問題は，正則関数を用いて解ける場合がある．複素関数の応用例として，等角写像を利用してポテンシャルに対する境界値問題を解くことを考える．

8-1 境界値問題

境界値問題　理工学のいろいろな分野で現われる2次元の**境界値問題**は,
領域 D でラプラス方程式

$$\left(\frac{\partial^2}{\partial x^2}+\frac{\partial^2}{\partial y^2}\right)\phi(x,y)=0 \tag{8.1}$$

をみたし, D の境界で与えられた条件を満足する関数 $\phi(x,y)$ を求めるもので
ある. 第2章で学んだように, 正則関数の実部と虚部はそれぞれ(8.1)をみた
す. したがって, その実部または虚部が与えられた境界条件を満足するような
正則関数を求めれば(8.1)の解が得られる.

円周を境界とする境界値問題　$f(z)$ が原点を中心とする半径 R の円の内
部で正則かつ円周上で連続であれば, 円の内部の任意の点 $z=re^{i\theta}$ における
$f(z)=f(re^{i\theta})$ は, 円周上の $f(z)$ の値 $f(Re^{i\varphi})$ を用いて

$$f(re^{i\theta})=\frac{R^2-r^2}{2\pi}\int_0^{2\pi}\frac{f(Re^{i\varphi})}{R^2+r^2-2Rr\cos(\theta-\varphi)}\,d\varphi \tag{8.2}$$

と表わせる. これを**円に対するポアッソン**(Poisson)**の積分公式**という. この
式の実部をとって $f(z)$ の実部 $u(r,\theta)$ は

$$u(r,\theta)=\frac{R^2-r^2}{2\pi}\int_0^{2\pi}\frac{u(R,\varphi)}{R^2+r^2-2Rr\cos(\theta-\varphi)}\,d\varphi \tag{8.3}$$

で与えられる. 虚部についても同様の式が成立する.

実軸を境界とする境界値問題　z 平面の上半面で正則かつ有界, 実軸上で
連続な関数 $f(z)$ の上半面の点 $z=x+iy$, $y>0$ における値は, $f(z)$ の実軸上で
の値を用いて

$$f(z)=\frac{y}{\pi}\int_{-\infty}^{\infty}\frac{f(s)}{(s-z)(s-\bar{z})}\,ds=\frac{y}{\pi}\int_{-\infty}^{\infty}\frac{f(s)}{(s-x)^2+y^2}\,ds \tag{8.4}$$

で与えられる. これを**上半面に対するポアッソンの積分公式**と呼ぶ. 上式の実
部をとって, 任意の点 $z=x+iy$, $y>0$ における $f(z)$ の実部 $u(x,y)$ は

$$u(x,y) = \frac{y}{\pi} \int_{-\infty}^{\infty} \frac{u(s,0)}{(s-x)^2+y^2}\,ds \tag{8.5}$$

で与えられる．虚部についても同様の式が成り立つ．

例題 8.1 関数 $f(z)$ が領域の境界まで含めて正則であるものとして，円および上半面に対するポアッソンの公式(8.2), (8.4)が成り立つことを示せ．

[**解**] これらの公式は正則関数に対するコーシーの積分定理を，それぞれの領域の内部および外部の点(円の場合(図8–1(a))は z と $R^2/\bar{z}$，上半面の場合(図8–1(b))は z と $\bar{z}$)に適用して，それらの差をとることで導かれる．この方法による公式の導出は読者にまかせて，ここでは別の証明の仕方として，各公式の右辺を計算してそれが左辺に一致することを示そう．

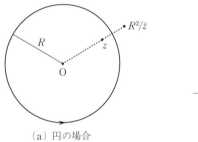
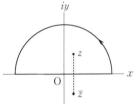

（a）円の場合　　　　　（b）上半面の場合

図 8–1

(i) 円の場合．公式(8.2)の右辺において $\zeta = e^{i(\varphi-\theta)}$ と変換すると

$$\frac{R^2-r^2}{2\pi} \oint_{|\zeta|=1} \frac{f(Re^{i\theta}\zeta)}{R^2+r^2-Rr(\zeta+\zeta^{-1})}\frac{d\zeta}{i\zeta}$$
$$= -\frac{R^2-r^2}{2\pi iRr} \oint_{|\zeta|=1} \frac{f(Re^{i\theta}\zeta)}{(\zeta-r/R)(\zeta-R/r)}\,d\zeta$$
$$= f(re^{i\theta})$$

となり，左辺に一致する．上式で最後の変形は，被積分関数が $\zeta=r/R$ で極をもつことと，留数の定理を用いて得られる．よって，公式(8.2)が成り立つ．

(ii) 上半面の場合．右辺の積分に上半面をまわる半径無限大の積分路を付け加えて閉じさせた閉曲線 C にそった周回積分を考える．上半面で有界という仮定により，適

当な正数 M によって $|f(\zeta)|\leqq M$ とできることから，付け加えられた半径無限大の半円から積分への寄与は 0 となる．この結果，(8.4) の右辺の積分は C にそった周回積分に等しいことがわかる．この周回積分の被積分関数は ζ 平面の上半面 $\zeta=z$ に極をもつことに留意して，留数定理を適用すると

$$\oint_C \frac{f(\zeta)}{(\zeta-z)(\zeta-\bar{z})}\,d\zeta = 2\pi i\frac{f(z)}{z-\bar{z}} = \frac{\pi}{y}f(z)$$

が得られる．よって，公式 (8.4) が成り立つことが示された．

例題 8.2 原点を中心とする半径 R の円の内部でラプラスの方程式をみたし，円周上で条件

$$u(R,\theta) = \begin{cases} K_1 & (0\leqq\theta<\pi) \\ K_2 & (\pi\leqq\theta<2\pi) \end{cases}$$

をみたす関数 $u(r,\theta)$ を求めよ．

［**解**］ 円に対するポアッソンの公式 (8.3) を積分して解を求める．

$$u(r,\theta) = \frac{R^2-r^2}{2\pi}\int_0^{2\pi}\frac{u(R,\varphi)}{R^2+r^2-2Rr\cos(\theta-\varphi)}\,d\varphi$$

$$= \frac{R^2-r^2}{2\pi}\int_{-\theta}^{\pi-\theta}\left\{\frac{K_1}{R^2+r^2-2Rr\cos\varphi}+\frac{K_2}{R^2+r^2+2Rr\cos\varphi}\right\}d\varphi$$

これを求めるには 2 つの積分

$$\frac{R^2-r^2}{2\pi}\int_{-\theta}^{\pi-\theta}\frac{1}{R^2+r^2\mp2Rr\cos\varphi}\,d\varphi$$

が計算できればよい．ここでは，被積分関数の複号が $-$ の場合について大筋を述べる．P: $e^{-i\theta}$，Q: $e^{i(\pi-\theta)}$ として $z=e^{i\varphi}$ を導入すれば，問題の積分は

$$-\frac{R^2-r^2}{2\pi iRr}\int_{\mathrm{P}}^{\mathrm{Q}}\frac{1}{(z-r/R)(z-R/r)}\,dz = \frac{1}{2\pi i}\int_{\mathrm{P}}^{\mathrm{Q}}\left(\frac{1}{z-r/R}-\frac{1}{z-R/r}\right)dz$$

$$= \frac{1}{2\pi i}\left[\log\left(z-\frac{r}{R}\right)-\log\left(z-\frac{R}{r}\right)\right]_{\mathrm{P}}^{\mathrm{Q}}$$

となる．あとはこれをていねいに整理すればよい．結果は

$$\frac{R^2-r^2}{2\pi}\int_{-\theta}^{\pi-\theta}\frac{1}{R^2+r^2-2Rr\cos\varphi}\,d\varphi = \frac{1}{2}+\frac{1}{\pi}\tan^{-1}\frac{2Rr\sin\theta}{R^2-r^2}$$

となる．全く同様にして

$$\frac{R^2-r^2}{2\pi}\int_{-\theta}^{\pi-\theta}\frac{1}{R^2+r^2+2Rr\cos\varphi}\,d\varphi = \frac{1}{2}-\frac{1}{\pi}\tan^{-1}\frac{2Rr\sin\theta}{R^2-r^2}$$

となるから

$$u(r,\theta) = \frac{1}{2}(K_1+K_2)+\frac{1}{\pi}(K_1-K_2)\tan^{-1}\frac{2Rr\sin\theta}{R^2-r^2}$$

が求める調和関数である. 実際, $0<\theta<\pi$ ならば $\sin\theta>0$ だから, $r\to R$ を円の内部からの極限で考えると $\tan^{-1}$ の変数は正の無限大になるので, $\tan^{-1}$ は $\pi/2$ となる. したがって, この範囲で $u(R,\theta)=K_1$ となる. 同様にして, $\pi<\theta<2\pi$ では $u(R,\theta)=K_2$ となり, 与えられた境界条件をみたすことが確かめられる.

　ここで以下の点について注意したい. この例題と次の例題8.3では, 与えられた境界条件は境界において連続ではない. そのため, この境界条件はポアッソンの公式(8.3)と(8.5)の適用範囲外である. それにもかかわらず, ポアッソンの公式(8.3)を用いて, 与えられた境界値問題が解かれたことは興味深い. ただし, このようにして求められた解の, 境界上の不連続点 $\theta=0$ における値は, その両側の値の平均 $(K_1+K_2)/2$ で置き換えられたものに対応していることに注意したい. この点に関するより詳細な議論は, 本節の問題[5]とその解答を参照せよ.

例題 8.3 次の境界値問題を解け.

$$\frac{\partial^2 u(x,y)}{\partial x^2} + \frac{\partial^2 u(x,y)}{\partial y^2} = 0, \quad y > 0$$

ただし

$$u(x,0) = \begin{cases} K_1 & (a \leqq x) \\ K_2 & (b \leqq x < a) \\ K_3 & (x < b) \end{cases}$$

[**解**] 上半面に対するポアッソンの公式 (8.5) を積分する. 境界条件から

$$\frac{y}{\pi}\left\{\int_{-\infty}^{b}\frac{K_3}{(s-x)^2+y^2}\,ds + \int_{b}^{a}\frac{K_2}{(s-x)^2+y^2}\,ds + \int_{a}^{\infty}\frac{K_1}{(s-x)^2+y^2}\,ds\right\}$$

を求めればよい. 各積分の積分変数を $s - x = y\tan\theta$ と変換すれば

$$ds = y\sec^2\theta d\theta, \quad (s-x)^2 + y^2 = y^2\sec^2\theta$$

であるから

$$u(x,y) = \frac{1}{\pi}\left\{\int_{-\pi/2}^{\beta}K_3 d\theta + \int_{\beta}^{\alpha}K_2 d\theta + \int_{\alpha}^{\pi/2}K_1 d\theta\right\}$$

と簡単になり, これを積分すれば

$$\frac{1}{2}(K_1+K_3) + \frac{1}{\pi}\{(K_2-K_1)\alpha + (K_3-K_2)\beta\}$$

となる. ここで α と β は次式で与えられる.

$$\alpha = \tan^{-1}\frac{a-x}{y}, \quad \beta = \tan^{-1}\frac{b-x}{y}$$

これを代入して

$$u(x,y) = \frac{1}{2}(K_1+K_3)$$
$$+ \frac{1}{\pi}\left\{(K_2-K_1)\tan^{-1}\frac{a-x}{y} + (K_3-K_2)\tan^{-1}\frac{b-x}{y}\right\}$$

が求める調和関数となる. これが境界条件をみたすことは, 各領域に実軸の上方(すなわち上半面)から近づく極限をとってみれば確かめられる. ただし, 前例題で注意したように, 境界上の関数の不連続点では, その両側の値の平均で置き換えられていることに注意せよ.

━━━━━━━━━━━━━━━━━━━━━━ **問 題 8–1** ━━━━━━━━━━━━━━━━━━━━━━

[1] 例題 8.2, 8.3 で求めた関数が, それぞれの領域で実際にラプラス方程式をみたすことを確かめよ.

[2] (8.2) に現われた関数 $\dfrac{R^2-r^2}{R^2+r^2-2Rr\cos(\theta-\varphi)}$ を**ポアッソン核**という. この関数が次の性質をもつことを示せ. ただし, $\zeta=Re^{i\theta}$, $z=re^{i\varphi}$ とする.

(1) $\dfrac{R^2-r^2}{R^2+r^2-2Rr\cos(\theta-\varphi)} = \dfrac{|\zeta|^2-|z|^2}{|\zeta-z|^2} = \mathrm{Re}\,\dfrac{\zeta+z}{\zeta-z}$

(2) $\dfrac{R-r}{R+r} \leqq \dfrac{R^2-r^2}{R^2+r^2-2Rr\cos(\theta-\varphi)} \leqq \dfrac{R+r}{R-r}$

(3) $\dfrac{1}{2\pi}\displaystyle\int_0^{2\pi} \dfrac{R^2-r^2}{R^2+r^2-2Rr\cos(\theta-\varphi)}\,d\varphi = 1$

[3] 原点を中心とする半径 R の円の内部で正則で, かつ円周上で連続な関数 $f(z)$ の実部 $u(r,\theta)$ と虚部 $v(r,\theta)$ は, 次の関係

$$u(r,\theta) = u(0)+\frac{Rr}{\pi}\int_0^{2\pi}\frac{\sin(\varphi-\theta)\,v(R,\varphi)}{R^2+r^2-2Rr\cos(\theta-\varphi)}\,d\varphi$$

$$v(r,\theta) = v(0)-\frac{Rr}{\pi}\int_0^{2\pi}\frac{\sin(\varphi-\theta)\,u(R,\varphi)}{R^2+r^2-2Rr\cos(\theta-\varphi)}\,d\varphi$$

をみたすことを証明せよ.

[4] 上半面で有界正則かつ実軸上で連続な関数 $f(z)$ の実部 $u(x,y)$ と虚部 $v(x,y)$ との間に成り立つ関係

$$u(x,y) = \frac{1}{\pi}\int_{-\infty}^{\infty}\frac{(s-x)v(s,0)}{(s-x)^2+y^2}\,ds$$

$$v(x,y) = -\frac{1}{\pi}\int_{-\infty}^{\infty}\frac{(s-x)u(s,0)}{(s-x)^2+y^2}\,ds$$

を証明せよ. ただし, 極限 $z\to\infty$, $\mathrm{Im}\,z>0$ で $f(z)\to0$ とする.

[5] K_1, K_2 を実定数とし $n\geqq0$ の整数に対して, $n=0$ のとき $\varPhi_0(\theta)=(K_1+K_2)/2$, $n\geqq1$ のとき $\varPhi_n(\theta)=2(K_1-K_2)\{\sin(2n-1)\theta\}/\{(2n-1)\pi\}$ とする.

(1) $u_n(R,\theta)=\varPhi_n(\theta)$ を境界値としてもつ調和関数 $u_n(r,\theta)$ を求めよ. ただし $r<R$ とする.

(2) $r<R$ に対して $\displaystyle\sum_{n=0}^{\infty}u_n(r,\theta)$ を求めよ.

8–2　境界値問題と等角写像

等角写像とラプラス方程式　　正則関数 $w=f(z)=u(x,y)+iv(x,y)$, $z=x+iy$ で写される 2 つの複素平面 w 平面と z 平面を考える．またこの変換で z 平面の領域 D は w 平面の領域 $\tilde{D}$ に写されるものとする．

w 平面の領域 $\tilde{D}$ を定義域にもつ関数 $\Phi(u,v)$ が与えられたとき，この関数の変数 u,v に $u=u(x,y)$, $v=v(x,y)$ を代入して得られる関数 $\Phi(u(x,y),v(x,y))$ は，変数 x,y の関数とみなすことができる．これを改めて $\phi(x,y)$

$$\Phi(u,v) = \Phi(u(x,y),v(x,y)) \equiv \phi(x,y) \tag{8.6}$$

とおくと，$\phi(x,y)$ は z 平面の領域 D を定義域とする関数となる．このとき次の関係

$$\frac{1}{|f'(z)|^2}\left(\frac{\partial^2\phi}{\partial x^2}+\frac{\partial^2\phi}{\partial y^2}\right) = \frac{\partial^2\Phi}{\partial u^2}+\frac{\partial^2\Phi}{\partial v^2} \tag{8.7}$$

が成り立つ(例題 8.4 参照)．したがって，領域 D で $f'(z)\neq0$ のとき，$\phi(x,y)$ がラプラスの方程式をみたすならば，$\Phi(u,v)$ もラプラスの方程式をみたすこと，およびその逆も成り立つことが示される．すなわち

$$\left(\frac{\partial^2}{\partial x^2}+\frac{\partial^2}{\partial y^2}\right)\phi(x,y) = 0 \iff \left(\frac{\partial^2}{\partial u^2}+\frac{\partial^2}{\partial v^2}\right)\Phi(u,v) = 0$$

2–3 節で述べたように，$f'(z)\neq0$ をみたす正則関数 $w=f(z)$ による z 平面から w 平面の変換を**等角写像**という．このことから，等角写像はラプラスの方程式を不変に保つ($\phi(x,y)$ がラプラスの方程式をみたすとき $\Phi(u,v)$ もラプラスの方程式をみたし，その逆もまた成立する)ことがわかる．

境界値問題と等角写像　　等角写像がラプラスの方程式を不変に保つことは，z 平面の境界値問題を w 平面の境界値問題に置き換えることができることを意味する．したがって，z 平面の領域 D でラプラスの方程式をみたしかつ D の境界で与えられた条件をみたす関数 $\phi(x,y)$ を求める問題(z 平面の境界値問題)を，w 平面の領域 $\tilde{D}$ でラプラスの方程式をみたしかつその境界で対応する

境界条件をみたす関数 $\Phi(u, v)$ を求める問題(w 平面の境界値問題)と考え直すことが可能となる(その逆も成り立つ).このことを用いると,例えば領域 D の境界の形状が複雑なとき,z 平面の境界値問題を直接解くかわりに,適当な等角写像を利用して対応する領域の境界がより簡単な形状(例えば円または実軸)をもつ境界値問題に変換できることになり,境界値問題を解く上で等角写像は重要な役割を果たす.

変換のヤコビ行列式　　変換された境界値問題の解 $\Phi(u, v)$ (または $\phi(x, y)$)から元の与えられた境界値問題の解 $\phi(x, y)$ (または $\Phi(u, v)$)を求めるためには,変数 u, v (または x, y)を元の変数 x, y (または u, v)の関数として解き直すことが必要となるが,これがつねに可能となるためには,問題の領域 D において次の条件

$$J = \begin{vmatrix} \dfrac{\partial u}{\partial x} & \dfrac{\partial u}{\partial y} \\[2mm] \dfrac{\partial v}{\partial x} & \dfrac{\partial v}{\partial y} \end{vmatrix} \neq 0 \tag{8.8}$$

が成り立つことが必要十分である(これを**陰関数定理**という).上式の行列式 J を変数変換 $(x, y) \to (u, v)$ の**ヤコビ行列式**(Jacobian)と呼ぶ.例題 8-4 で示すように,関係式 $J = |f'(z)|^2$ が成り立つので,等角写像においては上の必要十分条件はみたされている.したがって,$\Phi(u, v)$ から $\phi(x, y)$ (またはその逆)を求めることはつねに可能である.

例題 8.4 等角写像 $z = x + iy \to w = f(z) = u(x, y) + iv(x, y)$ に関する以下の問に答えよ.

(i) 変換のヤコビ行列式 J が $|f'(z)|^2$ と表わされることを示せ.

(ii) ラプラス演算子の変換則

$$\frac{1}{|f'(z)|^2}\left(\frac{\partial^2\phi}{\partial x^2} + \frac{\partial^2\phi}{\partial y^2}\right) = \frac{\partial^2\Phi}{\partial u^2} + \frac{\partial^2\Phi}{\partial v^2}$$

を示せ. ただし, $\Phi(u, v) = \phi(x(u, v), y(u, v))$ である.

[解] (i) ヤコビ行列式は $J = \dfrac{\partial u}{\partial x}\dfrac{\partial v}{\partial y} - \dfrac{\partial u}{\partial y}\dfrac{\partial v}{\partial x}$ と表わされるが, これにコーシー–リーマンの関係式 $\dfrac{\partial v}{\partial y} = \dfrac{\partial u}{\partial x}$, $\dfrac{\partial v}{\partial x} = -\dfrac{\partial u}{\partial y}$ を用いれば

$$J = |f'(z)|^2$$

となる.

(ii) 関数 $\phi(x, y) = \Phi(u, v)$ に対して

$$\frac{\partial^2\phi}{\partial x^2} = \frac{\partial^2 u}{\partial x^2}\frac{\partial\Phi}{\partial u} + \frac{\partial^2 v}{\partial x^2}\frac{\partial\Phi}{\partial v} + \left(\frac{\partial u}{\partial x}\right)^2\frac{\partial^2\Phi}{\partial u^2} + \left(\frac{\partial v}{\partial x}\right)^2\frac{\partial^2\Phi}{\partial v^2} + 2\frac{\partial u}{\partial x}\frac{\partial v}{\partial x}\frac{\partial^2\Phi}{\partial u\partial v}$$

$$\frac{\partial^2\phi}{\partial y^2} = \frac{\partial^2 u}{\partial y^2}\frac{\partial\Phi}{\partial u} + \frac{\partial^2 v}{\partial y^2}\frac{\partial\Phi}{\partial v} + \left(\frac{\partial u}{\partial y}\right)^2\frac{\partial^2\Phi}{\partial u^2} + \left(\frac{\partial v}{\partial y}\right)^2\frac{\partial^2\Phi}{\partial v^2} + 2\frac{\partial u}{\partial y}\frac{\partial v}{\partial y}\frac{\partial^2\Phi}{\partial u\partial v}$$

が成り立つ. よって

$$\frac{\partial^2\phi}{\partial x^2} + \frac{\partial^2\phi}{\partial y^2} = \left(\frac{\partial^2 u}{\partial x^2} + \frac{\partial^2 u}{\partial y^2}\right)\frac{\partial\Phi}{\partial u} + \left(\frac{\partial^2 v}{\partial x^2} + \frac{\partial^2 v}{\partial y^2}\right)\frac{\partial\Phi}{\partial v}$$

$$+ 2\left(\frac{\partial u}{\partial x}\frac{\partial v}{\partial x} + \frac{\partial u}{\partial y}\frac{\partial v}{\partial y}\right)\frac{\partial^2\Phi}{\partial u\partial v} + \left\{\left(\frac{\partial u}{\partial x}\right)^2 + \left(\frac{\partial u}{\partial y}\right)^2\right\}\frac{\partial^2\Phi}{\partial u^2}$$

$$+ \left\{\left(\frac{\partial v}{\partial x}\right)^2 + \left(\frac{\partial v}{\partial y}\right)^2\right\}\frac{\partial^2\Phi}{\partial v^2}$$

となる. ここで u, v が, コーシー–リーマンの関係式とラプラス方程式をみたすことを使えば, 右辺の最後の 2 項のみが残り

$$\frac{1}{|f'(z)|^2}\left(\frac{\partial^2\phi}{\partial x^2} + \frac{\partial^2\phi}{\partial y^2}\right) = \frac{\partial^2\Phi}{\partial u^2} + \frac{\partial^2\Phi}{\partial v^2}$$

となる.

この結果から, 正則関数 $w = f(z)$ による D の像を w 平面の領域 $\bar{D}$ としたときに, $\phi(x, y)$ が z 平面の領域 D で調和関数ならば, $\bar{D}$ において $\phi(x(u, v), y(u, v)) = \Phi(u, v)$ も u, v の関数として調和関数となることがわかる.

例題 8.5 円の内部と上半面とを対応づける等角写像について考える. 以下の問に答えよ.

(i)　変換 $w=i\dfrac{1-z}{1+z}$ によって, z 平面の単位円の内部 $|z|<1$ は, w 平面の上半面に写像されることを示せ.

(ii)　上の変換のヤコビ行列式を計算せよ. またラプラス演算子の変換則を確かめよ.

(iii)　(i)の変換によって, 例題 8.2 で $R=1$ とした境界値問題は

$$\Phi(u,0)=\begin{cases} K_1 & (u\geqq 0) \\ K_2 & (u<0) \end{cases}$$

を境界条件とする上半面の境界値問題に変換されることを示し, その解を求めよ.

　[解]　(i)　$z=x+iy,\ w=u+iv$ とおけば

$$w=\frac{2y+i(1-x^2-y^2)}{(1+x)^2+y^2},\quad z=\frac{1-(u^2+v^2)+2iu}{u^2+(1+v)^2} \tag{1}$$

が成り立つから, (1)の第1式より

$$u=\frac{2y}{(1+x)^2+y^2},\quad v=\frac{1-(x^2+y^2)}{(1+x)^2+y^2} \tag{2}$$

を得る. よって, z 平面の原点を中心とする単位円の内部 $(x^2+y^2<1)$ は w 平面の上半面 $(v>0)$ に, また単位円周上の点は w 平面の実軸 $(v=0)$ に対応することがわかる. これをもとに xy 平面から uv 平面の対応を求めると図 8-2 のようになる.

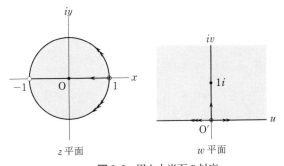

図 8-2　円と上半面の対応

(ii)　$J=|f'(z)|^2$ であるから, まず $f'(z)$ を計算すると

$$f'(z)=i\frac{d}{dz}\frac{1-z}{1+z}=\frac{-2i}{(1+z)^2}$$

となる．よって，

$$J = |f'(z)|^2 = \frac{4}{(1+z)^2 (1+\bar{z})^2} = \frac{4}{\{(1+x)^2+y^2\}^2}$$

が得られる．ここで(2)より，

$$\frac{1}{2}\{(1+x)^2+y^2\} = \frac{2}{u^2+(1+v)^2}$$

が成り立つので，Jはまた

$$J = \frac{1}{4}\{u^2+(1+v)^2\}^2$$

とも表わせる．次に，ラプラス演算子の変換は

$$\frac{\partial}{\partial x} = \frac{\partial u}{\partial x}\frac{\partial}{\partial u} + \frac{\partial v}{\partial x}\frac{\partial}{\partial v} = -u(1+v)\frac{\partial}{\partial u} + \frac{1}{2}\{u^2-(1+v)^2\}\frac{\partial}{\partial v}$$

$$\frac{\partial}{\partial y} = \frac{\partial u}{\partial y}\frac{\partial}{\partial u} + \frac{\partial v}{\partial y}\frac{\partial}{\partial v} = -\frac{1}{2}\{u^2-(1+v)^2\}\frac{\partial}{\partial u} - u(1+v)\frac{\partial}{\partial v}$$

と表わしておいて，$\dfrac{\partial^2}{\partial x^2}$, $\dfrac{\partial^2}{\partial y^2}$ をまじめに計算すれば

$$\frac{\partial^2}{\partial x^2}+\frac{\partial^2}{\partial y^2} = \frac{1}{4}\{u^2+(1+v)^2\}^2\left(\frac{\partial^2}{\partial u^2}+\frac{\partial^2}{\partial v^2}\right)$$

が導かれる．

(iii) (i)で示したように，z平面の単位円周 $z=e^{i\theta}$ は w 平面の実軸に対応するが，とくにこの円周上で，上半面$(0<\theta<\pi)$の弧は $u>0$, $v=0$ に，下半面$(\pi<\theta<2\pi)$の弧は $u<0$, $v=0$ に，それぞれ写る．したがって，z平面での境界条件

$$\phi(1,\theta) = \begin{cases} K_1 & (0\leqq\theta<\pi) \\ K_2 & (\pi\leqq\theta<2\pi) \end{cases}$$

は w 平面での境界条件

$$\Phi(u,0) = \begin{cases} K_1 & (u\geqq 0) \\ K_2 & (u<0) \end{cases}$$

に変換される．$\phi(x,y)$ が調和関数ならば $\Phi(u,v)$ も調和関数となることはすでに確認したので，題意のとおり境界値問題の変換が行なわれた．得られた上半面の問題の解は，例題8.3で $a=b=0$, $K_3=K_2$ と置けば求められて，

$$\Phi(u,v) = \frac{1}{2}(K_1+K_2)+\frac{1}{\pi}(K_1-K_2)\tan^{-1}\frac{u}{v}$$

となる．こうして得られた結果において，u,v を x,y で置き直すと，この解が例題8.2の解と一致することがわかる．

‖‖‖‖‖‖‖‖‖‖‖‖‖‖‖‖‖‖‖‖‖‖‖‖‖‖‖‖‖‖‖‖‖‖ **問 題 8-2** ‖‖‖‖‖‖‖‖‖‖‖‖‖‖‖‖‖‖‖‖‖‖‖‖‖‖‖‖‖‖‖‖‖‖

[1] 変数変換 $(x, y) \to (u, v)$ のヤコビ行列式 J を $\dfrac{\partial(u, v)}{\partial(x, y)}$ と表わすことにする。逆変換 $(u, v) \to (x, y)$ のヤコビ行列式 $\dfrac{\partial(x, y)}{\partial(u, v)}$ との間に

$$\frac{\partial(u, v)}{\partial(x, y)} \frac{\partial(x, y)}{\partial(u, v)} = 1$$

の関係があることを示せ。

[2] 次の積分を計算せよ。

$$\int_0^\infty \left\{ \int_{-\infty}^\infty \frac{4}{\{u^2 + (1+v)^2\}^2} \, du \right\} dv$$

また例題 8.5 の変換によって，上の積分が z 平面上の原点を中心とする単位円の面積を求める積分に帰着することを示せ。

[3] z_0 を z 平面の上半面の点とする。変換 $w = e^{i\theta_0} \dfrac{z - z_0}{z - \bar{z}_0}$ に関する次の問に答えよ。

(1) この変換による z 平面の上半面の像を求めよ。

(2) この変換で θ_0 の果たす役割は何か。

(3) 変換式のパラメーターをうまく選ぶことにより，境界条件

$$\phi(x, 0) = \begin{cases} K_1 & (x < a) \\ K_2 & (x \geqq a) \end{cases}$$

を例題 8.2 の型に変換せよ。ただし，a は実数とする。

[4] 適当な変換 $w = f(z)$ を利用して，原点を中心とする半径 1 の円周上で，境界条件

$$u = C_1 \quad (0 \leqq \theta < 2\pi/3), \quad u = C_2 \quad (2\pi/3 \leqq \theta < 4\pi/3), \quad u = C_3 \quad (4\pi/3 \leqq \theta < 2\pi)$$

を満足し，かつ円の内部で調和な関数を求めよ。

[5] 変換 $w = z^2$ を利用して，z 平面の第 1 象限で調和な関数 $\phi(x, y)$ で，境界条件

$$\phi(x, 0) = C_1 \quad (x > 0), \qquad \phi(0, y) = C_2 \quad (y > 0)$$

をみたすものを求めよ。

8-3　いろいろな等角写像

単位円を直線に変換する等角写像　$w = \dfrac{\alpha z + \beta}{\gamma z + \delta}$　$(\alpha\delta - \beta\gamma \neq 0)$

ここで $\alpha, \beta, \gamma, \delta$ は任意の複素定数を表わす．この変換は **1 次分数変換** と呼ばれ，点 $z = -\delta/\gamma$ と $w = \alpha/\gamma$ を除いて z と w を 1 対 1 に対応づける．とくに，$\beta = -\bar{\alpha}$，$\delta = -\bar{\gamma}$ とおいた変換

$$w = \frac{\alpha z - \bar{\alpha}}{\gamma z - \bar{\gamma}} \qquad \left(\alpha\bar{\gamma} - \gamma\bar{\alpha} \neq 0,\ \operatorname{Im}\frac{\alpha}{\gamma} < 0\right) \tag{8.9}$$

は，z 平面の原点を中心とする単位円を w 平面の実軸に，単位円の内部の点 z ($|z|<1$) を w 平面の上半面の点 w ($\operatorname{Im} w > 0$) に写像する．

1 次分数変換の基本形　次の 4 つの型の変換を合成することにより，任意の 1 次分数変換が達成される．

$$T_1:\quad z \to w = z + \frac{\delta}{\gamma}, \qquad T_2:\quad z \to w = \gamma z$$

$$\tag{8.10}$$

$$T_3:\quad z \to w = \frac{1}{z}, \qquad T_4:\quad z \to w = \frac{\alpha}{\gamma} - \frac{\alpha\delta - \beta\gamma}{\gamma} z$$

円を楕円に変換する等角写像　$w = z + \dfrac{a^2}{z}$

ここで a は任意の正の実数を表わす．この変換は **ジューコウスキー**(Joukowski)**変換** と呼ばれ，z 平面上の原点を中心とする半径 r ($r>a$) の円を，w 平面上の楕円

$$\frac{u^2}{(r + a^2/r)^2} + \frac{v^2}{(r - a^2/r)^2} = 1 \tag{8.11}$$

に，この円の外側の点 z ($|z|>r$) を対応する楕円の外側の点に写像する．

またこの変換で，z 平面の原点から出る半直線 $z = re^{i\theta_0}$ は，w 平面の双曲線

$$\frac{u^2}{4a^2\cos^2\theta_0} - \frac{v^2}{4a^2\sin^2\theta_0} = 1 \tag{8.12}$$

に写像される．

例題 8.6 2×2 の行列 T と 2 成分複素縦ベクトル z, w について

$$w = Tz, \quad T = \begin{pmatrix} \alpha & \beta \\ \gamma & \delta \end{pmatrix}, \quad z = \begin{pmatrix} z_1 \\ z_2 \end{pmatrix}, \quad w = \begin{pmatrix} w_1 \\ w_2 \end{pmatrix}$$

とおく．ただし，$z \neq 0$ とする．以下の問に答えよ．

(i) w の成分を求めよ．

(ii) $z = \dfrac{z_1}{z_2}$, $w = \dfrac{w_1}{w_2}$ とおく．w を z によって表わせ．

(iii) 1次分数変換の 4 つの基本形 $T_i \, (i=1, 2, \cdots, 4)$ に対応する行列 T_i を求め，それらの積 $T_4 T_3 T_2 T_1$ を計算せよ．

［解］ (i) 行列 T の z への作用は

$$Tz = \begin{pmatrix} \alpha z_1 + \beta z_2 \\ \gamma z_1 + \delta z_2 \end{pmatrix}$$

であるから

$$w_1 = \alpha z_1 + \beta z_2, \qquad w_2 = \gamma z_1 + \delta z_2$$

(ii) w の 2 つの成分の比をとって

$$w = \frac{\alpha z_1 + \beta z_2}{\gamma z_1 + \delta z_2} = \frac{\alpha z + \beta}{\gamma z + \delta}$$

となる．これは 1 次分数変換に他ならない．

(iii) (i), (ii) の計算を逆にたどり，変換 T_i に対応する行列を求めると

$$T_1: \quad T_1 = \frac{1}{\gamma}\begin{pmatrix} \gamma & \delta \\ 0 & \gamma \end{pmatrix}, \quad T_2: \quad T_2 = \begin{pmatrix} \gamma & 0 \\ 0 & 1 \end{pmatrix}$$

$$T_3: \quad T_3 = \begin{pmatrix} 0 & 1 \\ 1 & 0 \end{pmatrix}, \quad T_4: \quad T_4 = \frac{1}{\gamma}\begin{pmatrix} \beta\gamma - \alpha\delta & \alpha \\ 0 & \gamma \end{pmatrix}$$

となる．これらの積を与えられた順に計算すると

$$T_4 T_3 T_2 T_1 = \frac{1}{\gamma}\begin{pmatrix} \beta\gamma - \alpha\delta & \alpha \\ 0 & \gamma \end{pmatrix}\begin{pmatrix} 0 & 1 \\ 1 & 0 \end{pmatrix}\begin{pmatrix} \gamma & 0 \\ 0 & 1 \end{pmatrix}\frac{1}{\gamma}\begin{pmatrix} \gamma & \delta \\ 0 & \gamma \end{pmatrix}$$

$$= \frac{1}{\gamma}\begin{pmatrix} \beta\gamma - \alpha\delta & \alpha \\ 0 & \gamma \end{pmatrix}\begin{pmatrix} 0 & 1 \\ 1 & 0 \end{pmatrix}\begin{pmatrix} \gamma & \delta \\ 0 & 1 \end{pmatrix}$$

$$= \frac{1}{\gamma}\begin{pmatrix} \beta\gamma - \alpha\delta & \alpha \\ 0 & \gamma \end{pmatrix}\begin{pmatrix} 0 & 1 \\ \gamma & \delta \end{pmatrix}$$

$$= \begin{pmatrix} \alpha & \beta \\ \gamma & \delta \end{pmatrix}$$

となり，はじめの行列 T が得られる．結局1次分数変換の分解とは，対応する行列でいえば，行列の分解 $T=T_4T_3T_2T_1$ のことである．

========================== 問 題 8–3 ==========================

[1] 次の等角写像に関する問に答えよ．

(1) n を自然数とするとき，$w=z^n$ は，z 平面のどのような領域を，w 平面の上半面に写すか．

(2) a を正の実定数として，変換 $w=e^{iaz}$ は，z 平面の帯状の領域 $0 \leqq y \leqq \pi/a$，$-\infty < x < \infty$ を，w 平面のどのような領域に写すか．

(3) $w=\sin\dfrac{\pi z}{2a}$ は，z 平面の半無限の帯状領域 $0 \leqq x \leqq a$，$y \geqq 0$ を，w 平面の第1象限に写像することを示せ．

[2] 変換 $w=e^{\pi z}$ によって，w 平面の上半面に写像される z 平面上の領域を求めよ．

[3] ジューコウスキー変換 $w=z+\dfrac{a^2}{z}$ $(a>0)$ について以下の問に答えよ．

(1) この変換によって，z 平面の原点を中心とする半径 $c\,(>a)$ の円は，w 平面の $\pm 2a$ を焦点とする楕円

$$\frac{u^2}{(c+a^2/c)^2}+\frac{v^2}{(c-a^2/c)^2}=1$$

に写像されることを示せ．

(2) z 平面の原点を端点とする半直線 $z=re^{i\theta_0}$ は，この変換によって双曲線

$$\frac{u^2}{4a^2\cos^2\theta_0}-\frac{v^2}{4a^2\sin^2\theta_0}=1$$

に写像されることを示せ．

(3) (1)で z 平面の円の半径を変化させるとき，w 平面にできる像の変化について述べよ．

[4] 基本1次分数変換 $T_1, T_2, \cdots, T_4$ による z 平面上の長方形領域 $0<x<a$，$0<y<b$ の像を求めよ．

問題解答

第1章

問題 1–1

[1] (1) $-1+8i$. (2) $\sqrt{2}\,i$. (3) i. (4) 1. (5) i. (6) $\dfrac{1-i}{2}$.

(7) $-i$. (8) $\dfrac{4+3i}{25}$.

[2] $z = -\dfrac{\beta}{\alpha} = -\dfrac{ac+bd}{a^2+b^2} - i\,\dfrac{ad-bc}{a^2+b^2}$

[3] $z=x+iy$ とおくと，与えられた方程式から x と y に対する連立方程式 $x^2-y^2=-1$, $xy=0$ が成り立つことがわかる．これを解いて $x=0$, $y=\pm1$ すなわち $z=\pm i$ が得られる．

[4] (1) 数学的帰納法による．$n=1$ のとき成り立つことは明らかである．次に $n=k$ のとき与式が成り立つものとする．このとき $n=k+1$ に対しては

$$
\begin{aligned}
(\alpha+\beta)^{k+1} &= (\alpha+\beta)^k(\alpha+\beta) = \left\{ \sum_{r=0}^{k} \binom{k}{r}\alpha^{k-r}\beta^r \right\}(\alpha+\beta) \\
&= \sum_{r=0}^{k}\binom{k}{r}\alpha^{k+1-r}\beta^r + \sum_{r=0}^{k}\binom{k}{r}\alpha^{k-r}\beta^{r+1} \\
&= \alpha^{k+1} + \sum_{r=1}^{k}\binom{k}{r}\alpha^{k+1-r}\beta^r + \sum_{r=1}^{k}\binom{k}{r-1}\alpha^{k+1-r}\beta^r + \beta^{k+1} \\
&= \alpha^{k+1} + \sum_{r=1}^{k}\binom{k+1}{r}\alpha^{k+1-r}\beta^r + \beta^{k+1} = \sum_{r=0}^{k}\binom{k+1}{r}\alpha^{k+1-r}\beta^r
\end{aligned}
$$

となる．ここで $\binom{n}{r}+\binom{n}{r-1}=\binom{n+1}{r}$ $(r=1,2,\cdots,n)$ を用いた．この結果，複素数の場合も，任意の負でない整数 n に対して2項定理が成り立つことが示された．

(2) $\left(\dfrac{1}{\sqrt{2}}\right)^{4n}(1+i)^{4n}=\left(\dfrac{1}{2}\right)^{2n}\sum_{r=0}^{4n}\binom{4n}{r}i^r=\left(\dfrac{1}{2}\right)^{2n}\left\{\sum_{r=0}^{2n}\binom{4n}{2r}i^{2r}+\sum_{r=0}^{2n-1}\binom{4n}{2r+1}i^{2r+1}\right\}$
$=(-1)^n$.

[5] (1) $S_n(z)=1+z+\cdots+z^{n-1}$ とおくと，$S_n(z)=1+z+\cdots+z^{n-1}$, $zS_n(z)=z+z^2+\cdots+z^n$ より $(1-z)S_n(z)=1-z^n$, すなわち $S_n=(1-z^n)/(1-z)$ が得られる．

(2) (1)の結果に $z=i$ を代入すると，$S_{2n}=\dfrac{1-(-1)^n}{1-i}$ となり，n が偶数のとき $S_{2n}=0$, n が奇数のとき $S_{2n}=1+i$ となる．

問題 1–2

[1] (1) $(\cos\theta+i\sin\theta)^2=\cos2\theta+i\sin2\theta$, よって，$\overline{(\cos\theta+i\sin\theta)^2}=\cos2\theta-i\sin2\theta$. (2) $|\cos\theta+i\sin\theta|=\sqrt{\cos^2\theta+\sin^2\theta}=1$. (3) $|z|=\sqrt{x^2+y^2}$, $|\bar{z}|=\sqrt{x^2+(-y)^2}$, ゆえに $|z|=|\bar{z}|$. (4) $\left|\dfrac{-2+3i}{3-2i}\right|=\dfrac{\sqrt{4+9}}{\sqrt{9+4}}=1$.

[2] 2つの複素数を $\alpha_1=a_1+ib_1$, $\alpha_2=a_2+ib_2$ とおく．このとき α_1 と α_2 の距離は $\sqrt{(a_1-a_2)^2+(b_1-b_2)^2}$ で与えられ，また
$$|\alpha_1-\alpha_2|=|(a_1-a_2)+i(b_1-b_2)|=\sqrt{(a_1-a_2)^2+(b_1-b_2)^2}$$
となる．よって両者は等しい．

[3] $\bar{z}z-\bar{\alpha}z-\bar{z}\alpha+\bar{\alpha}\alpha=(z-\alpha)(\bar{z}-\bar{\alpha})=|z-\alpha|^2$ より，与式をみたす複素数 z は，点 $\alpha=a+ib$ を中心とする半径 r の円周を描く．

[4] 与えられた式の両辺を2乗して $(1-p^2)|z|^2-(1+p^2)(\bar{\alpha}z+\alpha\bar{z})+(1-p^2)|\alpha|^2=0$ を得る．$z=x+iy$, $\alpha=a+ib$ とおくと，上式は
$$\left(x-\dfrac{1+p^2}{1-p^2}a\right)^2+\left(y-\dfrac{1+p^2}{1-p^2}b\right)^2=\left(\dfrac{2p}{1-p^2}\right)^2(a^2+b^2)$$
と変形できる．これは点 $(1+p^2)\alpha/(1-p^2)$ を中心とする半径 $2p|\alpha|/(1-p^2)$ の円を表わす．

[5] 数学的帰納法で証明する．三角不等式より $n=2$ のときは明らか．次に $n=k$ のとき与えられた不等式が成り立つものとする．このとき $n=k+1$ に対しては
$$|z_1+z_2+\cdots+z_k+z_{k+1}|\leqq|z_1+z_2+\cdots+z_k|+|z_{k+1}|$$
$$\leqq|z_1|+|z_2|+\cdots+|z_k|+|z_{k+1}|$$
となり，この場合にも与えられた不等式が成り立つ．よって，任意の自然数 n に対して与えられた不等式が成り立つ．

[6] (1) 方向ベクトルが $\beta-\alpha$ に平行なことと，α を通過することから，t を実数

のパラメーターとして

$$z = \alpha + (\beta - \alpha)t$$

とおくと，これは求める直線を表わす．

(2) (1)の解を実部・虚部に分ければ $x = a + (c-a)t$, $y = b + (d-b)t$ となる．これからパラメーター t を消去して $(d-b)x - (c-a)y = ad - bc$ が得られる．

問題 1–3

[1] (1) $i = 0 + i = \cos(\pi/2) + i\sin(\pi/2)$. (2) $-2 = -2 + 0\times i = 2(\cos\pi + i\sin\pi)$. (3) $\sqrt{3} + i = 2(\sqrt{3}/2 + i\times 1/2) = 2(\cos(\pi/6) + i\sin(\pi/6))$. (4) $\sqrt{3} - i$ $= 2(\sqrt{3}/2 - i\times 1/2) = 2(\cos(11\pi/6) + i\sin(11\pi/6))$. (5) $\dfrac{1+i}{2} = \dfrac{1}{\sqrt{2}}\left(\dfrac{1}{\sqrt{2}} + \dfrac{i}{\sqrt{2}}\right)$ $= \dfrac{1}{\sqrt{2}}\left(\cos\dfrac{\pi}{4} + i\sin\dfrac{\pi}{4}\right)$. (6) $\dfrac{-1+i}{2} = \dfrac{1}{\sqrt{2}}\left(\dfrac{-1}{\sqrt{2}} + \dfrac{i}{\sqrt{2}}\right) = \dfrac{1}{\sqrt{2}}\left(\cos\dfrac{3\pi}{4} + i\sin\dfrac{3\pi}{4}\right)$.

[2] (1) $z_1 z_2 = r_1 r_2 (\cos\theta_1 + i\sin\theta_1)(\cos\theta_2 + i\sin\theta_2)$
$$= r_1 r_2 \{(\cos\theta_1\cos\theta_2 - \sin\theta_1\sin\theta_2) + i(\sin\theta_1\cos\theta_2 + \cos\theta_1\sin\theta_2)\}$$
$$= r_1 r_2 \{\cos(\theta_1 + \theta_2) + i\sin(\theta_1 + \theta_2)\}.$$

(2) $z_1/z_2 = (r_1/r_2)(\cos\theta_1 + i\sin\theta_1)(\cos\theta_2 - i\sin\theta_2)$
$$= (r_1/r_2)\{(\cos\theta_1\cos\theta_2 + \sin\theta_1\sin\theta_2) + i(\sin\theta_1\cos\theta_2 - \cos\theta_1\sin\theta_2)\}$$
$$= (r_1/r_2)\{\cos(\theta_1 - \theta_2) + i\sin(\theta_1 - \theta_2)\}.$$

[3] 数学的帰納法によって(1.17)を証明する．$n = 2$ のとき正しいことは前問により確かめられている．$n = k\ (k \geqq 2)$ のとき正しいとして $\theta_1 + \cdots + \theta_k = \Theta$, $r_1 \times \cdots \times r_k = R$ とおくと $\alpha_1\alpha_2\cdots\alpha_k\alpha_{k+1} = R(\cos\Theta + i\sin\Theta)r_{k+1}(\cos\theta_{k+1} + i\sin\theta_{k+1}) = Rr_{k+1}\{\cos(\Theta + \theta_{k+1}) + i\sin(\Theta + \theta_{k+1})\}$ により $n = k+1$ でも成り立つことが示される．よって，任意の自然数 n について題意の式が成立する．また，(1.17)のすべての j に対して $\alpha_j = \cos\theta + i\sin\theta$ とおけばド・モアブルの公式(1.18)が導かれる．

[4] (1) $-1 = \cos\pi + i\sin\pi$ により，$(-1)^{1/3} = \cos\{(2k+1)\pi/3\} + i\sin\{(2k+1)\pi/3\}$, ただし $k = 0, 1, 2$. (2) $i = \cos(\pi/2) + i\sin(\pi/2)$ により，$i^{1/2} = \cos\dfrac{(1+4k)\pi}{4}$ $+ i\sin\dfrac{(1+4k)\pi}{4}$, ただし $k = 0, 1$. (3) $\dfrac{1+i}{2} = \dfrac{1}{\sqrt{2}}\left(\cos\dfrac{\pi}{4} + i\sin\dfrac{\pi}{4}\right)$ により，$\left(\dfrac{1+i}{2}\right)^{1/2} = \left(\dfrac{1}{2}\right)^{1/4}\left(\cos\dfrac{(1+8k)\pi}{8} + i\sin\dfrac{(1+8k)\pi}{8}\right)$, ただし $k = 0, 1$. (4) $8 = 2^3(\cos 0 + i\sin 0)$ により，$8^{1/6} = \sqrt{2}\left(\cos\dfrac{k\pi}{3} + i\sin\dfrac{k\pi}{3}\right)$, ただし $k = 0, 1, \cdots, 5$. それぞれの図は省略．

[5] (1) $1 = \cos 0 + i \sin 0$ により, $\omega_{n,k} = \cos \dfrac{2k\pi}{n} + i \sin \dfrac{2k\pi}{n} = (e^{2\pi i/n})^k$, $k = 0, 1,$

$\cdots, n-1$. (2) $\alpha^{1/n} = r^{1/n}\left\{\cos\left(\dfrac{\theta}{n} + \dfrac{2k\pi}{n}\right) + i\sin\left(\dfrac{\theta}{n} + \dfrac{2k\pi}{n}\right)\right\} = r^{1/n}\left(\cos\dfrac{\theta}{n} + i\sin\dfrac{\theta}{n}\right)$

$\times\left(\cos\dfrac{2k\pi}{n} + i\sin\dfrac{2k\pi}{n}\right) = r^{1/n}\left(\cos\dfrac{\theta}{n} + i\sin\dfrac{\theta}{n}\right)\omega_{n,k}$. (3) $1 + \omega_{n,k} + \omega_{n,k}^2 + \cdots + \omega_{n,k}^{n-1}$

$= \dfrac{1 - \omega_{n,k}^n}{1 - \omega_{n,k}} = 0$.

[6] (1) $f_{\pm k}(x) = \cos kx \pm i \sin kx$ によって, $\dfrac{df_{\pm k}(x)}{dx} = -k\sin kx \pm ik\cos kx =$

$\pm ikf_{\pm k}(x)$. (2) $\dfrac{d^2 f_{\pm k}(x)}{dx^2} = \pm ik\dfrac{df_{\pm k}(x)}{dx} = (\pm ik)^2 f_{\pm k}(x) = -k^2 f_{\pm k}(x)$.

(3) 前問の結果により, 微分方程式 $f'' = -k^2 f$ の一般解は実の定数 a と b を用いて,
$f = ae^{ikx} + be^{-ikx}$ の形に表わされる. したがって $f(x)$ が各々の初期条件をみたすように
定数 a, b を定めればよい.

(i) $\qquad\qquad \begin{cases} a+b=1 \\ a-b=1 \end{cases} \implies a = 1, \ b = 0$

よって $f = e^{ikx}$.

(ii) $\qquad\qquad \begin{cases} a+b=1 \\ a-b=-1 \end{cases} \implies a = 0, \ b = 1$

よって $f = e^{-ikx}$.

(iii) $\qquad\qquad \begin{cases} a+b=0 \\ a-b=-i \end{cases} \implies a = 1/2i, \ b = -1/2i$

よって $f = (e^{ikx} - e^{-ikx})/2i = \sin kx$.

(iv) $\qquad\qquad \begin{cases} a+b=1 \\ a-b=0 \end{cases} \implies a = 1/2, \ b = 1/2$

よって $f = (e^{ikx} + e^{-ikx})/2 = \cos kx$.

第 2 章

問題 2–1

[1] (1) $u(x,y) = \dfrac{x^2+y^2+1}{x^2+y^2}x$, $v(x,y) = \dfrac{x^2+y^2-1}{x^2+y^2}y$.

(2) z 平面上の z_k ($k = 1, 2, 3, 4$) に対応する w 平面上の点を w_k とすると,

$$w_1 = \frac{3}{2} + \frac{1}{2}i, \ w_2 = \frac{-3}{2} + \frac{1}{2}i, \ w_3 = \frac{-3}{2} + \frac{-1}{2}i, \ w_4 = \frac{3}{2} + \frac{-1}{2}i$$

となる.

[2]　(1)　$u(r,\theta) = r^n \cos n\theta, \qquad v(r,\theta) = r^n \sin n\theta.$

(2)　$u_\pm(r,\theta) = \pm r^{1/2} \cos\dfrac{\theta}{2}, \qquad v_\pm(r,\theta) = \pm r^{1/2} \sin\dfrac{\theta}{2}.$

(3)　$u(r,\theta) = \dfrac{r\cos\theta}{r^2 + 2r\sin\theta + 1}, \qquad v(r,\theta) = -\dfrac{1 + r\sin\theta}{r^2 + 2r\sin\theta + 1}.$

(4)　$u(r,\theta) = \left(r + \dfrac{1}{r}\right)\cos\theta, \qquad v(r,\theta) = \left(r - \dfrac{1}{r}\right)\sin\theta.$

[3]　(1)　$z = \dfrac{w - \beta}{\alpha},$　1 価.　　(2)　$z = \dfrac{\alpha}{w - \beta},$　1 価.

(3)　$z = w^{1/2},$　2 価.　　　(4)　$z = \dfrac{w + (w^2 - 4)^{1/2}}{2},$　2 価.

[4]　(1)　定義通り順に計算する.

$$f_2\left(\frac{\alpha_1 z + \beta_1}{\gamma_1 z + \delta_1}\right) = \frac{\alpha_2 \dfrac{\alpha_1 z + \beta_1}{\gamma_1 z + \delta_1} + \beta_2}{\gamma_2 \dfrac{\alpha_1 z + \beta_1}{\gamma_1 z + \delta_1} + \delta_2} = \frac{(\alpha_2\alpha_1 + \beta_2\gamma_1)z + (\alpha_2\beta_1 + \beta_2\delta_1)}{(\gamma_2\alpha_1 + \delta_2\gamma_1)z + (\gamma_2\beta_1 + \delta_2\delta_1)}$$

(2)　(1)の結果で添字の 1, 2 を交換すればよい.

$$f_{12}(z) = \frac{(\alpha_1\alpha_2 + \beta_1\gamma_2)z + (\alpha_1\beta_2 + \beta_1\delta_2)}{(\gamma_1\alpha_2 + \delta_1\gamma_2)z + (\gamma_1\beta_2 + \delta_1\delta_2)}$$

(3)　$f_{21}(z) = f_{12}(z)$ とおき, z について整理すると

$$\{(\alpha_2\alpha_1 + \beta_2\gamma_1)(\gamma_1\alpha_2 + \delta_1\gamma_2) - (\alpha_1\alpha_2 + \beta_1\gamma_2)(\gamma_2\alpha_1 + \delta_2\gamma_1)\}z^2$$
$$+ \{(\alpha_2\alpha_1 + \beta_2\gamma_1)(\gamma_1\beta_2 + \delta_1\delta_2) + (\alpha_2\beta_1 + \beta_2\delta_1)(\gamma_1\alpha_2 + \delta_1\gamma_2)$$
$$- (\alpha_1\alpha_2 + \beta_1\gamma_2)(\gamma_2\beta_1 + \delta_2\delta_1) - (\alpha_1\beta_2 + \beta_1\delta_2)(\gamma_2\alpha_1 + \delta_2\gamma_1)\}z$$
$$+ \{(\alpha_2\beta_1 + \beta_2\delta_1)(\gamma_1\beta_2 + \delta_1\delta_2) - (\alpha_1\beta_2 + \beta_1\delta_2)(\gamma_2\beta_1 + \delta_2\delta_1)\} = 0$$

となる. まず定数項が 0 となるための条件から次の 2 つの場合が考えられる.

(i)　$\begin{cases} \alpha_2\beta_1 + \beta_2\delta_1 = k(\alpha_1\beta_2 + \beta_1\delta_2) \\ \gamma_2\beta_1 + \delta_2\delta_1 = k(\gamma_1\beta_2 + \delta_1\delta_2) \end{cases}$　　(ii)　$\begin{cases} \alpha_2\beta_1 + \beta_2\delta_1 = k(\gamma_2\beta_1 + \delta_2\delta_1) \\ \alpha_1\beta_2 + \beta_1\delta_2 = k(\gamma_1\beta_2 + \delta_1\delta_2) \end{cases}$

このうち (ii) の方は z の 1 次が 0 となる条件を調べると $\alpha_i\delta_i - \beta_i\gamma_i = 0$ となってしまうので適さない. 一方, (i) の場合, その条件の第 2 式が $\gamma_1 = \gamma_2 = 0$ のときにも成り立つためには $k = 1$ でなければならないから, この条件は

$$\alpha_2\beta_1 + \beta_2\delta_1 = \alpha_1\beta_2 + \beta_1\delta_2, \qquad \gamma_2\beta_1 = \gamma_1\beta_2$$

と同値である. これを考慮して z の 1 次が 0 となる条件を調べると

$$\gamma_2\alpha_1 + \delta_2\gamma_1 = \gamma_1\alpha_2 + \delta_1\gamma_2$$

が導かれる. 以上の条件がみたされるとき z の 2 次の項は自動的に 0 となる. まとめると, 求める条件は

$$\begin{cases} \alpha_2\beta_1+\beta_2\delta_1 = \alpha_1\beta_2+\beta_1\delta_2 \\ \gamma_2\beta_1 = \gamma_1\beta_2 \\ \gamma_2\alpha_1+\delta_2\gamma_1 = \gamma_1\alpha_2+\delta_1\gamma_2 \end{cases}$$

となる．これは実は，2つの行列 $\begin{pmatrix} \alpha_i & \beta_i \\ \gamma_i & \delta_i \end{pmatrix}$ $(i=1,2)$ の積が行列の順序によらない（交換可能）という条件と同じである．

問題 2–2

[**1**] (1) $-2\alpha(\alpha^2-1)$. (2) $\dfrac{1}{5}$. (3) -1. (4) $-6+2i$. (5) 0. (6) 0.

[**2**] $z=re^{i\theta}$ とおく．このとき $\lim_{z\to 0}\dfrac{\bar{z}}{z}=\lim_{r\to 0}\dfrac{re^{-i\theta}}{re^{i\theta}}=e^{-2i\theta}$ となり，これは θ による（0 に近づく方向による）から，極限値は存在しない．

[**3**] (1) 不連続. (2) 不連続. (3) 連続. (4) 連続.

[**4**] $z=re^{i\theta}$ とおくと，$w_k=z^{1/2}=r^{1/2}e^{i\frac{\theta+2k\pi}{2}}$ $(k=0,1)$ となる．まず w_0 について考える．$\theta=\pi-\delta$ とおいて $\delta\to 0$ の極限をとると，

$$\lim_{\delta\to 0}(r^{1/2}e^{i\frac{\pi-\delta}{2}}) = ir^{1/2}\lim_{\delta\to 0}e^{i\delta/2} = ir^{1/2}$$

となる．一方，$\theta=-\pi+\delta$ とおいて $\delta\to 0$ の極限をとると，

$$\lim_{\delta\to 0}(r^{1/2}e^{i\frac{-\pi+\delta}{2}}) = -ir^{1/2}\lim_{\delta\to 0}e^{i\delta/2} = -ir^{1/2}$$

となる．よって，負の実軸に上半面から近づくか下半面から近づくかで w_0 は異なる値をもつことになり，負の実軸上の各点でこの関数は極限値をもたない．w_1 についても同様．この結果，与えられた関数は負の実軸上で極限値をもたない．

問題 2–3

[**1**] (1) $\displaystyle\lim_{z\to i}\frac{(z^2-2iz+3)-4}{z-i} = \lim_{z\to i}\frac{(z-i)^2}{z-i} = 0$.

(2) $\displaystyle\lim_{z\to 1}\frac{1/(1+z)-1/2}{z-1} = -\lim_{z\to 1}\frac{1}{2(1+z)} = -\frac{1}{4}$.

(3) $\displaystyle\frac{1}{2}\lim_{z\to -i}\frac{(z+1/z)-0}{z+i} = \frac{1}{2}\lim_{z\to -i}\frac{z^2+1}{z(z+i)} = 1$.

(4) $\displaystyle\frac{1}{2i}\lim_{z\to -i}\frac{(z-1/z)-(-2i)}{z+i} = \frac{1}{2i}\lim_{z\to -i}\frac{(z+i)^2}{z(z+i)} = 0$.

[**2**] (1) いたるところ微分可能. (2) 点 $z=-1$ を除いて微分可能. (3) いたるところ微分不可能. (4) いたるところ微分可能.

[3]　関数そのものが定義されていないところで微分を考えてみても仕方がないので，$z \neq -\delta/\gamma$ として考えてよい．このとき，$\dfrac{dw}{dz} = \dfrac{\alpha\delta - \beta\gamma}{(\gamma z + \delta)^2}$ であるから $\alpha\delta - \beta\gamma = 0$ が求める条件となる．これは 2×2 行列 $\begin{pmatrix} \alpha & \beta \\ \gamma & \delta \end{pmatrix}$ の行列式が 0 という条件に一致することを注意しておく．

[4]　$z \neq 1$ のとき $f(z) = 1 + z + \cdots + z^n$ となる．また付加条件 $f(1) = n+1$ により $z = 1$ において $f(z)$ は連続．よって任意の複素数 z に対して $f(z) = 1 + z + \cdots + z^n$ とみなしてよい．明らかに，この関数は複素平面上いたるところ微分可能となる．

[5]　(1)　交点 z_0 は $z_0 = 1$，この点における直線 (a), (b) の交角 θ は $\theta = \pi/6$ に等しい．

(2)　2 つの直線 (a), (b) の w 平面上での像を $w_1(t), w_2(t)$ とおくと，

$$w_1(t) = \left(1 + \sqrt{3}\,t + \frac{1}{2}\,t^2\right) + i\left(1 + \frac{\sqrt{3}}{2}\,t\right)t, \quad w_2(t) = \left(1 + t - \frac{1}{2}\,t^2\right) + i\sqrt{3}\left(1 + \frac{1}{2}\,t\right)t$$

となり，これらの曲線は $w = 1$ で交差する．この点での交角は $\pi/6$ に等しいことから，この対応関係は等角写像になっている．

(3)　直線 (c), (d) の交点は $z = 0$ で，この点における 2 つの直線の交角は $\pi/6$ となる．一方，これらの直線の w 平面における像は $w = 0$ で交わるが，このときの交角は $\pi/3$ となる．よって，このときの対応関係は等角ではない．等角でなくなるのは $z = 0$ で $f'(0) = 0$ となるためである．

問題 2-4

[1]　(1)　$z = z_0 + \rho e^{i\theta}$ とおいて $u(x, y), v(x, y)$ の微分可能性を用いると

$$\lim_{\rho \to 0} \frac{f(x_0 + \rho\cos\theta,\ y_0 + \rho\sin\theta) - f(x_0, y_0)}{\rho e^{i\theta}}$$
$$= e^{-i\theta}\{(u_x + iv_x)\cos\theta + (u_y + iv_y)\sin\theta\}$$

ここで，記号 u_x, v_y などは $\partial u(x,y)/\partial x,\ \partial v(x,y)/\partial y$ の点 (x_0, y_0) における値を表わす．

(2)　上の結果を整理して

$$\frac{1}{2}\{(u_x + v_y) + i(v_x - u_y)\} + \frac{1}{2}\{(u_x - v_y) + i(v_x + u_y)\}e^{-2i\theta}$$

と書き直せば，第 2 項の $e^{-2i\theta}$ に比例する項が消えること，これが θ によらないための条件となる．これはコーシー–リーマンの関係式に他ならない．

(3)　(1), (2) と同様に計算すると，こんどは

$$\frac{1}{2}\{(u_x + v_y) + i(v_x - u_y)\}e^{2i\theta} + \frac{1}{2}\{(u_x - v_y) + i(v_x + u_y)\}$$

が得られる．問題の極限が存在することはこの第 1 項が消えることである．その場合，コーシー–リーマンの関係式のかわりに，次の方程式

$$u_x + v_y = 0, \qquad v_x - u_y = 0$$

が成り立つ. このとき, 実変数の関数 $f(x, y)$ は $\bar{z} = x - iy$ を通じてのみ x や y に依存することになる. このような関数のことを正則関数(holomorphic function)に対比させて**反正則関数**(anti-holomorphic function)と呼ぶことがある.

[2] (1) x, y を $z, \bar{z}$ で表わすと, $x = (z + \bar{z})/2$, $y = (z - \bar{z})/(2i)$. したがって, $\partial/\partial\bar{z} = (\partial/\partial x + i\partial/\partial y)/2$ である. よって

$$\frac{\partial}{\partial\bar{z}} f(z) = \frac{1}{2}\left(\frac{\partial}{\partial x} + i\frac{\partial}{\partial y}\right)(u(x, y) + iv(x, y))$$

$$= \frac{1}{2}\left\{\left(\frac{\partial u}{\partial x} - \frac{\partial v}{\partial y}\right) + i\left(\frac{\partial v}{\partial x} + \frac{\partial u}{\partial y}\right)\right\}$$

を得る. したがって, $\partial f(z)/\partial\bar{z} = 0$ はこの最後の式の実部・虚部がそれぞれ 0 となることを意味するが, これはコーシー–リーマンの関係式そのものである.

(2) $u(x, y), v(x, y)$ のラプラス方程式を考えるのであるから, これらは 2 階以上微分可能で微分の順序交換 $\partial^2 u/\partial x\partial y = \partial^2 u/\partial y\partial x$ は許されるものとしてよい. そこで(1)の式において 1 行目の両辺に $\partial/\partial z = (\partial/\partial x - i\partial/\partial y)/2$ を作用させると

$$\frac{\partial^2}{\partial z\partial\bar{z}} f(z) = \frac{1}{4}\left(\frac{\partial^2}{\partial x^2} + \frac{\partial^2}{\partial y^2}\right)(u(x, y) + iv(x, y))$$

となる. ここで, $u(x, y)$ と $v(x, y)$ がラプラスの方程式をみたすことを用いれば, 求める式が得られる.

[3] (1)

$$\frac{\partial}{\partial x} \log\sqrt{x^2 + y^2} = \frac{x}{x^2 + y^2}$$

$$\frac{\partial^2}{\partial x^2} \log\sqrt{x^2 + y^2} = \frac{1}{x^2 + y^2} - \frac{2x^2}{(x^2 + y^2)^2}$$

同様にして,

$$\frac{\partial^2}{\partial y^2} \log\sqrt{x^2 + y^2} = \frac{1}{x^2 + y^2} - \frac{2y^2}{(x^2 + y^2)^2}$$

より

$$\left(\frac{\partial^2}{\partial x^2} + \frac{\partial^2}{\partial y^2}\right) \log\sqrt{x^2 + y^2} = 0$$

となり, $u(x, y)$ がラプラスの方程式をみたすことが確かめられる.

(2) 極形式のコーシー–リーマンの関係から, u に共役な調和関数 v は

$$\frac{\partial v}{\partial r} = \frac{1}{r}\frac{\partial u}{\partial\theta} = 0, \qquad \frac{\partial v}{\partial\theta} = r\frac{\partial u}{\partial r} = 1$$

をみたす. これを積分して $v(r, \theta) = \theta$ が得られる.

[4] (1) $|f(z)| = \sqrt{u^2 + v^2} = c$ より (ただし c は定数), まず $c = 0$ ならば, $u = 0$, $v = 0$ となり, $f(z) = 0$ は定数(零). 次に $c \neq 0$ のとき

$$u \frac{\partial u}{\partial x} + v \frac{\partial v}{\partial x} = 0, \qquad u \frac{\partial u}{\partial y} + v \frac{\partial v}{\partial y} = 0$$

となるが, コーシー–リーマンの関係式により第 2 式は

$$-u \frac{\partial v}{\partial x} + v \frac{\partial u}{\partial x} = 0$$

と書き直すことができる. これらの式より,

$$\frac{\partial u}{\partial x} = 0, \qquad \frac{\partial u}{\partial y} = 0$$

が得られる. 同様にして

$$\frac{\partial v}{\partial x} = 0, \qquad \frac{\partial v}{\partial y} = 0$$

が成り立つ. よって, $f(z)$ はこの領域で定数であることが示された.

(2) $f(z) = u + iv$ とおいたとき, $\mathrm{Re}\, f(z) = 0$ より $u = 0$. このときコーシー–リーマンの関係式より $\frac{\partial v}{\partial x} = -\frac{\partial u}{\partial y} = 0$ となる. 同様にして, $\frac{\partial v}{\partial y} = 0$ となり, v は定数, したがって, $f(z)$ は定数であることが示される.

第 3 章

問題 3–1

[1] (1) $z_{\pm} = \dfrac{-1 \pm \sqrt{3}\, i}{2}$ で 1 位の極をもつ. $\displaystyle \lim_{z \to z_{\pm}} \frac{z - z_{\pm}}{z^2 + z + 1} = \mp \frac{\sqrt{3}}{3} i$.

(2) $z = 1$ と $z = 2$ で 1 位の極をもつ.

$$\lim_{z \to 1} \frac{(z-1)(2z-1)}{z^2 - 3z + 2} = -1, \qquad \lim_{z \to 2} \frac{(z-2)(2z-1)}{z^2 - 3z + 2} = 3.$$

(3) $z = 1$ は特異点ではあるが極ではない.

(4) $z = 0$ が n 位の極. $\displaystyle \lim_{z \to 0} \left\{ z^n \left(c_0 + \frac{c_1}{z} + \cdots + \frac{c_n}{z^n} \right) \right\} = c_n.$

[2] $f(z) = \dfrac{z^2}{(2z+1)(z-1)}$ と変形できるから, $f(z)$ は $z = 1$ と $z = -1/2$ で極をもち, それ以外の点では正則である. よって原点を中心とし, (1) 半径が $1/2$ より小さい円の内部, (2) 半径 r が $1/2 < r < 1$ の円環領域, (3) 半径 $1 < r$ の円の外部の各領域では $f(z)$ は正則 (したがって連続) で, その微分係数は $f'(z) = \dfrac{-z(z+2)}{(2z^2 - z - 1)^2}$ となる.

[3] $f(z)$ は $z = 0$ で 3 位の零点, $z = 1/2$ で 2 位の零点, $z = \pm i$ で 1 位の極, $z = 3$ で 3 位の極をもつから, 位数の総和は $3 + 2 - 1 - 1 - 3 = 0$ となる.

[4] (1) $z=e^{(2ki/5)\pi}$ $(k=0,1,\cdots,4)$ で 1 位の零点, $z=e^{(1+2k)\pi i/3}$ $(k=0,1,2)$ で 1 位の極, $z=\infty$ で 2 位の極をもつ.

(2) $z=2e^{(1+2k)\pi i/4}$ $(k=0,1,2,3)$ で 1 位の零点, $z=\infty$ で 4 位の極をもつ.

(3) $z=\dfrac{-1\pm\sqrt{3}\,i}{2}$ で 1 位の極, $z=\infty$ で 2 位の零点をもつ.

(4) $z=\dfrac{1}{2}e^{2k\pi i/5}$ $(k=1,2,3,4)$ で 1 位の極, $z=\infty$ で 4 位の零点をもつ.

問題 3–2

[1] (1) $z_1=x_1+iy_1$, $z_2=x_2+iy_2$ とおくと, $e^{z_1}e^{\pm z_2}=e^{x_1}e^{\pm x_2}(\cos y_1+i\sin y_1)(\cos y_2\pm i\sin y_2)=e^{x_1\pm x_2}\{\cos(y_1\pm y_2)+i\sin(y_1\pm y_2)\}=e^{z_1\pm z_2}$ となる.

(2) (1)を用いて帰納法により示すことができる.

[2] $e^z=e^x(\cos y+i\sin y)$ で $e^x\neq 0$, また $\cos y$ と $\sin y$ を同時に 0 にする y は存在しない. よって, e^z は零点をもたない.

[3] (1) $e^z=e^x(\cos y+i\sin y)=1$ より $\sin y=0$. よって $y=n\pi$. また, $e^x\cos y=(-1)^n e^x=1$ より, $x=0$, $n=2k$ $(k=0,\pm1,\pm2,\cdots)$ となる. したがって, $e^z=1$ をみたす z は $z=2k\pi i$ で与えられる.

(2) 同様にして, $e^z=-1$ をみたす z は $z=(2k+1)\pi i$ で与えられる.

[4] (1) $u(x,y)=e^{-y}\cos x$, $v(x,y)=e^{-y}\sin x$.

(2) $\dfrac{\partial u}{\partial x}=-e^{-y}\sin x$, $\dfrac{\partial u}{\partial y}=-e^{-y}\cos x$, $\dfrac{\partial v}{\partial x}=e^{-y}\cos x$, $\dfrac{\partial v}{\partial y}=-e^{-y}\sin x$ より, u と v はコーシー–リーマンの方程式をみたす.

(3) $\dfrac{d}{dz}e^{iz}=\dfrac{\partial}{\partial x}e^{iz}=e^{-y}(-\sin x+i\cos x)=ie^{iz}$.

[5] $z_1=x_1+iy_1$, $z_2=x_2+iy_2$ とおいて, $e^{iz_1}=e^{iz_2}$ が成り立つとする. このとき $|e^{iz_1}|=|e^{iz_2}|$ より, $e^{-y_1}=e^{-y_2}$. よって, $y_1=y_2$. 次に, $\cos x_1+i\sin x_1=\cos x_2+i\sin x_2$ より, $x_2=x_1+2n\pi$ $(n=0,\pm1,\pm2,\cdots)$. したがって, $e^{iz_1}=e^{iz_2}$ が成り立つとき, $z_2=z_1+2n\pi$ となる. すなわち, e^{iz} の周期は $2n\pi$ であり, それ以外の周期をもたない.

[6] z が原点を中心とする半径 R の円周上を動くとき, $z=R(\cos\theta+i\sin\theta)$ となる. このとき $|e^z|=e^{R\cos\theta}\leq e^R$, $|e^{iz}|=e^{-R\sin\theta}\leq e^R$.

問題 3–3

[1] (1) $\cos i=\dfrac{1+e^2}{2e}$. (2) $\sin i=\dfrac{1-e^2}{2ei}$. (3) $\tan i=\dfrac{1-e^2}{i(1+e^2)}$.

[2] $\sin z=0$ について, $\sin z=\sin x\cosh y+i\cos x\sinh y=0$ をみたすためには, $\cosh y\neq 0$ だから $\sin x=0$. よって, $x=n\pi$. このとき $\cos x\sinh y=(-1)^n\sinh y=0$ より, $y=0$. この結果 $\sin z$ の零点は $z=n\pi$ $(n=0,\pm1,\pm2,\cdots)$ で与えられる. 同様に

して，$\cos z$ の零点は $z=(n+1/2)\pi$ で与えられる．

[3] (1) $\cosh z$ の実部 u と虚部 v はそれぞれ $u=\cosh x \cos y$, $v=\sinh x \sin y$. $\sinh z$ の実部 u と虚部 v はそれぞれ $u=\sinh x \cos y$, $v=\cosh x \sin y$ となる．これらがコーシー–リーマンの方程式をみたすことは直接確かめることができる．

(2) $\dfrac{d}{dz}\sinh z = \dfrac{\partial u}{\partial x}+i\cdot\dfrac{\partial v}{\partial x} = \cosh x \cos y+i\sinh x \sin y = \cosh z$. 同様にして，$\dfrac{d}{dz}\cosh z = \sinh z$.

[4] 指数関数を用いて表わすとその周期性などが見やすい．結果を次表にまとめる．

関数	周期	零点	極	導関数
$\tan z$	π	$n\pi$	$(n+1/2)\pi$	$\sec^2 z$
$\cot z$	π	$(n+1/2)\pi$	$n\pi$	$-\operatorname{cosec}^2 z$
$\sec z$	2π	なし	$(n+1/2)\pi$	$\sin z \sec^2 z$
$\operatorname{cosec} z$	2π	なし	$n\pi$	$-\cos z \operatorname{cosec}^2 z$
$\tanh z$	πi	$n\pi i$	$(n+1/2)\pi i$	$\operatorname{sech}^2 z$
$\coth z$	πi	$(n+1/2)\pi i$	$n\pi i$	$-\operatorname{cosech}^2 z$
$\operatorname{sech} z$	$2\pi i$	なし	$(n+1/2)\pi i$	$-\sinh z \operatorname{sech}^2 z$
$\operatorname{cosech} z$	$2\pi i$	なし	$n\pi i$	$-\cosh z \operatorname{cosech}^2 z$

[5] (1) $\sin z$ の定義から $|\sin z|=|e^{ix-y}-e^{-ix+y}|/2$ で，この右辺に対して三角不等式 $||e^{ix-y}|-|e^{-ix+y}|| \leqq |e^{ix-y}-e^{-ix+y}| \leqq |e^{ix-y}|+|e^{-ix+y}|$ が成り立つことから題意の不等式を得る．

(2) $|\tan z|=|e^{ix-y}-e^{-ix+y}|/|e^{ix-y}+e^{-ix+y}|$ で，ここで，$|e^{ix-y}-e^{-ix+y}| \geqq |e^y-e^{-y}|$，$|e^{ix-y}+e^{-ix+y}| \leqq e^y+e^{-y}$ を考慮すると，左側の不等号が成り立ち，$|e^{ix-y}-e^{-ix+y}| \leqq e^y+e^{-y}$，$|e^{ix-y}+e^{-ix+y}| \geqq |e^y-e^{-y}|$ を用いると，右側の不等号が成り立つことが示せる．

[6] (1) $\sin(x+iy) = \sin x \cosh y+i\cos x \sinh y$, $\quad \cos(x+iy) = \cos x \cosh y - i\sin x \sinh y$ であるから，各式の絶対値 2 乗を計算して

$$|\sin z|^2 = \sin^2 x \cosh^2 y+\cos^2 x \sinh^2 y = \cosh^2 y-\cos^2 x(\cosh^2 y-\sinh^2 y)$$
$$= \cosh^2 y-\cos^2 x$$
$$|\cos z|^2 = \cos^2 x \cosh^2 y+\sin^2 x \sinh^2 y = \cosh^2 y-\sin^2 x(\cosh^2 y-\sinh^2 y)$$
$$= \cosh^2 y-\sin^2 x$$

(2) (1) の結果より $|\sin az|^2=\cosh^2 ay-\cos^2 ax$ である．これを 1 以下とおくと，$\cosh^2 ay \leqq 1+\cos^2 ax$ となる．この右辺はつねに 2 以下であるが，$y \neq 0$ ならば $|a|$ を大きくとることにより左辺を好きなだけ大きくできるので，不等式と矛盾する．一方，$y=0$ ならばこの不等式はつねに成り立つ．したがって，問題の不等式が任意の実数 a に

対して成り立つためには，$y=0$ すなわち z は実数でなくてはならない．

[7]　(1)　まず z が辺 AB 上または辺 CD 上にある場合：[5]の(2)と同じようにして，$|\cot z|\leqq|\coth y|$ を導くことができる．また $|\coth y|$ は $|y|$ の単調減少関数であるから，$|\cot z|\leqq|\coth y|=\coth(n+1/2)\pi\leqq\coth(\pi/2)$ となり，問題の不等式が成り立つ．

　　(2)　次に z が辺 AD 上または辺 BC 上にある場合：これらの辺上で $z=\pm(n+1/2)\pi+iy$ より，$|\cot z|=|\tanh y|$ となる．ここで，$|\tanh y|$ は $|y|$ の単調増加関数であるから，$|y|\leqq(n+1/2)\pi$ では $|\cot z|=|\tanh y|\leqq\tanh(n+1/2)\pi$ となるが，[5]の(2)をつかえば $\tanh(n+1/2)\pi\leqq\coth(n+1/2)\pi\leqq\coth(\pi/2)$ となり，この場合にも問題の不等式が成り立つ．

問題 3–4

[1]　(1)　$z=z_0+\Delta z$ とおくと，$g(z), h(z)$ は正則であるから

$$g(z) = g(z_0+\Delta z) = g(z_0)+g'(z_0)\Delta z+(\Delta z \text{ の 2 次以上の項})$$
$$h(z) = h(z_0+\Delta z) = h(z_0)+h'(z_0)\Delta z+(\Delta z \text{ の 2 次以上の項})$$

と表わすことができる．与えられた関数は $g(z_0)=0$，$h(z_0)=0$ をみたすこと，および $g'(z_0)\neq0$ を考慮すれば，

$$\lim_{z\to z_0}\frac{h(z)}{g(z)} = \lim_{\Delta z\to 0}\frac{h'(z_0)+(\Delta z \text{ の 1 次以上の項})}{g'(z_0)+(\Delta z \text{ の 1 次以上の項})} = \frac{h'(z_0)}{g'(z_0)}$$

となり，(3.17)が成り立つことが示された．

　　(2)　(1)は $g(z_0)=0$，$h(z_0)=0$ が成り立つときに得られる関係であるが，$g(z_0), h(z_0)$ が 0 であるか否かに関わりなく，$g'(z_0)\neq0$ ならば次の式が成り立つことが以下のようにして示される．(1)と同様にして，$g(z), h(z)$ の正則性から

$$\lim_{z\to z_0}\frac{h(z)-h(z_0)}{g(z)-g(z_0)} = \lim_{\Delta z\to 0}\frac{h'(z_0)+(\Delta z \text{ の 1 次以上の項})}{g'(z_0)+(\Delta z \text{ の 1 次以上の項})} = \frac{h'(z_0)}{g'(z_0)}$$

が得られる．

[2]　条件より $\lim_{z\to z_0}\gamma(z)\to0$，$\lim_{z\to z_0}\eta(z)\to0$ となるから，$\lim_{z\to z_0}\phi(z)$ は 0/0 の不定形となる．よって，$\eta'(z_0)\neq0$ のとき，

$$\lim_{z\to z_0}\frac{h(z)}{g(z)} = \lim_{z\to z_0}\phi(z) = \lim_{z\to z_0}\frac{\gamma(z)}{\eta(z)} = \frac{\gamma'(z_0)}{\eta'(z_0)}$$

となる．

[3]　(1)　3.　　(2)　0.　　(3)　1.　　(4)　0.

[4]　ド・ロピタルの公式から

$$\lim_{z\to n\pi}\frac{(z-n\pi)^q}{\sin z} = \lim_{z\to n\pi}\frac{q(z-n\pi)^{q-1}}{\cos z}$$

となるが，この極限は $q=1$ のとき零でない値（$=(-1)^n q$）をとり，$q>1$ では零となる．よって $z=n\pi$ は $1/\sin z$ の 1 位の極であることがわかる．

第 4 章

問題 4–1

[1]　(1)　$dz = adt$,　$|dz| = |a||dt|$.　　(2)　$dz = (a+ib)dt$,　$|dz| = \sqrt{a^2+b^2}\,|dt|$.

(3)　$dz = ir_0 e^{it}dt$,　$|dz| = r_0|dt|$.　　(4)　$dz = e^{it_0}dr$,　$|dz| = |dr|$.　図は省略.

[2]　$u(x, y) = x^2 - y^2$,　$v(x, y) = 2xy$　より,

(1)　$\displaystyle\int_C (u\,dx - v\,dy) = \int_0^1 (x^2 - 5x^4)dx = -\frac{2}{3}$

$\displaystyle\int_C (v\,dx + u\,dy) = \int_0^1 (4x^3 - 2x^5)dx = \frac{2}{3}$

(2)　$\displaystyle\int_C f(z)dz = \int_0^1 (t + it^2)^2(1 + 2it)dt = -\frac{2}{3} + i\frac{2}{3}$,　　よって (4.3) が成り立つこと

が確かめられた.

[3]　$\displaystyle\int_{C_1} \bar{z}^2 dz = \int_0^1 (-it)^2 i\,dt + \int_1^2 \{(t-1)-i\}^2 dt = -\frac{2}{3} - \frac{4}{3}i$

$\displaystyle\int_{C_2} \bar{z}^2 dz = \int_0^1 t^2 dt + i\int_1^2 \{1 - i(t-1)\}^2 dt = \frac{4}{3} + \frac{2}{3}i$

$\displaystyle\int_{C_1} \bar{z}^2 dz - \int_{C_2} \bar{z}^2 dz = \int_{C_1 - C_2} \bar{z}^2 dz = -2(1+i)$

$C_1 - C_2$ は閉曲線をなすから, 上の結果は $\bar{z}^2$ の $C_1 - C_2$ にそった周回積分が 0 にならない

ことを意味する. これは例題では正則関数 z^2 の積分を考えていたのに対して, この問

題の関数 $\bar{z}^2$ は正則関数ではないことによる.

[4]　定義から

$$\left|\int_C f(z)\,dz\right| = \left|\lim_{N\to\infty} \sum_{k=1}^N f(z_k)\varDelta z_k\right| \leq \lim_{N\to\infty} \sum_{k=1}^N |f(z_k)||\varDelta z_k| = \int_C |f(z)||dz|$$

が成り立つ. ここで C 上で $|f(z)| \leq M$ が成り立つこと, および $\displaystyle\int_C |dz| = L$ より, 与え

られた不等式 $\left|\displaystyle\int_C f(z)dz\right| \leq \displaystyle\int_C |f(z)||dz| \leq ML$ が成り立つことが示される.

[5]　　$\displaystyle\int_C dz = \int_0^1 (\alpha_2 - \alpha_1)dt + \int_1^2 (\alpha_3 - \alpha_2)dt = (\alpha_2 - \alpha_1) + (\alpha_3 - \alpha_2)$

$\displaystyle\int_C |dz| = \int_0^1 |\alpha_2 - \alpha_1|dt + \int_1^2 |\alpha_3 - \alpha_2|dt = |\alpha_2 - \alpha_1| + |\alpha_3 - \alpha_2|$

したがって, 問題の不等式 $\left|\displaystyle\int_C dz\right| < \displaystyle\int_C |dz|$ は

$$|(\alpha_2 - \alpha_1) + (\alpha_3 - \alpha_2)| \leq |\alpha_2 - \alpha_1| + |\alpha_3 - \alpha_2|$$

となるが, 三角不等式からこの不等式が成り立つこと, したがって問題の不等式が成り

立つことがわかる. ところで上の不等式は $|\alpha_3 - \alpha_1| \leq |\alpha_2 - \alpha_1| + |\alpha_3 - \alpha_2|$ と変形できる

が，これは3点$\alpha_1, \alpha_2, \alpha_3$を頂点とする三角形について，2辺の長さの和は他の1辺の長さよりも大きいという幾何学的な関係を表わしている.

問題 4-2

[1] $\displaystyle\oint_C e^z dz = \int_0^1 e^t dt + i\pi e \int_1^2 e^{i\pi(t-1)} dt - e^{i\pi} \int_2^3 e^{-(t-3)} dt - i\pi \int_3^4 e^{-i\pi(t-4)} dt = (e-1)$
$-2e+(e-1)+2 = 0$

[2] $\alpha = a+ib$, $z = x+iy$ とおくと，$f(z) = (x^2-y^2+ax+by) + i(2xy+bx-ay)$ より，
$u = x^2-y^2+ax+by$, $v = 2xy+bx-ay$ となる. 与えられた式の左辺は

$$\oint_C f(z)dz = \int_0^1 (x^2+ax+ibx)dx + i\int_0^1 \{(1-y^2+a+by)+i(2y+b-ay)\}dy$$
$$+\int_1^0 \{(x^2-1+ax+b)+i(2x+bx-a)\}dx$$
$$+i\int_1^0 \{(-y^2+by)-iay\}dy$$
$$=\left(\frac{1}{3}+\frac{\alpha}{2}\right)+\left(-1+\frac{2}{3}i+i\alpha+\frac{\alpha}{2}\right)+\left(\frac{2}{3}-\frac{\alpha}{2}+i\alpha-i\right)+\left(\frac{i}{3}-\frac{\alpha}{2}\right)$$
$$=2i\alpha$$

となる. 次に右辺について考える.

$$\frac{\partial u}{\partial x}-\frac{\partial v}{\partial y} = 2a, \qquad \frac{\partial v}{\partial x}+\frac{\partial u}{\partial y} = 2b$$

より

$$i\int_D \left\{\left(\frac{\partial u}{\partial x}-\frac{\partial v}{\partial y}\right)+i\left(\frac{\partial v}{\partial x}+\frac{\partial u}{\partial y}\right)\right\}dxdy = 2i\alpha$$

となり，与えられた式が成り立つことが確かめられた. これから分かるように，この式は$\alpha \neq 0$の場合にも成り立つことに注意したい. ここで特に$\alpha = 0$の場合を考えると，上の結果は$f(z)$の周回積分が0となることを示している. $\alpha = 0$の場合に$f(z)$は正則関数であるから，これはコーシーの積分定理が成り立つことを示す1つの例を与える.

[3] 次の図(a)のような閉曲線C, C_1, C_2について考える. 図(b)に示すような曲線を

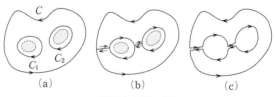

問題 4-2[3]の図

用いてこれらの閉曲線の間を結ぶ橋をかける．そして，かけた橋にそって上下で逆向きの積分(その合計の値は 0)を付け加える．これを図(c)のようにみなすこともできる．図(c)において，新たにできた閉曲線の周とその内部で関数は正則であるから，コーシーの積分定理によりこれらの閉曲線にそった積分は 0 となる．これが示したいことであった．同様にして，任意の n について，(4.12)が成り立つことも示せる．

[**4**] (1) C 上では $z=Re^{i\theta}$ $(-\pi<\theta\leqq\pi)$ とおけるから，

$$\oint_C f(z)\,dz = i\int_{-\pi}^{\pi}\frac{R\cos\theta-1-iR\sin\theta}{R^2-2R\cos\theta+1}\,d\theta = 2i\int_0^{\pi}\frac{R\cos\theta-1}{R^2-2R\cos\theta+1}\,d\theta = 0$$

(2) (1)と同様にして，

$$\oint_{C_0} f(z)\,dz = 2i\int_0^{\pi}\frac{r\cos\theta-1}{r^2-2r\cos\theta+1}\,d\theta = 2i\frac{r^2-1}{1-r^2}\pi = -2\pi i$$

(3) $z=1+r'e^{i\theta}$ とおけば，

$$\oint_{C_1} f(z)\,dz = 2i\int_0^{\pi}\frac{1+r'\cos\theta}{1+2r'\cos\theta+r'^2}\,d\theta = 2\pi i$$

この結果

$$\oint_C f(z)\,dz + \oint_{-C_0} f(z)\,dz + \oint_{-C_1} f(z)\,dz = 0$$

が成り立つ．これは多重連結領域に対するコーシーの積分定理の例となる．

問題 4–3

[**1**] (1) $\displaystyle\int_0^1 (2\alpha t+\beta)\,dt = \alpha+\beta$

(2) $z(t)=t+ia\sin(\pi t)$, $dz=\{1+ia\pi\cos(\pi t)\}dt$ であるから，

$$\begin{aligned} I(a) &= \int_0^1 \{2\alpha(t+ia\sin(\pi t))+\beta\}(1+ia\pi\cos(\pi t))\,dt \\ &= \int_0^1\left[2\alpha t+\beta+ia\frac{d}{dt}\{(2\alpha t+\beta)\sin(\pi t)\}+\frac{\alpha a^2}{2}\frac{d}{dt}\cos(2\pi t)\right]dt \\ &= \alpha+\beta \end{aligned}$$

となり，その積分値は a の値にかかわりなく，つねに(1)の結果と一致する．すなわち，積分路の違いによらず 2 つの積分は同じ結果を与える．

[**2**] (1) $z(t)=\begin{cases} -1-i+2\{s+i(1-s)\}t & (0\leqq t\leqq1) \\ -1+2s+i(1-2s)+2i\{s-i(1-s)\}(t-1) & (1\leqq t\leqq2) \end{cases}$

(2) $\alpha_s=s+i(1-s)$ とおくと(n は正の整数だから $n+1\neq0$)，

$$\int_{\Gamma_s} z^n dz = 2\alpha_s \int_0^1 \{-(1+i)+2\alpha_s t\}^n dt$$
$$+ 2i\bar{\alpha}_s \int_1^2 \{-1+2s+i(1-2s)+2i\bar{\alpha}_s(t-1)\}^n dt$$
$$= \frac{1}{n+1} \big[\{-(1+i)+2\alpha_s\}^{n+1} - \{-(1+i)\}^{n+1}$$
$$+ \{-1+2s+i(1-2s)+2i\bar{\alpha}_s\}^{n+1} - \{-1+2s+i(1-2s)\}^{n+1} \big]$$

(3) α_s を代入すると,

$$\int_{\Gamma_s} z^n dz = \frac{1}{n+1}\{(1+i)^{n+1}-(-1-i)^{n+1}\}$$

となり，これは s によらない．よって，$\displaystyle\int_{\Gamma_s} z^n dz - \int_{\Gamma_{s'}} z^n dz = 0$.

[3] (1) $z=x+iy$ の増分 dz は，OS, UQ 上で dx，SU 上で idy であるから

$$I_1(s) = \int_0^s f(x,0)dx + i\int_0^1 f(s,y)dy + \int_s^1 f(x,1)dx$$

となる．これを s で微分すると

$$\frac{dI_1(s)}{ds} = f(s,0) + i\int_0^1 f_x(s,y)dy - f(s,1)$$

となる．ここで，$f_x(s,y)$ は点 (s,y) における f の微分係数 $\partial f/\partial x$ を表わす．さて，考えている領域で $f(z)$ は正則であるからコーシー–リーマンの関係式をみたす．よって，

$$f_x = \frac{\partial u}{\partial x} + i\frac{\partial v}{\partial x} = \frac{\partial v}{\partial y} - i\frac{\partial u}{\partial y} = -i\frac{\partial f}{\partial y}$$

と書き直せる．これを用いて y の積分を行なうと右辺第2項は $f(s,1)-f(s,0)$ となるから $dI_1(s)/ds=0$ となる．すなわち $I_1(s)$ は s によらない．

(2) (1)と同様にして

$$I_2(t) = i\int_0^t f(0,y)dy + \int_0^1 f(x,t)dx + i\int_t^1 f(1,y)dy$$

となり，これを t で微分してみると

$$\frac{dI_2(t)}{dt} = if(0,t) + \int_0^1 f_y(x,t)dx - if(1,t)$$

が得られる．こんどもコーシー–リーマンの関係式によりこれは 0 となる．

(3) $s=1$, $t=0$ とおけば C_s と $\tilde{C}_t$ は一致する．したがって，そのときの2つの積分の値は等しい．ところが(1), (2)の結果から，これらの値は s や t に無関係．よってこの2つの積分は任意の s, t に対して等しい．

第 5 章

問題 5–1

[1] 被積分関数を $f(z)/z$ の形に表わし，これにコーシーあるいはグルサーの公式を適用する．結果は，(1), (2), (3) が 0，(4) は $2\pi i$.

[2] 多重連結領域におけるコーシーの積分公式を使う．

(1) 0. (2) 0. (3) $-4i$. (4) πi.

[3] $\dfrac{1}{2\pi i}\displaystyle\oint_C \dfrac{f(z)}{z}dz = \gamma = 1,\quad \dfrac{1}{2\pi i}\displaystyle\oint_C \dfrac{f(z)}{z-1}dz = \alpha+\beta+\gamma = 1$

$\dfrac{1}{2\pi i}\displaystyle\oint_C \dfrac{f(z)}{z+1}dz = \alpha-\beta+\gamma = 3$

より $\alpha=1,\ \beta=-1,\ \gamma=1$. よって $f(z)=z^2-z+1$.

[4] (1) C, C_+ 内の $f(z)$ の特異点は $z=ib$ のみ．よってこれらの積分路を特異点を横切ることなく一方から他方へと変形できる．このことから最初の等号の成り立つことがわかる．さらに $g(z)=e^{iaz}/(z+ib)$ とおくと，$g(z)$ は C で囲まれた領域内で正則，また，$f(z)=g(z)/(z-ib)$ と表わされるから，コーシーの公式を用いると求める積分は $g(ib)=e^{-ab}/2ib$ となり，第 2 の等号の成り立つことが示される．

(2) (1) と同様の考察を特異点 $z=-ib$ について行なえばよい．

問題 5–2

[1] (1) 分母の零点は $z^2+2z+2=0$ から $z=-1\pm i$ で，これらは 1 位の極となる．よってそこでの留数は

$$\lim_{z\to -1+i}(z+1-i)\frac{z-1}{z^2+2z+2} = \lim_{z\to -1+i}\frac{z-1}{z+1+i} = \frac{1+2i}{2}$$

$$\lim_{z\to -1-i}(z+1+i)\frac{z-1}{z^2+2z+2} = \lim_{z\to -1-i}\frac{z-1}{z+1-i} = \frac{1-2i}{2}$$

と計算される．

(2) $z=0$ は分母の零点であるが極ではない．極は $z=-1/2, 3/4$ で，留数はそれぞれ $-1/5, \sqrt{2}/15$ となる．

(3) 極は $z=n\pi i\ (n\neq 0)$. 留数は $(-1)^n n\pi i$.

(4) 極は $z=\pm 2, \pm 2i$. 留数は $\pm 1/32, \pm i\cosh(2\pi)/32$（複号同順）.

(5) 極は 1 以外の 1 の 3 乗根 $z=(-1\pm i\sqrt{3})/2$. 留数は $\mp i\sqrt{3}/3$.

(6) 極は $z=\pm 3i$. 留数は $\pm i/6$.

[2] $z=1/w$ とおいて調べる.

(1) 0.　(2) $-\alpha_1$.　(3) -1.　(4) 0.

[3] (1) 積分路内の極は $z=1/2, i/3$ で，各点での留数は $\pm(3+2i)/13$ となり，その合計は 0. よって積分は 0.

(2) 極は $z=1/2, 2/3$. 各点での留数は $-1, \sqrt{3}/2$. これらの合計に $2\pi i$ を乗じて積分の値が $\pi i(\sqrt{3}-2)$ と求められる.

[注意] 上の 2 つの積分ではどちらもその積分路内に被積分関数の分母のすべての零点を含む. それにもかかわらず，(1) の積分は 0 となり，(2) の積分が 0 以外の値をとるのは，各積分で積分路内にある留数の和が (1) では 0，(2) では 0 とは異なるからであった. ここで別の観点からこの差が生じる理由を考えてみよう. 見方を変えれば，これらの積分は，半径 1 の円の外側の領域を負の向きに 1 周する周回積分とみなすことができる. このように考えたとき，(1) では z 平面の残りの部分に特異点が全く存在しないのに対し，(2) の被積分関数の場合に分子の $\sin \pi z$ は $z=\infty$ を真性特異点としてもつ. すなわち，(1), (2) の積分では一見したところ被積分関数のすべての特異点が積分路内に含まれているように思われるが，じつは (2) の積分では $z=\infty$ に被積分関数の真性特異点が存在するのである. これが (1) の積分と (2) の積分の構造的な違いである. ちなみに，$z=\infty$ における (2) の被積分関数の留数をもとめると（ここでは計算の詳細を示さないが），$-\pi i(\sqrt{3}-2)$ となることがわかる.

(3) $|z-i| \leq 1$ に含まれる極は $z=i$ のみ. そこでの留数を計算すると $i/4$. よって，求める積分は $-\pi/2$.

(4) $z=\pm 1, \pm i$ のすべてが積分路内に含まれる. 各点での留数はそれぞれ $\pm 1/4$, $\pm i/4$ であるから，その合計は 0.

(5) 被積分関数の特異点は -32 の 5 つの 5 乗根であり，これらは 1 位の極である. しかし，積分路はその内部にこれらのいずれも含まない. よって求める積分は 0.

(6) こんどは $z=-2$ における 1 位の極が含まれるので，そこでの留数を計算して $2\pi i$ をかければ $\pi/40$.

[4] (1) n を自然数として 4 点 $(n+1/2)(1+i)$, $(n+1/2)(-1+i)$, $-(n+1/2)(1+i)$, $(n+1/2)(1-i)$ を頂点とする正方形の周 C_n にそって正の向きに $f(z)=\pi \cot \pi z/(z^2+a^2)$ を積分することを考える. 問題 3-3, [7] の結果により，積分路 C_n 上では $|\cot \pi z| \leq \coth(\pi/2)$ が成り立つことから

$$\left| \oint_{C_n} f(z)dz \right| \leq \pi \coth \frac{\pi}{2} \oint_{C_n} \frac{|dz|}{|z^2+a^2|} \to 0 \qquad (n\to\infty)$$

となり，考えている積分の $n\to\infty$ の極限は 0 である. ところで C_∞ は，その内部に $z=$

$\pm ia$, 0, ± 1, ± 2, $\cdots$ を極として含む. よって留数定理から

$$\frac{\pi}{2ia}\{\cot i\pi a - \cot(-i\pi a)\} + \sum_{n=-\infty}^{\infty} \frac{1}{n^2+a^2} = 0$$

が成り立つ. これを整理して

$$\sum_{n=-\infty}^{\infty} \frac{1}{n^2+a^2} = \frac{\pi}{a}\coth \pi a$$

(2) $f(z) = \cot z - 1/z$ とおく. $z=0$ はこの関数の極ではない(除去可能な特異点である)ことを注意しておく. (1)と同じように, n を自然数として, 4 点 $(n+1/2)(1+i)\pi$, $(n+1/2)(-1+i)\pi$, $-(n+1/2)(1+i)\pi$, $(n+1/2)(1-i)\pi$ を頂点とする正方形の周 C_n をとり, これにそって関数 $f(z)/(z-\zeta)$ の積分を考えよう. 例題 5.5 と同様にして

$$\frac{1}{2\pi i} \oint_{C_n} \frac{f(z)}{z-\zeta}dz = f(\zeta) + \sum_{k=-n}^{+n}{}' \frac{1}{k\pi - \zeta}$$

この式で $\zeta \to 0$ の極限をとったものとの差を考えれば (z と ζ を入れ換えて)左辺の差は

$$\frac{1}{2\pi i} \oint_{C_n} \left(\frac{f(\zeta)}{\zeta - z} - \frac{f(\zeta)}{\zeta}\right)d\zeta = \frac{z}{2\pi i} \oint_{C_n} \frac{f(\zeta)}{\zeta(\zeta - z)}d\zeta$$

となるが, これは C_n 上での $\cot z$ の有界性から $n \to \infty$ で 0 となる. 一方, 右辺はこの極限で

$$f(z) + \sum_{n=-\infty}^{\infty}{}' \left(\frac{1}{n\pi - z} - \frac{1}{n\pi}\right)$$

となる. この結果をまとめると, 与えられた展開式の成り立つことがわかる.

[5]　(1)　　　$f'(z) = (z-\alpha)^{m-1}(z-\beta)^{n-1}\{m(z-\beta)+n(z-\alpha)\}$

より,

$$\frac{f'(z)}{f(z)} = \frac{m(z-\beta)+n(z-\alpha)}{(z-\alpha)(z-\beta)} = \frac{m}{z-\alpha} + \frac{n}{z-\beta}$$

(2)　(1)の結果から

$$\frac{1}{2\pi i} \oint_C \frac{f'(z)}{f(z)}dz = \frac{1}{2\pi i} \oint_C \left(\frac{m}{z-\alpha} + \frac{n}{z-\beta}\right)dz = m+n$$

(3)　　　$f'(z) = m(z-\alpha)^{m-1}(z-\beta)^{-n} - n(z-\alpha)^m(z-\beta)^{-n-1}$
$$= (z-\alpha)^{m-1}(z-\beta)^{-n-1}\{m(z-\beta)-n(z-\alpha)\}$$

より,

$$\frac{f'(z)}{f(z)} = \frac{m}{z-\alpha} - \frac{n}{z-\beta}$$

となる. この結果, (2)と同様にして求める式が得られる.

問題 5-3

[1]　(1)　まず $a>0$ の場合を考えよう．これはタイプ 3 の積分であるから，$f(z)=1/(z-ib)$ とおくと

$$\frac{1}{2\pi i}\int_{-\infty}^{\infty}\frac{e^{iax}}{x-ib}dx = \mathrm{Res}\,f(ib)e^{-ab} = e^{-ab}$$

となる．次に $a<0$ の場合は z 平面の下半面に $f(z)$ の特異点は存在しないから，与えられた積分は 0 となる．最後に $a=0$ の場合を考えると，与えられた積分の実部は

$$\frac{1}{2\pi}\lim_{R\to\infty}\int_{-R}^{R}\frac{b}{x^2+b^2}dx = \frac{1}{2\pi}\int_{-\infty}^{\infty}\frac{b}{x^2+b^2}dx = \frac{1}{2}$$

となる．また，虚部は定義によって

$$\mathrm{Im}\,I(0,b) = -\frac{1}{2\pi}\lim_{R\to\infty}\int_{-R}^{R}\frac{x}{x^2+b^2}dx$$

となるが，被積分関数は奇関数であるからその積分値は 0 となる．以上により求める結果が得られた．

[補足]　上の $a=0$ の場合のような積分の定義（上限と下限をそろえて極限をとる）を「**主値をとる**」といい，このように定義される積分を**主値積分**と呼ぶ．本来，無限区間にわたる積分を定義するには，ひとまず積分区間を有限に留めておいて通常の方法で積分を定義したあとで，積分の上限と下限についてそれぞれ $\pm\infty$ の極限をとる．このような意味で無限区間にわたる積分は**広義積分**と呼ばれる．積分の上限と下限の極限の取り方がそれぞれ独立に行なえるならば，広義積分は有限の確定した値をもつという．実部の積分はその例を与える．一方，上の虚部の積分の場合のように，上限と下限を勝手に無限大にもっていったのでは収束しないが，主値をとれば収束するとき，この主値積分は意味をもつという．与えられた広義積分が有限ならば，それに対する主値積分はもちろん元の積分の値に一致する．

(2)　(1) の結果から

$$\theta(a) = \begin{cases} 1 & (a>0) \\ 1/2 & (a=0) \\ 0 & (a<0) \end{cases}$$

となる．これを図示すれば右のような階段型になる．$\theta(a)$ のことを**階段関数** (step function) と呼ぶ．

(3)　$\theta(a)$ は $a=0$ で不連続であるからこの点では微分は存在しない（正の無限大に発散する）．

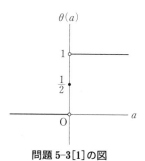

問題 5-3[1] の図

しかし，$a \neq 0$ ならば，この関数は定数であるからその導関数は 0 である．したがって，$\theta(a)$ の導関数として定義される関数は，$a=0$ 以外ではいたるところ 0 で，$a=0$ では $+\infty$ となる．この関数を $\delta(a)$ と表わし，ディラック (Dirac) のデルタ関数と呼ぶ．

[**2**]　$z = e^{i\theta}$ とおいて複素積分にする．

(1)　$\cos^n\theta = (z + z^{-1})^n/2^n$, $\sin^n\theta = (z - z^{-1})^n/(2i)^n$ に 2 項定理を適用すると

$$I_1 = \frac{1}{2^n} \sum_{r=0}^{n} \binom{n}{r} \oint_{|z|=1} z^{n-2r} \frac{dz}{iz}, \quad I_2 = \frac{1}{(2i)^n} \sum_{r=0}^{n} \binom{n}{r} (-1)^r \oint_{|z|=1} z^{n-2r} \frac{dz}{iz}$$

となる．n が奇数ならばこれらはどちらも 0 である．n が偶数ならば r についての和の中で $r=n/2$ の項からの寄与が残り，I_1 と I_2 のどちらの積分も同じ値

$$I_1 = I_2 = \frac{\pi}{2^{n-1}} \binom{n}{n/2}$$

を与える．

(2)　複素積分に直すと

$$I = \oint_{|z|=1} \frac{-4iz\, dz}{(a^2-b^2)z^4 + 2(a^2+b^2)z^2 - (a^2-b^2)}$$

となる．$r = \sqrt{(b-a)/(b+a)}$ とおくと，上式はさらに

$$I = \frac{4i}{b^2-a^2} \oint_{|z|=1} \frac{z\, dz}{(z-r)(z+r)(z-r^{-1})(z+r^{-1})}$$

と変形できる．仮定から $r<1$ であるから $z = \pm r$ での留数を評価して $I = 2\pi/(ab)$ を得る．

(3)　与えられた積分は

$$I = \frac{i}{ab} \oint_{|z|=1} \frac{dz}{(z-a/b)(z-b/a)}$$

と表わされる．$z = a/b$ における留数を評価して $I = 2\pi/(b^2-a^2)$ が求まる．

(4)　$$\int_{-\pi}^{\pi} \frac{b\cos\theta + c}{1 - 2a\cos\theta + a^2}\, d\theta = \int_0^{\pi} \frac{b\cos\theta + c}{1 - 2a\cos\theta + a^2}\, d\theta + \int_{-\pi}^{0} \frac{b\cos\theta + c}{1 - 2a\cos\theta + a^2}\, d\theta$$

$$= 2\int_0^{\pi} \frac{b\cos\theta + c}{1 - 2a\cos\theta + a^2}\, d\theta$$

より，与えられた積分は次の複素積分

$$I = \frac{1}{2} \int_{-\pi}^{\pi} \frac{b\cos\theta + c}{1 - 2a\cos\theta + a^2}\, d\theta = \frac{i}{4} \oint_C \frac{bz^2 + 2cz + b}{z(az-1)(z-a)}\, dz$$

で表わされる．ここで C は原点を中心とする半径 1 の円周を表わす．$|a|>1$ の場合と $|a|<1$ の場合に分けて，それぞれ留数を求めることによって

$$I = \begin{cases} \dfrac{b+ca}{a(a^2-1)}\pi & (|a|>1 \text{ のとき}) \\[3mm] \dfrac{ab+c}{1-a^2}\pi & (|a|<1 \text{ のとき}) \end{cases}$$

[3] タイプ2の問題である．上半面または下半面の積分路を付け加えて留数定理を適用する．

(1) I_1: 上半面の極は $z=ia$，留数は $1/(2ia)$，$2\pi i$ を乗じて π/a が積分の値である．I_2: 上半面の極は $z=ae^{i\pi/4}$, $ae^{3\pi i/4}$，留数は $e^{-3\pi i/4}/(4a^3)$, $e^{-\pi i/4}/(4a^3)$，その和を $2\pi i$ 倍して $\sqrt{2}\,\pi/(2a^3)$ が積分の値．

(2) 極の位置は(1)の I_2 と同じ．留数は $e^{-\pi i/4}/(4a)$, $e^{-3\pi i/4}/(4a)$ である．積分の値は $\sqrt{2}\,\pi/(2a)$ となる．

(3) 上半面にある極は $z=e^{2\pi i/3}$ のみ．留数は $-i\sqrt{3}/3$ で，積分の値は $2\sqrt{3}\,\pi/3$ となる．

[4] (1) I_1 が求まれば I_2 はそれを b で微分して求められる．$\sin bx$ が奇関数であることから $\displaystyle\int_{-\infty}^{\infty}\frac{\sin bx}{x^4+a^4}\,dx=0$ に注目すると，I_1 は

$$I_1 = \int_{-\infty}^{\infty}\frac{e^{ibx}}{x^4+a^4}\,dx$$

と表わすことができる．これはタイプ3の積分である．$a>0$ であるから，上半面の極における留数を評価することによって求める積分が得られる．上半面の極は $z=ae^{\pi i/4}$ と $z=ae^{3\pi i/4}$ である．各点での留数は，この順に

$$-\frac{1}{4a^3}\frac{1+i}{\sqrt{2}}e^{i(1+i)ab/\sqrt{2}}, \qquad \frac{1}{4a^3}\frac{1-i}{\sqrt{2}}e^{-i(1-i)ab/\sqrt{2}}$$

となる．よって求める積分はこれらの合計に $2\pi i$ を乗じて

$$\frac{\pi i}{2a^3}\left\{-\frac{1+i}{\sqrt{2}}e^{i(1+i)ab/\sqrt{2}}+\frac{1-i}{\sqrt{2}}e^{-i(1-i)ab/\sqrt{2}}\right\}$$

となる．共通因子を括り出し，$(\cos x+\sin x)/\sqrt{2}=\cos(x-\pi/4)$ を用いて整理すると

$$I_1 = \frac{\pi}{a^3}e^{-ab/\sqrt{2}}\cos\left(\frac{ab}{\sqrt{2}}-\frac{\pi}{4}\right)$$

となる．また，$I_2=-\partial I_1/\partial b$ であるから

$$I_2 = \frac{\pi}{a^2}e^{-ab/\sqrt{2}}\sin\frac{ab}{\sqrt{2}}$$

(2) 右図のような半径 $R\,(\to\infty)$，$\varepsilon\,(\to 0)$ の2つの半円 C_R, C_ε と，実軸上の $\varepsilon\le|x|\le$

R の2つの線分 $C_{\pm}$ とからなる積分路にそって
関数 $f(z)=e^{iaz}/z$ の積分

$$\int_{C_+} + \int_{C_-} + \int_{C_R} + \int_{C_\varepsilon}$$

を考える．ジョルダンの補助定理によれば，
C_R 上の積分は $R\to\infty$ で 0 となる．次に C_ε 上
では $z=\varepsilon e^{i\theta}$ とおけるから $e^{iaz}=e^{ia\varepsilon(\cos\theta+i\sin\theta)}$ と
なるが，$\varepsilon>0$ を十分小さくとることにより
$\displaystyle\lim_{\varepsilon\to 0} e^{iaz}\to 1$ となるので，C_ε 上の積分は

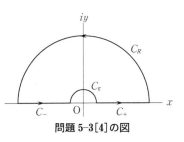

問題 5-3[4] の図

$$\lim_{\varepsilon\to 0}\int_{C_\varepsilon} f(z)dz = \int_\pi^0 \frac{1}{\varepsilon e^{i\theta}}i\varepsilon e^{i\theta}d\theta = -i\pi$$

となる．また実軸上の2つの積分は

$$\int_{C_+} + \int_{C_-} = \int_\varepsilon^R \frac{e^{iax}}{x}dx + \int_{-R}^{-\varepsilon} \frac{e^{iax}}{x}dx = 2i\int_\varepsilon^R \frac{\sin ax}{x}dx$$

となる．積分路の内部には特異点がないからこれらの積分の合計は 0 である．よって

$$\int_0^\infty \frac{\sin ax}{x}dx = \frac{\pi}{2} \quad \text{あるいは} \quad \int_{-\infty}^\infty \frac{\sin ax}{x}dx = \pi$$

が導かれる．

　ここで次の点に注意したい．上の導出過程からわかるように，与えられた積分をいったん

$$\int_{-\infty}^\infty \frac{\sin x}{x}dx = \int_{-\infty}^{-\varepsilon} \frac{\sin x}{x}dx + \int_\varepsilon^\infty \frac{\sin x}{x}dx$$

と分割し，右辺の第1項と第2項で同時に $\varepsilon\to 0$ の極限をとることによって，与えられた積分が求められた．このようにして定義された積分も前述したように「主値をとる」ことによって定義された「広義積分」の例の1つである（問題 5-3 の[1]の補足参照）．

　(3)　$\sin^2 ax = (1-\cos 2ax)/2$ と書き直し(2)と同様の方法を用いる．$f(z)=(1-e^{2iaz})/2z^2$ について前問(2)の図の積分路にそった積分を考えると，C_R 上の積分はこんども $R\to\infty$ で 0 となり，C_ε 上の積分は十分小さな ε に対して

$$\lim_{\varepsilon\to 0}\int_{C_\varepsilon} f(z)dz = \lim_{\varepsilon\to 0}\int_\pi^0 \frac{1-e^{2ia\varepsilon(\cos\theta+i\sin\theta)}}{2\varepsilon^2 e^{2i\theta}}i\varepsilon e^{i\theta}d\theta$$

$$= \lim_{\varepsilon\to 0}\int_\pi^0 \frac{1-e^{2ia\varepsilon(\cos\theta+i\sin\theta)}}{2\varepsilon}ie^{-i\theta}d\theta = -a\pi$$

と評価される．最後の等式はド・ロピタルの公式を用いて得られる．実軸上の積分については

$$\int_{C_+} + \int_{C_-} = \int_\varepsilon^R \frac{1-e^{2iax}}{2x^2}dx + \int_{-R}^{-\varepsilon} \frac{1-e^{2iax}}{2x^2}dx = \int_\varepsilon^R \frac{1-\cos 2ax}{x^2}dx$$

となる．したがって $R \to \infty$，$\varepsilon \to 0$ の極限で

$$\int_0^\infty \left(\frac{\sin ax}{x}\right)^2 dx = \frac{a\pi}{2} \quad \text{あるいは} \quad \int_{-\infty}^\infty \left(\frac{\sin ax}{x}\right)^2 dx = a\pi$$

が成り立つ．

第 6 章

問題 6–1

[**1**] コーシー–アダマールあるいはダランベールの評価法によって計算すればよい．
(4)は収束半径 ∞，他は 1．

[**2**] (1) $a_n = 1/n!$ より $a_{n+1}/a_n \to 0$ $(n \to \infty)$ であるから収束半径は無限大．

(2) $z = re^{i\theta}$ とおくと，

$$\frac{1}{2\pi i}\sum_{m=0}^\infty \oint_C \frac{z^{m-n-1}}{m!}dz = \frac{1}{2\pi m!}r^{(m-n)}\int_0^{2\pi}e^{i(m-n)\theta}d\theta = \frac{1}{n!}$$

が成り立つ．$f^{(n)}(0)$ を求めるには，$z_0 = 0$ とおいたグルサーの公式

$$\frac{n!}{2\pi i}\oint \frac{f(z)}{z^{n+1}}dz = f^{(n)}(0)$$

を級数によって定義された $f(z)$ に適用し項別に積分する．この際上で求めた関係式を用いると，$f^{(n)}(0) = 1$ が示される．

(3) $g(z) = e^z$ とおくと，$g^{(n)}(z) = g(z)$ であるから $g^{(n)}(0) = 1$ となる．この結果，級数で定義された $f(z)$ と指数関数 e^z の $z = 0$ における m 階微分は，すべての m に対して等しいことがわかる．

[**3**] (1) $g(z)$ の収束半径は

$$\lim_{n\to\infty}\frac{(n+1)\alpha_{n+1}}{n\alpha_n} = \lim_{n\to\infty}\left(1+\frac{1}{n}\right)\frac{\alpha_{n+1}}{\alpha_n} = \lim_{n\to\infty}\frac{\alpha_{n+1}}{\alpha_n} = \frac{1}{R}$$

となり，ベキ級数 $f(z)$ の収束半径に等しい．

(2) グルサーの公式により，$f(z)$ の微分は

$$f'(z_0) = \frac{1}{2\pi i}\oint_C \frac{f(z)}{(z-z_0)^2}dz = \frac{1}{2\pi i}\oint \frac{\sum\limits_{n=0}^\infty \alpha_n z^n}{(z-z_0)^2}dz$$

で与えられる．ここで閉曲線 C は点 z_0 を中心とする半径 $r\,(<R-|z_0|)$ の円周を表わす．

この積分を求めるにあたって，収束円の内部では項別に積分できるから和と積分の順序を取り替えることができる．また $z-z_0=re^{i\theta}$ とおいて上の積分を書き直すと

$$f'(z_0) = \frac{1}{2\pi} \sum_{n=0}^{\infty} \frac{\alpha_n}{r} \int_0^{2\pi} (z_0+re^{i\theta})^n e^{-i\theta} d\theta = \sum_{n=0}^{\infty} n\alpha_n z_0^{n-1}$$

となり，$f'(z_0)$ と $g(z_0)$ が一致することが確かめられる．

[4]　(1)　$a_{n+1}/a_n = (1+1/n)^k$．これは $n\to\infty$ で 1 に収束する．よって与えられた級数の収束半径は 1．

(2)　収束円の内部で考えればよいので，以下 $|z|<1$ を仮定して議論を進める．項別微分により $f_k'(z) = \sum_{n=1}^{\infty} n^{k+1} z^{n-1}$ となる．これに z を乗じたものは $f_{k+1}(z)$ に他ならない．$k=0$ のとき，$f_0(z)=z+z^2+\cdots=z/(1-z)$ $(|z|<1)$ となる．これを微分して z 倍する操作（zd/dz を演算する）を繰り返せば

$$f_1(z) = \frac{z}{(1-z)^2}, \qquad f_2(z) = \frac{z(1+z)}{(1-z)^3}$$

が得られる．明らかに $z=1$ がこれらの関数の特異点(1, 2, 3 位の極)であって，それは収束円 $|z|=1$ 上にある．

問題 6–2

[1]　(1)　$f(z)=1/z$ とすると，$f^{(n)}(1)=(-1)^n n!$．よってテイラー展開

$$\frac{1}{z} = \sum_{n=0}^{\infty} (-1)^n (z-1)^n, \qquad |z-1|<1$$

を得る．

(2)　$f(z)=1/(1-z)$ とすると，$f^{(n)}(2)=(-1)^{n+1} n!$ となるので

$$\frac{1}{1-z} = \sum_{n=0}^{\infty} (-1)^{n+1} (z-2)^n, \qquad |z-2|<1$$

を得る．

[別解]　(1)では $z=1+\xi$，(2)では $z=2+\xi$ とおいて与えられた関数を書き直すと

(1)　$\dfrac{1}{z} = \dfrac{1}{1+\xi}$,　　(2)　$\dfrac{1}{1-z} = -\dfrac{1}{1+\xi}$

となるので，等比級数の公式を用いて同じ結果が得られる．

(3)　　　　　$$\frac{1}{4-z^2} = \frac{1}{4}\left(\frac{1}{2-z} + \frac{1}{2+z}\right)$$

であり，また

$$\frac{d^n}{dz^n}\left(\frac{1}{2-z}\right) = \frac{n!}{(2-z)^{n+1}}, \qquad \frac{d^n}{dz^n}\left(\frac{1}{2+z}\right) = \frac{(-1)^n n!}{(2+z)^{n+1}}$$

より

$$\frac{1}{4-z^2} = \frac{1}{4}\left(\sum_{n=0}^{\infty}\frac{1}{2^{n+1}}z^n + \sum_{n=0}^{\infty}\frac{(-1)^n}{2^{n+1}}z^n\right) = \frac{1}{4}\sum_{n=0}^{\infty}\left(\frac{z}{2}\right)^{2n}$$

を得る.

(4)　(3)と同様にして

$$\frac{z}{4-z^2} = \frac{1}{2}\left(\frac{1}{2-z} - \frac{1}{2+z}\right) = \frac{z}{4}\sum_{n=0}^{\infty}\left(\frac{z}{2}\right)^{2n}$$

を得る. これは(3)の結果にzをかけたものになっている.

[2]　$\gamma = e^{i\theta}$ とおくと, $1 - 2z\cos\theta + z^2 = (z-\gamma)(z-\gamma^{-1})$ となる. 与えられた関数は

$$\frac{1}{1-2z\cos\theta+z^2} = \frac{1}{\gamma-\gamma^{-1}}\left(\frac{1}{z-\gamma} - \frac{1}{z-\gamma^{-1}}\right)$$

と部分分数に分けられる. これに等比級数の公式を適用して

$$\frac{1}{1-2z\cos\theta+z^2} = \sum_{n=0}^{\infty}\frac{\gamma^{(n+1)}-\gamma^{-(n+1)}}{\gamma-\gamma^{-1}}z^n = \sum_{n=0}^{\infty}\frac{\sin(n+1)\theta}{\sin\theta}z^n \qquad (|z|<1)$$

が得られる.

[3]　(1)　$|z|<1$ の場合を考えればよい. コーシーの積分公式から

$$\frac{1}{(1-z)^n} = \frac{1}{2\pi i}\oint_C\frac{dw}{w-z}\frac{1}{(1-w)^n}$$

である. ただし, 積分路 C は原点を中心とする円で, $|z|<|w|<1$ となるようにとる. 例題6.4にならってこれは

$$\frac{1}{2\pi i}\oint_C\frac{dw}{w(1-w)^n}\frac{1}{1-(z/w)} = \frac{1}{2\pi i}\oint_C\frac{dw}{w(1-w)^n}\sum_{k=0}^{\infty}\left(\frac{z}{w}\right)^k$$

と変形できる. ここで最後の級数は, 例題と同様にして, 一様収束することが示せるので, 和と積分の順序を交換してよい. そこで項別に積分を実行すると(グルサーの公式により)

$$\frac{1}{(1-z)^n} = \sum_{k=0}^{\infty}\frac{z^k}{k!}\frac{d^k}{dw^k}\frac{1}{(1-w)^n}\bigg|_{w=0} = \sum_{k=0}^{\infty}\frac{z^k}{k!}\frac{(k+n-1)!}{(n-1)!} \qquad (|z|<1)$$

となる. これはまた, 2項係数を用いて

$$\frac{1}{(1-z)^n} = \sum_{k=0}^{\infty}\binom{k+n-1}{k}z^k \qquad (|z|<1)$$

とも表わされる.

(2)　(1)で$n=1$とおけば,

$$\frac{1}{1-z} = \sum_{k=0}^{\infty}z^k$$

が得られる．この式の右辺を項別に $n-1$ 回微分すると

$$\frac{(n-1)!}{(1-z)^n} = \sum_{k=0}^{\infty}(k+n-1)(k+n-2)\cdots(k+1)z^k = \sum_{k=0}^{\infty}\frac{(k+n-1)!}{k!}z^k$$

となる．よって，$\dfrac{1}{1-z}$ のテイラー展開を項別に $n-1$ 回微分してそれを $(n-1)!$ で割ったものは $\dfrac{1}{(1-z)^n}$ のテイラー展開に等しいことがわかる．

　[4]　(1)　$z=\rho e^{i\theta}$ は，$f(z)$ のベキ展開の収束半径内にあるから，積分は項別に行なってよい．よって

$$\frac{1}{2\pi}\int_0^{2\pi}|f(\rho e^{i\theta})|^2 d\theta = \sum_{m,\,n=0}^{\infty}\bar{c}_m c_n \rho^{m+n}\frac{1}{2\pi}\int_0^{2\pi}e^{i(n-m)\theta}d\theta = \sum_{n=0}^{\infty}|c_n|^2\rho^{2n}$$

　(2)　(1)で $\rho=1$, $c_k=1$ ($k\le n-1$ のとき)，$c_k=0$ ($k\ge n$ のとき) とおけば，$f(e^{i\theta})$ が得られる．よって

$$\frac{1}{2\pi}\int_0^{2\pi}\left(\frac{\sin(n\theta/2)}{\sin(\theta/2)}\right)^2 d\theta = \sum_{k=0}^{n-1}|c_k|^2 = n$$

と計算できる．

問題 6-3

　[1]　例題 6.8 で行なったように有理関数の場合，部分分数に分解して等比級数の公式を利用するのが近道となることが多い．この問題では，与えられた関数は

$$f(z) = \frac{1}{z} - \frac{1}{2}\left(\frac{1}{z-i}+\frac{1}{z+i}\right)$$

という部分分数分解をもつ．これを状況に応じて変形すればよい．

　(1)　$0<|z|<1$ の場合，$1/(z\mp i)$ を z のベキに展開すると

$$f(z) = \frac{1}{z} - \frac{1}{2}\sum_{n=0}^{\infty}i\{(-iz)^n-(iz)^n\}$$
$$= \frac{1}{z} - \sum_{n=0}^{\infty}(-1)^n z^{2n+1}$$

となる．もちろんこの結果は直接 $1/(1+z^2)$ を z^2 のベキに展開して $1/z$ との積を計算したものと一致する．

　(2)　こんどは $z-i$ のベキに展開することが求められる．そこで，それにふさわしく

$$f(z) = \frac{1}{(z-i)+i} - \frac{1}{2}\left(\frac{1}{z-i}+\frac{1}{(z-i)+2i}\right)$$

と書き直し，$z-i$ に関する展開を導き出す．結果は

$$f(z) = -\frac{1}{2}\frac{1}{z-i} - \frac{i}{1-i(z-i)} + \frac{i}{4}\frac{1}{1-i(z-i)/2}$$

$$= -\frac{1}{2}\frac{1}{z-i} - \sum_{n=0}^{\infty} i^{n+1}\left(1 - \frac{1}{2^{n+2}}\right)(z-i)^n$$

となる．この問題では (1), (2) の展開の中心間の距離が収束半径の和よりも小さいので，これらの展開が共存する領域が存在する．そのような領域において 2 つの展開は一致しなくてはならない．たとえば $f(i/2)$ を計算してみると両方の展開とも $-8i/3$ という正しい結果を与える．

[2] (1) $f_0(z)$ の収束半径は 1, 展開の中心は $z=0$ である．これは $|z|<1$ で収束する．$f_+(z)$ の場合，$0<|z-1|<2$ のときに級数が収束する．また，$f_-(z)$ は $0<|z+1|<2$ を収束領域とする．

(2) (1) で見たように，$f_0(z)$ の収束する領域では $f_\pm(z)$ もまた収束している．そこでの具体的な関数形を求めると 3 つとも $f(z)=1/(1-z^2)$ となる．

[3] (1) 定義から $f(z)$ のローラン展開の係数 $J_n(\alpha)$ は，単位円にそって正の向きに $f(z)/z^{n+1}$ を周回積分すれば与えられる．

$$J_n(\alpha) = \frac{1}{2\pi i}\oint_{|z|=1} f(z)\frac{dz}{z^{n+1}} = \frac{1}{2\pi i}\oint_{|z|=1} e^{\alpha(z-1/z)/2}\frac{dz}{z^{n+1}}$$

$$= \frac{1}{2\pi}\int_{-\pi}^{\pi} e^{-in\theta + i\alpha\sin\theta}d\theta$$

$$= \frac{1}{2\pi}\int_{-\pi}^{\pi} \{\cos(n\theta-\alpha\sin\theta) - i\sin(n\theta-\alpha\sin\theta)\}d\theta$$

$$= \frac{1}{\pi}\int_0^{\pi} \cos(n\theta-\alpha\sin\theta)d\theta$$

ただし，最後の変形には $\cos(n\theta-\alpha\sin\theta)$, $\sin(n\theta-\alpha\sin\theta)$ がそれぞれ θ の偶関数・奇関数であることを用いた．

(2) $e^{\alpha z/2}$, $e^{-\alpha/2z}$ を指数関数のベキ級数展開を用いて展開する．$f(z)$ をそれらの積に表わしておいて，(1) と同じ計算をしてみる．

$$J_n(z) = \frac{1}{2\pi i}\oint_{|w|=1}\sum_{k,l=0}^{\infty}\frac{1}{k!l!}\left(\frac{z}{2}\right)^{k+l}(-1)^l w^{k-l-n-1}dw$$

$$= \sum_{l=0}^{\infty}\frac{(-1)^l}{l!(l+n)!}\left(\frac{z}{2}\right)^{n+2l}$$

(3) (1) の最後の式で n を $-n$ に置き換えると

$$J_{-n}(z) = \frac{1}{\pi}\int_0^{\pi}\cos(-n\theta - z\sin\theta)d\theta$$

$$= \frac{1}{\pi}\int_{-\pi}^{0}\cos(-n(\theta+\pi) - z\sin(\theta+\pi))d\theta$$

$$= (-1)^n \frac{1}{\pi} \int_{-\pi}^0 \cos(-n\theta + z\sin\theta) d\theta$$

$$= (-1)^n J_n(z)$$

[4] (1) $e^{-\alpha z/(1-z)} = e^\alpha e^{\alpha/(z-1)}$ となるが，これを例題 6.7 の (3) を参考にして展開することによって，次のローラン展開

$$f(z) = -\frac{e^{-\alpha z/(1-z)}}{z-1} = -\frac{e^{-\alpha}}{\alpha}\frac{\alpha}{z-1}e^{\alpha/(z-1)} = -\frac{e^{-\alpha}}{\alpha}\sum_{n=0}^\infty \frac{1}{n!}\left(\frac{\alpha}{z-1}\right)^{n+1}$$

を得る．

(2) $f(z)$ の指数関数の部分を展開すると

$$f(z) = \sum_{m=0}^\infty \frac{(-\alpha z)^m}{m!}\left(\frac{1}{1-z}\right)^{m+1}$$

となり，ここに現われる $1/(1-z)^{m+1}$ を $|z|<1$ の仮定のもとで問題 6-2, [3] の公式によって展開すると

$$f(z) = \sum_{m=0}^\infty \frac{(-\alpha z)^m}{m!}\sum_{l=0}^\infty \binom{l+m}{m}z^l$$

となる．z のベキについて整理し $l+m=n$ とおくと，n を固定したとき m の変域は 0 から n となるから，この和は

$$f(z) = \sum_{n=0}^\infty \sum_{m=0}^n \binom{n}{m}\frac{(-\alpha)^m}{m!}z^n$$

と書き直すことができる．したがって

$$L_n(\alpha) = \sum_{m=0}^n \binom{n}{m}\frac{(-\alpha)^m}{m!}$$

第7章

問題 7-1

[1] (1) $z(z-1) = r_1 r_2\, e^{i(\theta_1+\theta_2)}$，したがって，$\{z(z-1)\}^{1/2} = \sqrt{r_1 r_2}\, e^{i(\theta_1+\theta_2+2k\pi)/2}$ $(k=0,1)$ より，$w_0 = \sqrt{r_1 r_2}\,e^{i(\theta_1+\theta_2)/2}$，$w_1 = -\sqrt{r_1 r_2}\,e^{i(\theta_1+\theta_2)/2}$ となる．

(2) C_1 を正の方向に 1 周すると，$\theta_1 \to \theta_1 + 2\pi$，$\theta_2 \to \theta_2$，したがって $\theta_1+\theta_2 \to \theta_1+\theta_2+2\pi$ と変化するから，各分枝は $w_0 \to w_1$，$w_1 \to w_0$ に移り変わる．同様にして点 $z=1$ のみを 1 周すると分枝が移り変わること，すなわち $z=0$ と $z=1$ はこの関数の分岐点であることがわかる．

(3) C_2 を正の方向に 1 周すると，$\theta_1 \to \theta_1 + 2\pi$，$\theta_2 \to \theta_2 + 2\pi$，したがって $\theta_1+\theta_2 \to \theta_1 +$

$\theta_2 + 4\pi$ と変化するから，各分枝は $w_0 \to w_0$，$w_1 \to w_1$ となり元に戻る．したがって，2 価関数 $\{z(z-1)\}^{1/2}$ の 2 つの分岐点 $z=0$ と $z=1$ とを結ぶ直線を考えてそれにそって切断を入れれば，切断された複素平面上でこの関数を 1 価として扱うことができる．

[2] (1) $z=1/w$ とおくと，$f(1/w)=w^{-1/2}$ となる．無限遠点 $(w=0)$ を中心とする円周は $w=re^{i\theta}$ と表わされる．このとき $f(z)$ の 2 つの分枝はそれぞれ $f_0=r^{-1/2}e^{-i\theta/2}$，$f_1=-r^{-1/2}e^{-i\theta/2}$ と表わされるが，z が無限遠点を 1 周するたびに θ が 2π だけ変化するから，各分枝は互いに移り変わる．よって無限遠点は $f(z)$ の分岐点である．

(2) $z=0$ と $z=1$ がこの関数の分岐点であることは [1] で示してある．

$$f\left(\frac{1}{w}\right) = \left\{\frac{1}{w}\left(\frac{1}{w}-1\right)\right\}^{1/2} = \frac{1}{w}(1-w)^{1/2}$$

より，z が無限遠点 $(w=0)$ を中心とする半径 $r\,(r<1)$ の円周を 1 周すると，$f(1/w)$ の分枝はもとにもどる．よって無限遠点は $f(z)$ の分岐点ではないこと，すなわち $f(z)$ の分岐点は $z=0$ と $z=1$ のみであることが示された．

[3] (1) $z=re^{i\theta}$ とおくと，$f(z)$ の q 個の分枝は，

$$w_k = r^{p/q}e^{i(p\theta+2k\pi)/q} \qquad (k=0, 1, \cdots, q-1)$$

で与えられる．ここで原点を 1 周すると θ は 2π だけ増加するから，各分枝は $w_k = r^{p/q}e^{i(p\theta+(2k+2p)\pi)/q}$ となり，w_k 以外の他の何れかの分枝に移る．よって，$z=0$ は $f(z)$ の分岐点である．次に $z=1/w$ とおけば $f(1/w)=w^{-p/q}$ となる．上と同様にして $w=0$ すなわち $z=\infty$ がこの関数の分岐点であることが示される．

(2) $f(z)$ の分岐切断を正の実軸にそってとれば，切断および原点を除いて $w_k(z)$ は微分可能で，この領域上で

$$w_k'(z) = \frac{\partial w_k}{\partial x} = \left(\cos\theta\frac{\partial}{\partial r} - \frac{1}{r}\sin\theta\frac{\partial}{\partial\theta}\right)w_k$$

$$= \left(\frac{p}{q}\right)r^{p/q-1}e^{-i\theta}e^{i(p\theta+2k\pi)/q} = \left(\frac{p}{q}\right)\left(\frac{w_k}{z}\right)$$

となる．よって，$w_k'/w_k = (p/q)(1/z)$ となり，これは原点を除いて 1 価正則であること，および k によらないことから，すべての分枝についてまとめて，$f'(z)/f(z)=(p/q)(1/z)$ と表わせることがわかる．

(3) (2) の結果を用いて，$\dfrac{1}{2\pi i}\displaystyle\oint_C \frac{f'(z)}{f(z)}\,dz = \frac{p}{q}$ が得られる．

(4) 問題 5-2, [5] の結果は，「複素平面上孤立した特異点を除いて正則な関数について，その $f'(z)/f(z)$ の周回積分は積分路内に含まれる零点の数と極の数の差の $2\pi i$ 倍に等しい」ことを表わしている．ここで，極や零点の数はその位数の重みをつけて考えるものとする．そのような数は当然整数でなければならないが，いまの場合 p/q は p が q

の倍数でなければ分数となる. これは, 与えられた関数 $f(z)=z^{p/q}$ の点 $z=0$ における特異性が, 極のそれと同じでは有り得ないことを意味する.

問題 7–2

[1] (1) $i=e^{i\pi/2}$ より,

$$\log i = \log 1 + i\left(\frac{\pi}{2}+2k\pi\right) = i\left(\frac{1}{2}+2k\right)\pi \qquad (k=0, \pm 1, \pm 2, \cdots)$$

(2) $-1=e^{i\pi}$ より,

$$\log(-1) = i(1+2k)\pi \qquad (k=0, \pm 1, \pm 2, \cdots).$$

(3) $1-\sqrt{3}\,i=\sqrt{2}\,e^{-i\pi/3}$ より,

$$\log(1-\sqrt{3}\,i) = \frac{1}{2}\log 2 + i\left(\frac{-1}{3}+2k\right)\pi \qquad (k=0, \pm 1, \pm 2, \cdots)$$

[2] (1) $z=re^{i\theta}$ として $r\to 0$ を考える. このとき, $\log z$ の任意の分枝 $w_k=\log r+i(\theta+2\pi k)$ と z との積の絶対値は

$$|zw_k| = r|\log r+i(\theta+2\pi k)| \to 0 \qquad (\because\ r\log r\to 0)$$

となる. よって $z\log z\to 0\ (z\to 0)$ が成り立つ.

(2) $z=1/w$ とおいて考えると, $\log z=-\log w$ となる. $z=\infty$ は w 平面の原点に対応するので, $w=0$ は $\log w$ の対数分岐点となる. よって $z=\infty$ は $\log z$ の対数分岐点である.

[3] (1) z の偏角 $\arg(z)$ を $0<\arg(z)<2\pi$ にとり, $z=re^{i\theta}$, $z_0=r_0e^{i\theta_0}$ とすると, $w=\log z$ の k 番目の分枝 $w_k=\log|z|+i(\theta+2\pi k)$ について ($w_k(z)$ と $w_k(z_0)$ は同じ分枝に属するから)

$$w_k(z)-w_k(z_0) = \log\frac{r}{r_0}+i(\theta-\theta_0)$$

となる. そこで, 微分商 $(w_k(z)-w_k(z_0))/(z-z_0)$ について $z\to z_0$ の極限を, (i) はじめに $r\to r_0$, つぎに $\theta\to\theta_0$ の順と, (ii) はじめに $\theta\to\theta_0$, つぎに $r\to r_0$ の順の, 2通りで計算してみよう. そうすると,

(i)
$$\frac{w_k(z)-w_k(z_0)}{z-z_0} = \frac{1}{re^{i\theta}-r_0e^{i\theta_0}}\left\{\log\frac{r}{r_0}+i(\theta-\theta_0)\right\}$$

$$\xrightarrow[r\to r_0]{} \frac{1}{e^{i\theta}-e^{i\theta_0}}\frac{i}{r_0}(\theta-\theta_0)$$

$$\xrightarrow[\theta\to\theta_0]{} \frac{1}{r_0e^{i\theta_0}}$$

(ii)
$$\frac{w_k(z) - w_k(z_0)}{z - z_0} \xrightarrow{\theta \to \theta_0} \frac{1}{(r - r_0)e^{i\theta_0}} \log \frac{r}{r_0}$$

$$\xrightarrow{r \to r_0} \frac{1}{r_0 e^{i\theta_0}}$$

となり，(i), (ii)とも同じ結果を与える．すなわち，$\log z$ の各分枝は微分可能であって，その導関数は**分枝によらず** $1/z$ である．

(2) $w_k = \log r + i(\theta + 2\pi k)$ より，w_k の実部 u_k と虚部 v_k はそれぞれ $u_k = \log r$ および $v_k = \theta + 2\pi k$ となる．よってコーシー–リーマンの関係式

$$\frac{\partial u_k}{\partial r} = \frac{1}{r}\frac{\partial v_k}{\partial \theta}, \qquad \frac{\partial u_k}{\partial \theta} = -r\frac{\partial v_k}{\partial r}$$

が，第1式は $1/r = 1/r$，第2式は $0 = 0$ の形で成り立っていることが確かめられる．

[4] $f(z) = \log|1 - z| + i\,\mathrm{Arg}(1 - z)$ が問題の分枝に相当する．

$$f'(z) = -1/(1 - z), \qquad f^{(n)}(z) = -(n - 1)!/(1 - z)^n \qquad (n \geq 2)$$

であるから，$z = 0$ におけるテイラー展開は

$$f(z) = \sum_{n=0}^{\infty} \frac{f^{(n)}(0)}{n!} z^n = -\sum_{n=1}^{\infty} \frac{z^n}{n} \qquad (|z| < 1)$$

となる．

[5] (1)
$$\frac{z - \alpha}{z - \beta} = 1 \Big/ \left(1 + \frac{\alpha - \beta}{z - \alpha}\right)$$

と変形すると

$$\log\left(\frac{z - \alpha}{z - \beta}\right) = -\log\left|1 + \frac{\alpha - \beta}{z - \alpha}\right| - i\,\arg\left(1 + \frac{\alpha - \beta}{z - \alpha}\right)$$

となる．問題はこの量が (i), (ii) の各場合にどのように変化するか調べよということである．これは結局，偏角のうちの $\arg(\cdots)$ の部分がどう変化するかを調べることに他ならない．

まず，(i) の場合は，$|\alpha - \beta|/|z - \alpha| > 1$ であるから1に絶対値が1より大きい複素数を加えたものの偏角を調べることになる．この場合に右図の大きな円に示すように，必ず原点を内部に含む路にそって1周するので，その偏角は 2π 増加する．一方，(ii) の場合は，右図の灰色の

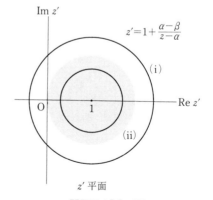

問題 7-2[5] の図

部分に含まれる路にそって 1 周するので，その偏角は 1 周した後には元の値に戻ることになる．ところで，$z=\alpha$ と $z=\beta$ は z' 平面では $z'=\infty$ と $z'=0$ に対応するが，拡大 z' 平面で考えると，(i)の場合は $z'=\infty$ を 1 周し，(ii)の場合は $z'=\infty$ と $z'=0$ を同時に 1 周することになる．

したがって，関数 $\log((z-\alpha)/(z-\beta))$ の値は 1 周したのち，(i)の場合(点 α だけを 1 周する) 2π だけ虚部が増加(または減少)し，(ii)の場合(点 α と点 β を内部に含むように 1 周する)元に戻る．

(2) (1)と同じことを $z=\beta$ を中心にして考えても同様の結果を得るから，$z=\alpha$ と $z=\beta$ は $\log \dfrac{z-\alpha}{z-\beta}$ の分岐点である．よって $z=\alpha$ と $z=\beta$ とを結ぶ線分にそって切断した複素平面を考えれば，この関数は 1 価となる．

[6] (1) 本節の問題[3]で見たように，対数関数 $\log z$ の微分はその分枝に関係なく $1/z$ である．したがって $n=-1$ のとき，問題 4-3, [2] (2)の Γ_s にそった z^{-1} の積分は，対数関数を用いて

$$\int_{\Gamma_s} \frac{1}{z}\,dz = \int_{\Gamma_s} \frac{d}{dz}\log z\,dz$$

と表わすことができる．よって，この積分は対数関数で与えられることになるが，対数関数は多価関数であるから，分枝の選び方によってその積分は異なる値をもつことになる．このような事情により，ここでは対数関数の 1 つの分枝 $\log|z|+i\,\mathrm{Arg}(z)$ を選んで考察を進めることにしよう．そうすると上式の積分は

$$\int_{\Gamma_s} \frac{d}{dz}\log z\,dz = [\log|z|+i\,\mathrm{Arg}(z)]_{z=-1-i}^{z=1+i} = i\{\mathrm{Arg}(1+i)-\mathrm{Arg}(-1-i)\}$$

となり(上式の最後の等号は $z=-1-i$ と $z=1+i$ の絶対値は等しいことから導かれる)，与えられた s に応じて $z=-1-i$ から $z=1+i$ へ Γ_s にそって進むときに生じる z の偏角の変化を計算することによってその値が求められる．$0\leqq s<1/2$ の場合に，積分路は原点のまわりを時計回りに半周するのでその偏角の変化は $-\pi$ であるから，求める積分は $-i\pi$ となる．一方，$1/2<s\leqq1$ のときは z の偏角は π だけ増えるので，積分は $i\pi$ となる．以上のことから次のように結論できる．

$$\int_{\Gamma_s}-\int_{\Gamma_{s'}} = \begin{cases} 0 & (0\leqq s, s'<1/2 \text{ または } 1/2<s, s'\leqq1) \\ 2\pi i & (0\leqq s'<1/2<s\leqq1) \end{cases}$$

(2) 問題 4-3, [2]および(1)の結果より，関数 $f(z)$ のローラン展開において $n=-1$ 以外のベキ $(z-z_0)^n$ の周回積分は 0 となり，また $(z-z_0)^{-1}$ の周回積分は値 $2\pi i$ をもつことから，$f(z)$ の周回積分は $2\pi i a_{-1}$ となる．よって，ローラン展開の係数 a_{-1} は $f(z)$ の周回積分を $1/2\pi i$ で割ったもの($f(z)$ の留数)に等しいことがわかる．これは留数に関

する別の定義を与える.

問題 7-3

[1] (1) $i^i = e^{-(1/2+2k)\pi}$. (2) $(-1)^i = e^{-(1+2k)\pi}$. (3) $\sin^{-1}2 = \left(\dfrac{1}{2}+2k\right)\pi - i\log(2\pm\sqrt{3})$. (4) $\cos^{-1}i = \left(\dfrac{1}{2}+2k\right)\pi - i\log(\sqrt{2}+1)$ および $\left(\dfrac{3}{2}+2k\right)\pi - i\log(\sqrt{2}-1)$. ここで $k = 0, \pm1, \pm2, \cdots$.

[2] (1) $u = e^w$ とおくと $\sinh w = z$ は $u - 1/u = 2z$ すなわち $u^2 - 2zu - 1 = 0$ となる. これを u について解くと $u = z + \sqrt{z^2+1}$ であるから, 変数を w にもどして, $w = \log(z+\sqrt{z^2+1})$ となる. ここで $\sqrt{z^2+1}$ は 2 価であることに注意したい.

(2) $\tan w = z$ を e^{iw} について整理すると

$$e^{2iw} = \frac{1+iz}{1-iz}$$

となるから, この式の両辺の対数をとって

$$w = \tan^{-1}z = \frac{1}{2i}\log\frac{1+iz}{1-iz}$$

[3] $\sin^{-1}z$ を例にとろう.

$$\sin^{-1}z = \frac{1}{i}\log(iz+\sqrt{1-z^2})$$

において $\sqrt{1-z^2}$ の分枝をひとつ決め, さらに対数の分枝を固定すれば, この関数は 1 価となる. そこで, $\sin^{-1}z = u+iv$, $\zeta = iz+\sqrt{1-z^2} = \xi+i\eta$ (u, v, ξ, η はいずれも実関数)とおく. そうするとこの分枝において, まず ζ が z の 1 価正則な関数となっていることから

$$\frac{\partial \xi}{\partial x} = \frac{\partial \eta}{\partial y}, \quad \frac{\partial \eta}{\partial x} = -\frac{\partial \xi}{\partial y}$$

が成り立ち, また ζ の関数として $\sin^{-1}z$ は正則となるから

$$\frac{\partial u}{\partial \xi} = \frac{\partial v}{\partial \eta}, \quad \frac{\partial v}{\partial \xi} = -\frac{\partial u}{\partial \eta}$$

も成立する. これらを組み合わせることにより次の計算が成り立つ.

$$\frac{\partial v}{\partial y} = \frac{\partial v}{\partial \xi}\frac{\partial \xi}{\partial y} + \frac{\partial v}{\partial \eta}\frac{\partial \eta}{\partial y} = -\frac{\partial v}{\partial \xi}\frac{\partial \eta}{\partial x} + \frac{\partial v}{\partial \eta}\frac{\partial \xi}{\partial x} = \frac{\partial u}{\partial \eta}\frac{\partial \eta}{\partial x} + \frac{\partial u}{\partial \xi}\frac{\partial \xi}{\partial x} = \frac{\partial u}{\partial x}$$

同様にして, もうひとつの関係

$$\frac{\partial v}{\partial x} = -\frac{\partial u}{\partial y}$$

も示される. また, その他の関数についても全く同様の議論ができる.

[4] 対数の多価性を解決するために分枝をひとつ固定する（たとえば主値をとる）．そうするとこれらの関数はいずれも問題 7-2[5] で考えた型のものになる．そのために各関数の対数の変数に現われる分母・分子の零点をむすぶ路にそって切断すればよい（あるいは，各零点から無限大への切断を考えてもよい）．導関数は次のようになる．

(1) $(\tan^{-1}z)' = \dfrac{1}{1+z^2}$. (2) $(\cot^{-1}z)' = -\dfrac{1}{1+z^2}$.

(3) $(\tanh^{-1}z)' = \dfrac{1}{1-z^2}$. (4) $(\coth^{-1}z)' = \dfrac{1}{1-z^2}$.

[5] (1) (i) $w(z)=(1+z)^\alpha$ とおくと $w^{(n)}(z)=\alpha(\alpha-1)\cdots(\alpha-n+1)(1+z)^{\alpha-n}$ となる．また $(1+z)^{\alpha-n}$ の主値の $z=0$ での値は 1 となるから，$w^{(n)}(0)=\alpha(\alpha-1)\cdots(\alpha-n+1)$．ここで 2 項係数

$$\binom{n}{r} = \begin{cases} 1 & (r=0) \\ n(n-1)\cdots(n-r+1)/r! & (1\leqq r\leqq n) \end{cases}$$

を

$$\binom{\alpha}{r} = \begin{cases} 1 & (r=0) \\ \alpha(\alpha-1)\cdots(\alpha-r+1)/r! & (1\leqq r) \end{cases}$$

のように拡張して用いると，$(1+z)^\alpha$ の主値のマクローリン展開として

$$(1+z)^\alpha = \sum_{n=0}^{\infty} \binom{\alpha}{n}z^n$$

(ii) $w=\sin^{-1}z$ において $w'=1/\sqrt{1-z^2}$ であるが，これは (i) で定義した拡張された 2 項係数を用いて

$$w' = \sum_{n=0}^{\infty} \binom{-1/2}{n}(-1)^n z^{2n}$$

と表わされる．これを項別に積分することにより，

$$\sin^{-1}z = \sum_{n=0}^{\infty} \binom{-1/2}{n}(-1)^n \int_0^z \zeta^{2n}d\zeta$$

$$= \sum_{n=0}^{\infty} \binom{-1/2}{n}(-1)^n \frac{1}{2n+1}z^{2n+1}$$

を得る．この式において各項の係数は，$n=0$ のとき 1，$n\geqq 1$ の項は

$$\frac{(-1/2)(-1/2-1)\cdots(-1/2-n+1)}{n!}(-1)^n \frac{1}{2n+1}$$

$$= \frac{1\cdot 3\cdots(2n-1)}{2^n n!\,(2n+1)} = \frac{1^2\cdot 3^2\cdots(2n-1)^2}{(2n+1)!}$$

となる。この定義に $n=0$ のときの 1 も含めることにすると

$$\sin^{-1}z = \sum_{n=0}^{\infty} \frac{1^2 \cdot 3^2 \cdots (2n-1)^2}{(2n+1)!} z^{2n+1}$$

(iii) 問題 7-3[4] の定義を用いて

$$\tanh^{-1}z = \frac{1}{2} \sum_{n=1}^{\infty} \frac{1}{n} \{(-1)^{n+1}+1\} z^n = \sum_{n=0}^{\infty} \frac{1}{2n+1} z^{2n+1}$$

(2) $\sin^{-1}z = c_0 + c_1 z + c_2 z^2 + \cdots$ とすると，$\sin z$ のテイラー展開から

$$z = (c_0 + c_1 z + \cdots) - \frac{1}{3!}(c_0 + c_1 z + \cdots)^3 + \frac{1}{5!}(c_0 + c_1 z + \cdots)^5 - \cdots$$

が成り立たなければならない。両辺の比較により

$$c_0 = 0, \ c_1 = 1, \ c_2 = 0, \ c_3 = \frac{1}{3!}, \ c_4 = 0, \ c_5 = \frac{1 \cdot 3}{2^2 2! 5} = \frac{1^2 \cdot 3^2}{5!}$$

などが逐次得られる。ただし c_0 を $\sin c_0 = 0$ から決める際に $\sin^{-1}z$ の主値を考えた。

問題 7–4

[1] (1) 被積分関数の分母が x の偶関数であるから，図のような積分路にそって $(\log z)^2/(z^2+a^2)$ の周回積分を考える。$z=ia$ の極からの寄与を計算して

$$\frac{1}{2\pi i} \oint \frac{(\log z)^2}{z^2+a^2} dz = \frac{1}{2ia} (\log a + i\pi/2)^2$$

となるが，$R \to \infty$，$\varepsilon \to 0$ の極限で，この積分は

$$\frac{1}{2\pi i} \left\{ 2\int_0^{\infty} \frac{(\log x)^2}{x^2+a^2} dx - \pi^2 \int_0^{\infty} \frac{dx}{x^2+a^2} \right.$$
$$\left. + 2\pi i \int_0^{\infty} \frac{\log x}{x^2+a^2} dx \right\}$$

に等しい。これらの実部・虚部をそれぞれ等置して，例題 7.7 で得られた結果

$$\int_0^{\infty} \frac{dx}{x^2+a^2} = \frac{\pi}{2a}, \quad \int_0^{\infty} \frac{\log x}{x^2+a^2} dx = \frac{\pi}{2a} \log a$$

を用いると

$$\int_0^{\infty} \frac{(\log x)^2}{x^2+a^2} dx = \frac{\pi}{2a} (\log a)^2 + \frac{\pi^3}{8a}$$

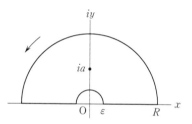

問題 7-4[1] (1) の図

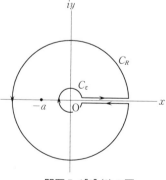

問題 7-4[1] (2) の図

(2) こんどは分母が偶関数となっていないので，図のような積分路をとる．$z=-a$ の極(2位)からの寄与を計算して

$$\frac{1}{2\pi i}\oint \frac{(\log z)^2}{(z+a)^2}\,dz = -\frac{2}{a}(\log a + i\pi) \tag{i}$$

となるが，この積分は $R\to\infty$，$\varepsilon\to 0$ の極限で実軸の正の部分の上下にそった積分に等しく

$$\frac{1}{2\pi i}\int_0^\infty \frac{(\log x)^2-(\log x+2\pi i)^2}{(x+a)^2}\,dx$$

となる．これを

$$\frac{1}{2\pi i}\left(4\pi^2\int_0^\infty \frac{dx}{(x+a)^2} - 4\pi i\int_0^\infty \frac{\log x}{(x+a)^2}\,dx\right) \tag{ii}$$

と整理し，(i)の右辺と(ii)の実部・虚部を比較すると

$$\int_0^\infty \frac{\log x}{(x+a)^2}\,dx = \frac{1}{a}\log a$$

$$\int_0^\infty \frac{dx}{(x+a)^2} = \frac{1}{a}$$

(3) 例題7.8と同じ積分路を考える．

$$\begin{aligned}
\frac{1}{2\pi i}\oint \frac{z^{p-1}}{(1+z)^n}\,dz &= \frac{1-e^{2\pi i p}}{2\pi i}\int_0^\infty \frac{x^{p-1}}{(1+x)^n}\,dx\\
&= \frac{(p-1)(p-2)\cdots(p-n+1)}{(n-1)!}(-1)^{p-n}\\
&= \binom{p-1}{n-1}(-1)^n e^{i\pi p}
\end{aligned}$$

であるから

$$\int_0^\infty \frac{x^{p-1}}{(1+x)^n}\,dx = \frac{\pi(-1)^{n-1}}{\sin p\pi}\binom{p-1}{n-1}$$

(4) $\omega_k = e^{i(2k+1)\pi/n}$ とおき，前問と同様な積分路を考えると

$$\frac{1}{2\pi i}\oint \frac{z^{p-1}}{1+z^n}\,dz = \sum_{k=0}^{n-1}\mathrm{Res}\,f(\omega_k), \quad f(z)=\frac{z^{p-1}}{1+z^n}$$

である．この左辺は $(1-e^{2\pi i p})/2\pi i\int_0^\infty x^{p-1}dx/(1+x^n)$ と書けることから

$$\int_0^\infty \frac{x^{p-1}}{1+x^n}\,dx = -\frac{\pi}{\sin p\pi}e^{-ip\pi}\sum_{k=0}^{n-1}\mathrm{Res}\,f(\omega_k)$$

となる．ここで，右辺の留数の和は

$$\sum_{k=0}^{n-1} \mathrm{Res}(\omega_k) = \sum_{k=0}^{n-1} \frac{\omega_k^{p-1}}{\prod_{l \neq k}(\omega_k - \omega_l)}$$

である．これを $n=1,2$ の場合に具体的に計算してみると，積分の値は，$n=1$ のとき $\pi/\sin p\pi$，$n=2$ のとき $\pi/\{2\sin(p\pi/2)\}$ となる．これから任意の n の場合の積分の値は $\pi/\{n\sin(p\pi/n)\}$ に等しいことが予想されるが，これは次のようにして直接求めることができる．与えられた積分の式において $x^n=u$ の置換を行なうと若干の計算の後，

$$\frac{1}{n}\int_0^\infty \frac{u^{q-1}}{1+u}\,du, \quad q=\frac{p}{n}$$

と表わされることが分かり，上で求めた $n=1$ の場合の結果を用いると

$$\int_0^\infty \frac{x^{p-1}}{1+x^n}\,dx = \frac{\pi}{n\sin(p\pi/n)}$$

となり，予期された結果が得られる．これと先の結果が等しいという式を整理すると，副産物として次のような和の公式も導かれる．

$$\sum_{k=0}^{n-1} \frac{e^{p(2k+1)\pi i/n}}{\prod_{l\neq k}\{1-e^{2\pi i(l-k)/n}\}} = e^{ip\pi}\frac{\sin p\pi}{n\sin(p\pi/n)}$$

[2]　(1)　右図のような積分路を負の向きに 1 周する積分を考えると

$$\frac{1}{2\pi i}\oint \sqrt{(z-a)(b-z)}\,dz$$

は，積分路を変形して実軸の上下に近づける極限では

$$\frac{1}{\pi i}\int_a^b \sqrt{(x-a)(b-x)}\,dx$$

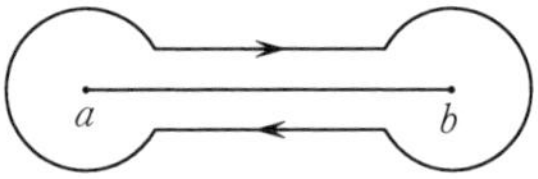

図 7-4[2] の図

となる．ここで，切断を a,b を結ぶ実軸上の線分にとり，被積分関数 $\sqrt{(z-a)(b-z)}$ を切断のすぐ上の実軸上で正の実数となるように決めた．一方，はじめの積分において変数変換 $w=1/(z-a)$ によって新しい変数 w を導入すると，

$$\frac{1}{2\pi i}\oint \sqrt{(b-a)w-1}\,\frac{dw}{w^3} \quad (\text{積分路は負の向き})$$

と表わすこともできる．この形から $w=0$（3位の極）での留数を計算すれば，これは $(b-a)^2/8i$ となる．したがって

$$\int_a^b \sqrt{(x-a)(b-x)}\,dx = \frac{\pi}{8}(b-a)^2$$

が成り立つ．ここでは w という変数を導入して求めたが，上に考えた積分路は無限遠のまわりを逆の向きに 1 周すると考えることもできるから，この計算は $z=\infty$ の留数を計算したことに対応する．

(2)　前問同様の積分路を考えると

$$\frac{1}{2\pi i}\oint \frac{1}{z}\sqrt{(z-a)(b-z)}\,dz = \frac{1}{\pi i}\int_a^b \frac{1}{x}\sqrt{(x-a)(b-x)}\,dx$$

となる．ただし，$z=a+r_1 e^{i\theta_1}=b+r_2 e^{i\theta_2}$ とするとき，

$$\sqrt{(z-a)(b-z)} = \sqrt{r_1 r_2}\,e^{i(\theta_1+\theta_2-\pi)}$$

となる分枝をとっている．前問でも触れたように，この積分は切断を負の向きに1周するものだが，これを残りの部分を正の向きに1周すると考えることもできる．そのように考えると，$z=0$ および $z=\infty$ がそれぞれ1位と2位の極となっているのが分かるから，そこでの留数計算に積分の計算が帰着する．分枝のとり方から $z=0$ での留数は $i\sqrt{ab}$ となり，つぎに $z=1/w$ と変換しておいて $w=0$ での留数を計算すると $(a+b)/2i$ となる．これらの合計がはじめの周回積分の値であるから

$$\int_a^b \frac{1}{x}\sqrt{(x-a)(b-x)}\,dx = \pi i\left(i\sqrt{ab}+\frac{a+b}{2i}\right) = \pi\left(\frac{a+b}{2}-\sqrt{ab}\right)$$

(3)　$x=u/(1+u)$ と変換すると

$$\int_0^1 \frac{x^{p-1}}{(1-x)^p(1+ax)}\,dx = \int_0^\infty \frac{u^{p-1}}{1+(1+a)u}\,du$$

となる．さらに $(1+a)u=t$ とおけば，これは例題7.8の結果を用いて次のように計算される．

$$(1+a)^{-p}\int_0^\infty \frac{t^{p-1}}{1+t}\,dt = \frac{\pi}{\sin p\pi}(1+a)^{-p}$$

(4)　$u=(b-x)/(x-a)$ とおくと，与えられた積分は

$$\int_a^b \frac{1}{x}\left(\frac{b-x}{x-a}\right)^{p-1}\,dx = \int_0^\infty \frac{(b-a)u^{p-1}}{(b+au)(1+u)}\,du$$

となる．本節の問題[1](3)のような積分路をとると留数計算に帰着させることができ，求める結果を得る．

$$\begin{aligned}
\frac{1}{2\pi i}\oint \frac{(b-a)z^{p-1}}{(b+az)(1+z)}\,dz &= -\frac{\sin p\pi}{\pi}e^{ip\pi}\int_0^\infty \frac{(b-a)u^{p-1}}{(b+au)(1+u)}\,du \\
&= (b-a)\left\{\frac{(-1)^{p-1}}{b-a}+\frac{(-b/a)^{p-1}}{a(1-b/a)}\right\} \\
&= -e^{ip\pi}\left\{1-\left(\frac{b}{a}\right)^{p-1}\right\}
\end{aligned}$$

[3]　(1)　被積分関数を2つに分け，その一方について $x=1/t$ とおいて

$$\frac{x^{-p}}{1+x} = \frac{(1/t)^{-p}}{1+1/t} = \frac{t^{p+1}}{1+t}, \quad dx = -\frac{dt}{t^2}$$

問題解答7

と書き直すと，t の変域は ∞ から 1 までとなるので，これをまた x と記すことにすれば，与えられた積分は

$$\int_0^1 \frac{x^{p-1}+x^{-p}}{1+x}\,dx = \int_0^1 \frac{x^{p-1}}{1+x}\,dx + \int_1^\infty \frac{x^{p-1}}{1+x}\,dx$$

$$= \int_0^\infty \frac{x^{p-1}}{1+x}\,dx = \frac{\pi}{\sin p\pi}$$

(2)　等比級数の公式により，与えられた積分は

$$\int_0^1 \frac{x^{p-1}+x^{-p}}{1+x}\,dx = \int_0^1 \sum_{n=0}^\infty (-1)^n \{x^{n+p-1}+x^{n-p}\}\,dx$$

と変形できる．これを項別積分して

$$\sum_{n=0}^\infty (-1)^n \left\{\frac{1}{n+p}+\frac{1}{n-p+1}\right\}$$

となるが，第2項で $n+1$ を n とおいて整理すると

$$\frac{1}{p} - \sum_{n=1}^\infty (-1)^n \frac{2p}{n^2-p^2}$$

となる．これと(1)の結果より，展開式

$$\frac{\pi}{\sin p\pi} = \frac{1}{p} - \sum_{n=1}^\infty (-1)^n \frac{2p}{n^2-p^2}$$

の成り立つことが分かる．

[4]　(1)　$\Gamma(1) = 1$.

(2)　$\Gamma(z+1)$ の積分表示の中で部分積分を行なうと

$$\Gamma(z+1) = \int_0^\infty e^{-t} t^z\,dt = \int_0^\infty (-e^{-t})' t^z\,dt = \int_0^\infty e^{-t} z t^{z-1}\,dt = z\Gamma(z)$$

となる．この式を繰り返し用いることにより

$$\Gamma(n+1) = n\Gamma(n) = n(n-1)\Gamma(n-1) = \cdots = n!\Gamma(1) = n!$$

第8章

問題 8–1

[1]　(1)　例題8.2の場合：$\Delta = \dfrac{\partial^2}{\partial r^2}+\dfrac{1}{r}\dfrac{\partial}{\partial r}+\dfrac{1}{r^2}\dfrac{\partial^2}{\partial \theta^2}$ と表わすと，$\Delta u(r,\theta) = \dfrac{1}{\pi}(K_1-K_2)\Delta \tan^{-1}\Phi$, $\Phi = 2Rr\sin\theta/(R^2-r^2)$ であるから，$\Delta \tan^{-1}\Phi = 0$ を示せばよい．

$$\frac{\partial}{\partial r}\tan^{-1}\Phi = \frac{1}{1+\Phi^2}\frac{\partial \Phi}{\partial r}, \qquad \frac{\partial}{\partial \theta}\tan^{-1}\Phi = \frac{1}{1+\Phi^2}\frac{\partial \Phi}{\partial \theta}$$

および

$$\frac{\partial^2}{\partial r^2} \tan^{-1}\Phi = \frac{1}{1+\Phi^2} \frac{\partial^2 \Phi}{\partial r^2} - \frac{2\Phi}{(1+\Phi^2)^2} \left(\frac{\partial \Phi}{\partial r}\right)^2$$

$$\frac{\partial^2}{\partial \theta^2} \tan^{-1}\Phi = \frac{1}{1+\Phi^2} \frac{\partial^2 \Phi}{\partial \theta^2} - \frac{2\Phi}{(1+\Phi^2)^2} \left(\frac{\partial \Phi}{\partial \theta}\right)^2$$

などから

$$\Delta \tan^{-1}\Phi = \frac{2\Phi}{1+\Phi^2} \left\{ \frac{\Delta\Phi}{2\Phi} - \frac{(\nabla\Phi)^2}{1+\Phi^2} \right\}$$

となるので，この最後の式の中括弧の中が 0 になることを示そう．ただし，$(\nabla\Phi)^2$ は

$$(\nabla\Phi)^2 = \left(\frac{\partial \Phi}{\partial r}\right)^2 + \frac{1}{r^2} \left(\frac{\partial \Phi}{\partial \theta}\right)^2$$

で与えられる．Φ の具体形から

$$\frac{\partial \Phi}{\partial r} = \frac{R^2+r^2}{R^2-r^2} \frac{\Phi}{r}, \qquad \frac{\partial \Phi}{\partial \theta} = \Phi \cot \theta$$

および

$$\left(\frac{\partial^2}{\partial r^2} + \frac{1}{r} \frac{\partial}{\partial r}\right)\Phi = \frac{(R^2+r^2)^2 + 4R^2 r^2}{r^2(R^2-r^2)^2}\Phi, \qquad \frac{\partial^2 \Phi}{\partial \theta^2} = -\Phi$$

となり，これを整理すると

$$\Delta\Phi = \frac{8R^2}{(R^2-r^2)^2}\Phi, \qquad (\nabla\Phi)^2 = \frac{4R^2}{(R^2-r^2)^2}(1+\Phi^2)$$

となることが確かめられる．したがって

$$\frac{\Delta\Phi}{2\Phi} - \frac{(\nabla\Phi)^2}{1+\Phi^2} = 0$$

が得られ，$\Delta \tan^{-1}\Phi = 0$ が示された．

(2) 例題 8.3 の場合：$F = \tan^{-1}\Phi$，$\Phi = (a-x)/y$ とおいて，$\left(\dfrac{\partial^2}{\partial x^2} + \dfrac{\partial^2}{\partial y^2}\right)F = 0$ を示せば十分である．$\Delta = \dfrac{\partial^2}{\partial x^2} + \dfrac{\partial^2}{\partial y^2}$ と表わすと

$$\Delta F = \frac{2\Phi}{1+\Phi^2} \left\{ \frac{\Delta\Phi}{2\Phi} - \frac{(\nabla\Phi)^2}{1+\Phi^2} \right\}$$

となることはこんども同様である．ただし $(\nabla\Phi)^2 = \left(\dfrac{\partial \Phi}{\partial x}\right)^2 + \left(\dfrac{\partial \Phi}{\partial y}\right)^2$．ここで

$$\frac{\Delta\Phi}{2\Phi} = \frac{(\nabla\Phi)^2}{1+\Phi^2} = \frac{1}{y^2}$$

が成り立つことから，$\Delta F = 0$ となることが確かめられる．

[2] (1) $\zeta = Re^{i\theta}$, $z = re^{i\varphi}$ とおいて第 2 辺，第 3 辺がそれぞれ第 1 辺に等しいことを示せばよい．まず，$|\zeta|^2 = R^2$, $|z|^2 = r^2$, $|\zeta-z|^2 = R^2 + r^2 - Rr(e^{i(\theta-\varphi)} + e^{-i(\theta-\varphi)})$ から

$$\frac{|\zeta|^2-|z|^2}{|\zeta-z|^2}=\frac{R^2-r^2}{R^2+r^2-2Rr\cos(\theta-\varphi)}$$

が示される．次に

$$\mathrm{Re}\,\frac{\zeta+z}{\zeta-z}=\mathrm{Re}\,\frac{(\zeta+z)(\bar{\zeta}-\bar{z})}{|\zeta-z|^2}=\frac{1}{|\zeta-z|^2}\,\mathrm{Re}(|\zeta|^2-|z|^2-\zeta\bar{z}+z\bar{\zeta})$$

$$=\frac{|\zeta|^2-|z|^2}{|\zeta-z|^2}$$

であるから，第3辺＝第1辺も成り立つ．

(2) $-1\leqq\cos(\theta-\varphi)\leqq1$ より，$\cos(\theta-\varphi)=-1$ のとき分母は最大値 $(R+r)^2$ をとり，$\cos(\theta-\varphi)=1$ のとき最小値 $(R-r)^2$ となる．これから直ちに問題の不等式が得られる．

(3) これを証明するには(1)の第3辺＝第1辺を用いるのが簡単である．実数部分をとる操作は積分と可換であるから，まず

$$\frac{1}{2\pi}\int_0^{2\pi}\frac{\zeta+z}{\zeta-z}\,d\varphi=\frac{1}{2\pi i}\oint_{|z|=r<|\zeta|}\frac{\zeta+z}{\zeta-z}\frac{dz}{z}$$

を計算する．ところが，この積分は1であるから求める結果が得られる．

[3] 例題 8.1 の中でも触れたが，ポアッソンの公式は領域の内部および外部の点に対しコーシーの積分公式を適用することにより導かれる．まずこれを示そう．$z=re^{i\theta}\,(r<R)$ とすると，この点は円の内部にあることから，$r<|\zeta|=\rho<R$ となるように積分路（原点を中心とする円）をとることにより

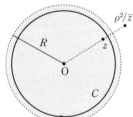

問題 8-1[3] の図

$$f(z)=\frac{1}{2\pi i}\oint_C\frac{f(\zeta)}{\zeta-z}\,d\zeta$$

と表わすことができる．

一方，この右辺で z を $\rho^2/\bar{z}$ で置き換えたものは内部に特異点を含まないことから0となる．

$$0=\frac{1}{2\pi i}\oint_C\frac{f(\zeta)}{\zeta-\rho^2/\bar{z}}\,d\zeta$$

この2式の差を計算すると

$$f(z)=\frac{|z|^2-\rho^2}{2\pi i\bar{z}}\oint_C\frac{f(\zeta)}{(\zeta-z)(\zeta-\rho^2/\bar{z})}\,d\zeta$$

が得られる．これを $z=re^{i\theta}$，$\zeta=\rho e^{i\varphi}$ とおいて書き直すと

$$f(re^{i\theta})=\frac{\rho^2-r^2}{2\pi}\int_0^{2\pi}\frac{f(\rho e^{i\varphi})}{\rho^2+r^2-2\rho r\cos(\varphi-\theta)}\,d\varphi$$

となる．ここでとくに $r=0$ とおくと，原点における $f(0)$ が

$$f(0) = \frac{1}{2\pi} \int_0^{2\pi} f(\rho e^{i\varphi}) d\varphi$$

で与えられる．

仮定にあるように $|z|<R$ で正則な関数 $f(z)$ が境界 $|z|=R$ で連続ならば，上式で $\rho \to R$ の極限をとることにより円に対するポアッソンの公式 (8.2) が

$$f(re^{i\theta}) = \frac{R^2-r^2}{2\pi} \int_0^{2\pi} \frac{f(Re^{i\varphi})}{R^2+r^2-2Rr\cos(\varphi-\theta)} d\varphi$$

が得られる．$f=u+iv$ とおいて，この式の実部(虚部)をとれば調和関数 $u(r,\theta)(v(r,\theta))$ に対するポアッソンの積分公式 (8.3) が得られる．

次に，初めの 2 式の和を計算すると

$$f(z) = \frac{1}{2\pi i} \oint_C \left(\frac{1}{\zeta-z} + \frac{1}{\zeta-\rho^2/\bar{z}} \right) f(\zeta) d\zeta$$

となるが，

$$\left(\frac{1}{\zeta-z} + \frac{1}{\zeta-\rho^2/\bar{z}} \right) d\zeta = id\varphi + \frac{2\rho r \sin(\varphi-\theta)}{\rho^2+r^2-2\rho r\cos(\varphi-\theta)} d\varphi$$

であるから

$$f(re^{i\theta}) = \frac{1}{2\pi} \int_0^{2\pi} f(\rho e^{i\varphi}) d\varphi + \frac{\rho r}{i\pi} \int_0^{2\pi} \frac{f(\rho e^{i\varphi}) \sin(\varphi-\theta)}{\rho^2+r^2-2\rho r\cos(\varphi-\theta)} d\varphi$$

が得られる．この第 1 項は $f(0)$ に他ならない．したがって，この式は

$$f(re^{i\theta}) = f(0) + \frac{\rho r}{i\pi} \int_0^{2\pi} \frac{f(\rho e^{i\varphi}) \sin(\varphi-\theta)}{\rho^2+r^2-2\rho r\cos(\varphi-\theta)} d\varphi$$

と書き直される．さらに $f(z)$ が $|z|=R$ 上で連続ならば，$\rho \to R$ の極限をとって

$$f(re^{i\theta}) = f(0) + \frac{Rr}{i\pi} \int_0^{2\pi} \frac{f(Re^{i\varphi}) \sin(\varphi-\theta)}{R^2+r^2-2Rr\cos(\varphi-\theta)} d\varphi$$

となり，この式の実部・虚部をとることにより問題の式を得る．

[4]　この場合には右図のような積分路 C をとって次の 2 つの積分を考える．

$$f(z) = \frac{1}{2\pi i} \oint_C \frac{f(\zeta)}{\zeta-z} d\zeta$$

$$0 = \frac{1}{2\pi i} \oint_C \frac{f(\zeta)}{\zeta-\bar{z}-2i\varepsilon} d\zeta$$

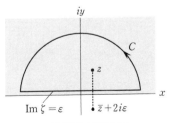

問題 8-1[4] の図

ただし，図の積分路で実軸に平行な部分は $\operatorname{Im}\zeta=\varepsilon$ を表わし，$\bar{z}+2i\varepsilon$ は，それに関する z の鏡像である．

これらの差について，$f(z)$ が上半面で有界という仮定から半円にそった積分は，その半径を無限大にとる極限で 0 となる．したがって

$$f(z)=\frac{y-\varepsilon}{\pi}\int_{-\infty}^{\infty}\frac{f(s+i\varepsilon)\,ds}{(s-z+i\varepsilon)(s-\bar{z}-i\varepsilon)}=\frac{y-\varepsilon}{\pi}\int_{-\infty}^{\infty}\frac{f(s+i\varepsilon)\,ds}{(s-x)^2+(y-\varepsilon)^2}$$

が成り立つ．$f(z)$ が実軸上連続ならば，$\varepsilon\to0$ の極限をとって

$$f(z)=\frac{y}{\pi}\int_{-\infty}^{\infty}\frac{f(s)\,ds}{(s-x)^2+y^2}$$

を得る．これは上半面に対するポアッソンの公式である．

次に，上で与えた 2 つの積分の和を考えよう．仮定から半円上の積分は無視することができ，直線 $\operatorname{Im}\zeta=\varepsilon$ 上では

$$\frac{1}{s-z+i\varepsilon}+\frac{1}{s-\bar{z}-i\varepsilon}=\frac{2(s-x)}{(s-x)^2+(y-\varepsilon)^2}$$

となるので，

$$f(z)=\frac{1}{\pi i}\int_{-\infty}^{\infty}\frac{(s-x)f(s+i\varepsilon)\,ds}{(s-x)^2+(y-\varepsilon)^2}$$

が得られる．実軸上の連続性を仮定すれば，さらに

$$f(z)=\frac{1}{\pi i}\int_{-\infty}^{\infty}\frac{(s-x)f(s)\,ds}{(s-x)^2+y^2}$$

とすることができる．この式を実部・虚部に分ければ求める関係式が得られる．

本問および前問の結果から，互いに共役な調和関数はその一方を与えれば（ほとんど一意的に）もう一方の関数も決まることがわかる．いいかえれば，正則関数の実部・虚部はそれぞれを独立に指定することはできない．

[5]　(1)　ポアッソンの積分公式(8.3)を用いる．ポアッソン核の性質(問題[2](3))から $u_0(r,\theta)=(K_1+K_2)/2$ は直ちに分かる．$n\geqq1$ については

$$u_n(r,\theta)=\frac{(R^2-r^2)(K_1-K_2)}{(2n-1)\pi^2}\int_0^{2\pi}\frac{\sin(2n-1)\varphi}{R^2+r^2-2Rr\cos(\varphi-\theta)}\,d\varphi$$

を計算する．$z=e^{i(\varphi-\theta)}$ とおいて書き直すと

$$\frac{(R^2-r^2)(K_1-K_2)}{2Rr(2n-1)\pi^2}\oint_{|z|=1}\frac{z^{2n-1}e^{i(2n-1)\theta}-z^{-(2n-1)}e^{-i(2n-1)\theta}}{(z-r/R)(z-R/r)}\,dz$$

となる．留数定理を用いると（$z^{-(2n-1)}$ を含む項は無限遠点を負の向きにまわると考えて計算すればよい）

$$\frac{(K_1-K_2)}{(2n-1)i\pi}\left\{\left(\frac{re^{i\theta}}{R}\right)^{2n-1}-\left(\frac{Re^{i\theta}}{r}\right)^{-(2n-1)}\right\}$$

となり，これを整理して

$$u_n(r,\theta)=\frac{2(K_1-K_2)}{(2n-1)\pi}\left(\frac{r}{R}\right)^{2n-1}\sin(2n-1)\theta$$

が得られる．

(2) $\sum_{n=0}^{\infty}u_n(r,\theta)$ を求めるためには，問題 7-3[5]で調べた $\tanh^{-1}z$ のテイラー展開の公式

$$\sum_{n=0}^{\infty}\frac{z^{2n+1}}{2n+1}=\tanh^{-1}z\qquad(|z|<1)$$

を用いればよい．ただし，$\tanh^{-1}z$ は主値をとる．この式で $z=re^{\pm i\theta}/R$ とおいたものの差を作ることにより

$$\sum_{n=1}^{\infty}\frac{\sin(2n-1)\theta}{2n-1}\left(\frac{r}{R}\right)^{2n-1}=\frac{1}{2i}\left\{\tanh^{-1}\left(\frac{re^{i\theta}}{R}\right)-\tanh^{-1}\left(\frac{re^{-i\theta}}{R}\right)\right\}$$

を得る．$\tanh^{-1}z$ の対数関数による表示を用いて整理すると，これは

$$\sum_{n=1}^{\infty}\frac{1}{2n-1}\left(\frac{r}{R}\right)^{2n-1}\sin(2n-1)\theta=\frac{1}{2}\tan^{-1}\left(\frac{2Rr\sin\theta}{R^2-r^2}\right)$$

とまとめられる．したがって

$$\sum_{n=0}^{\infty}u_n(r,\theta)=\frac{1}{2}(K_1+K_2)+\frac{1}{\pi}(K_1-K_2)\tan^{-1}\left(\frac{2Rr\sin\theta}{R^2-r^2}\right)$$

となる．

ところで，この結果は例題8.2のものと一致している．これは何を意味するのであろうか？　この問題でわれわれが調べた問題は，境界上の連続な関数の列について，その各々につき1つの境界値問題を解き，それらを合成することによって調和関数の和で表わされる調和関数を構成することであった．実は，この対応は境界条件の方にも成立していて，各 $\Phi_n(\theta)$ はそれぞれ連続な関数であるが，それらをすべて加えたものは，$\theta=0,\pi$ に不連続点をもつ例題8.2の境界条件を与えているのである．このことから，境界上に関数の不連続点が存在している場合でも（この場合は例題8.1や本節の問題[3]，[4]のような議論は成立しないので，そのままではポアッソンの公式が適用できない），その跳躍が有限で境界条件がフーリエ展開可能ならば，境界条件をフーリエ展開しその各フーリエ成分ごとに境界値問題を解き，そこで得られた解を重ね合わせることで，もとの境界条件をみたしかつ領域の内部で調和な関数を構成できることがわかる．したがって例題8.2, 8.3で考えた境界値問題は，ポアッソンの公式をフーリエ成分ごとに適

用した結果とみなす方が適切である（各フーリエ成分に対してはポアッソンの公式が適用できる）．これらの例で，境界上の不連続点での値が両側の平均となった事情も，実は境界条件に対するフーリエ展開の性質が反映されたものであることに留意したい．

問題 8-2

[1] 次の行列の積を計算すると

$$\begin{pmatrix} \dfrac{\partial u}{\partial x} & \dfrac{\partial u}{\partial y} \\[2mm] \dfrac{\partial v}{\partial x} & \dfrac{\partial v}{\partial y} \end{pmatrix} \begin{pmatrix} \dfrac{\partial x}{\partial u} & \dfrac{\partial x}{\partial v} \\[2mm] \dfrac{\partial y}{\partial u} & \dfrac{\partial y}{\partial v} \end{pmatrix} = \begin{pmatrix} \dfrac{\partial u}{\partial x}\dfrac{\partial x}{\partial u}+\dfrac{\partial u}{\partial y}\dfrac{\partial y}{\partial u} & \dfrac{\partial u}{\partial x}\dfrac{\partial x}{\partial v}+\dfrac{\partial u}{\partial y}\dfrac{\partial y}{\partial v} \\[2mm] \dfrac{\partial v}{\partial x}\dfrac{\partial x}{\partial u}+\dfrac{\partial v}{\partial y}\dfrac{\partial y}{\partial u} & \dfrac{\partial v}{\partial x}\dfrac{\partial x}{\partial v}+\dfrac{\partial v}{\partial y}\dfrac{\partial y}{\partial v} \end{pmatrix}$$

となる．合成関数の微分の規則と，u, v が独立変数であることから，上式の右辺は単位行列となりその行列式は 1 に等しい．ところで，行列の積の行列式は，各行列の行列式の積に等しいので，問題の関係が成立する．

[2] ひとまず v を有限にとどめておいて u の積分を留意定理を用いて行なうと

$$\int_{-\infty}^{\infty} \frac{4}{\{u^2+(1+v)^2\}^2}\,du = \frac{2\pi}{(1+v)^3}$$

となる．続いて v について $0 \sim \infty$ の積分を実行して，求める積分の値は π となることがわかる．

この積分を求めるにあたって，例題 8.5 の変換によって変数を (u, v) から (x, y) へ移して考える．例題 8.5 で示したように，この変換では w 平面の上半面は z 平面の単位円の内部に移る．また変換のヤコビ行列式は，$\partial(u, v)/\partial(x, y) = \{u^2+(1+v)^2\}/4$ より，

$$\frac{4}{u^2+(1+v)^2}\,dudv = \frac{4}{u^2+(1+v)^2}\,\frac{\partial(u, v)}{\partial(x, y)}\,dxdy = dxdy$$

となり，与えられた積分は xy 平面上の原点を中心とする単位円の面積を求める積分に帰着すること，したがってその値は π に等しいことが確かめられた．

[3] (1) $e^{i\theta_0}$ の因子は w の位相因子に吸収できるので，とりあえず θ_0 の効果を無視して考える．まず z が実軸上を動くとき，変換式の右辺の分母・分子は互いに他の共役複素数であるから，w の絶対値は 1 に等しい．すなわち，z 平面の実軸は w 平面の単位円に写像される．このとき $z = \infty$ は $w = 1$ に変換される．

また $z = z_0$ は $w = 0$ に移るから，z 平面の上半面は w 平面の単位円の内部に移ることが分かる．$z_0 = x_0 + iy_0$，$\theta_0 = 0$ とした場合に，$w = u + iv$ と $z = x + iy$ の関係を具体的に解くと

$$u = \frac{(x-x_0)^2+y^2-y_0^2}{(x-x_0)^2+(y+y_0)^2}, \qquad v = -\frac{2y_0(x-x_0)}{(x-x_0)^2+(y+y_0)^2}$$

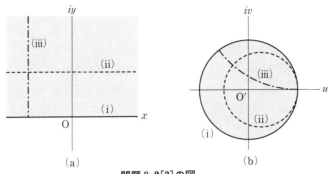

（a）　　　　　　　　　　　　　　　（b）

問題 8-2[3] の図

となる．2, 3 の特別な図形についてその対応を図に示す.

　(2)　θ_0 の効果は，(1) の対応をつけた後，w 平面上で角度 θ_0 だけ回転させることにある．例えば，z 平面の実軸の特定の点を w 平面の単位円の特定の点に対応させるのに θ_0 を用いることができる.

　(3)　ふたたび $\theta_0=0$ とおいて考える．このとき $w=-1$ へ移される z 平面上の点は $z=x_0$ であるから，変換式で $x_0=a$ ととることにより境界条件の不連続点を $w=-1$ に対応させることができる．また $y_0>0$ となるように選べば，x が正(負)の無限大に近づくとき，v は負(正)の側から 0 に近づく．したがって，w 平面の単位円の周上で $\mathrm{Im}\, w>0$ ならば $\varPhi(u,v)=K_1$，$\mathrm{Im}\, w<0$ ならば $\varPhi(u,v)=K_2$ となるような調和関数 $\varPhi(u,v)$ を求める問題に変換される.

　[4]　前問の変換を利用して例題 8.3 の境界条件を与えられた条件に変換する．その際，無限遠点は $w=1$ に移せばよいから，$\theta_0=0$ としてよい．新しい条件に合わせるためには，例題の定数 K_1, K_2, K_3 を C_3, C_2, C_1 にそれぞれ読み替えて，$z=a \rightarrow w=e^{4\pi i/3}$，$z=b \rightarrow w=e^{2\pi i/3}$ となるように z_0 を選ぶ.

$$\frac{a-z_0}{a-\bar{z}_0}=e^{4\pi i/3}, \qquad \frac{b-z_0}{b-\bar{z}_0}=e^{2\pi i/3}$$

を z_0 について解くと

$$z_0=\frac{a+b}{2}+i\frac{\sqrt{3}}{2}(a-b)$$

となる．したがって

$$w=\frac{z-(a+b)/2-i\sqrt{3}\,(a-b)/2}{z-(a+b)/2+i\sqrt{3}\,(a-b)/2}$$

ととれば，例題 8.3 はいまの問題に変換される．これを逆に解いて

$$x = -\frac{2qv}{(1-u)^2+v^2}+p, \qquad y = \frac{1-u^2-v^2}{(1-u)^2+v^2}q \qquad \left(p=\frac{a+b}{2}, \quad q=\frac{\sqrt{3}}{2}(a-b)\right)$$

となるから，この結果を例題 8.3 の解に代入すれば，求める調和関数が得られる．

[5] 変換 $w=z^2$ によって，与えられた境界値問題は，実軸上で次の境界条件

$$\Phi(u,0) = C_1 \quad (u>0), \qquad \Phi(u,0) = C_2 \quad (u<0)$$

をみたし，上半面で調和な関数 $\Phi(u,v)$ を求める w 平面の境界値問題に変換される．これはすでに解いてある問題(例題 8.5 の (iii))で，その解は

$$\Phi(u,v) = \frac{1}{2}(C_1+C_2)+\frac{1}{\pi}(C_1-C_2)\tan^{-1}\left(\frac{u}{v}\right)$$

で与えられる．これに $u=x^2-y^2$, $v=2xy$ を代入すれば

$$\phi(x,y) = \frac{1}{2}(C_1+C_2)+\frac{1}{\pi}(C_1-C_2)\tan^{-1}\left(\frac{x^2-y^2}{2xy}\right)$$

となり，これがはじめの境界値問題の解である．

問題 8–3

[1] (1) 実軸の正の部分と $\arg z=\pi/n$ とに挟まれた領域（下図(a)）．

(2) $y=0$ のとき x を $-\infty\sim+\infty$ で動かすと，$w=e^{iaz}$ は w 平面上の単位円周上を正の向きにまわる．$y=\pi/a$ のときは半径 $e^{-\pi}<1$ の円周上をまわる．この 2 つの円に囲まれた領域が求める領域（下図(b)）．

(3) $x=0$ で y を $+\infty\to0$ と変化させると，$w=i\sinh(\pi y/2a)$ にしたがって w 平面上の虚軸にそった軌跡が得られる．つぎに $y=0$ として x を $0\to a$ と変化させると，$w=\sin(\pi x/2a)$ は w 平面上を実軸にそって 0 から 1 まで進む．さらに $x=a$ として y を $0\to+\infty$ と変化させれば，$w=\cosh(\pi y/2a)$ は実軸にそって 1 から ∞ へと進む（下図(c)）．

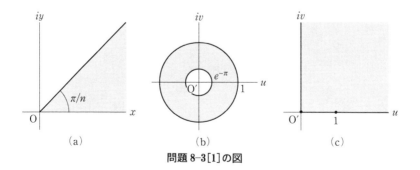

問題 8–3[1]の図

[2] 与えられた写像による上半面の逆像を求めればよい. そのためには与えられた関数の逆関数による写像を考える. 逆関数は $z=(\log w)/\pi$ であるから, 対数の主値をとれば, w を上半面で動かすとき z は $0\leq\mathrm{Im}\,z\leq 1$ の範囲($\mathrm{Re}\,z$ は任意)を動く. 一般の分枝については, これを $2n$ だけ虚軸方向にずらしたものが w の上半面に対応する. よって z 平面の $2n<\mathrm{Im}\,z<2n+1$, $n=0,\pm 1,\cdots$ が w 平面の上半面に写像される.

[3] $w=u+iv$, $z=x+iy$ とおくと, ジューコウスキー変換によって次の関係

$$u=\frac{x^2+y^2+a^2}{x^2+y^2}x, \qquad v=\frac{x^2+y^2-a^2}{x^2+y^2}y$$

が成り立つ.

(1) z 平面の原点を中心とする半径 c の円周上では $x^2+y^2=c^2$ が成り立つ. よって上の変換は

$$x=\frac{c^2}{c^2+a^2}u, \qquad y=\frac{c^2}{c^2-a^2}v$$

となるから, これを $x^2+y^2=c^2$ に代入すると

$$\frac{u^2}{(c+a^2/c)^2}+\frac{v^2}{(c-a^2/c)^2}=1$$

が得られる. これは離心率が $2ac/(c^2+a^2)$ で実軸上の 2 点 $\pm 2a$ を 2 つの焦点とする w 平面上の楕円を表わす.

(2) z 平面の半直線 $z=re^{i\theta_0}$ 上では, $x=r\cos\theta_0$, $y=r\sin\theta_0$ より, 次の関係

$$\frac{u}{a\cos\theta_0}=\frac{r}{a}+\frac{a}{r}, \qquad \frac{v}{a\sin\theta_0}=\frac{r}{a}-\frac{a}{r}$$

が成り立つ. これから

$$\frac{u^2}{4a^2\cos^2\theta_0}-\frac{v^2}{4a^2\sin^2\theta_0}=1$$

が得られる. これは離心率が $1/\cos\theta_0$ で実軸上の 2 点 $\pm 2a$ を 2 つの焦点とする w 平面の双曲線を表わす.

(3) (1)において円の半径 c を ∞ から a まで変化させるとき, w 平面の楕円の離心率は 0 から 1 まで変化する. よって c の減少につれて, w 平面の楕円は半径が無限大の円($c=\infty$ のとき)から楕円に変化し, 最後に実軸上の 2 点 $\pm 2a$ を結ぶ線分($c=a$ のとき)となる.

[4] $w=u+iv$, $z=x+iy$ とおく.

変換 T_1 の場合: $w=z+\delta/\gamma$ において $\delta/\gamma=c+id$ とおけば, $u=x+c$, $v=y+d$ より, z 平面上の与えられた長方形は w 平面上の $c<u<a+c$, $d<v<b+d$ をみたす長方形に

写される.

　変換 T_2 の場合：　$w = \gamma z$ において $\gamma = r_0 e^{i\theta_0}$ とおけば，$u = r_0(x\cos\theta_0 - y\sin\theta_0)$，$v = r_0(x\sin\theta_0 + y\cos\theta_0)$ より，z 平面上の与えられた長方形は，w 平面上の同じ長方形を $w = 0$ を中心に正の方向に角度 θ_0 だけ回転し，さらにそれを r_0 倍してできた長方形に写される.

　変換 T_3 の場合：　$w = 1/z$ より $x = u/(u^2 + v^2)$，$y = -v/(u^2 + v^2)$ となるから，z 平面上の与えられた領域は次の不等式 $0 < u$，$(u - 1/2a)^2 + v^2 > 1/4a^2$ および不等式 $v < 0$，$u^2 + (v + 1/2a)^2 > 1/4b^2$ をみたす領域に写される.

　T_4 による変換は，変換 T_1 と T_2 を組み合わせたもので与えられる.

索引

表　実

1943 年福井県に生まれる．慶應義塾大学名誉教授．
1971 年東京教育大学大学院理学研究科博士課程修了．
筑波大学物理学系講師，慶應義塾大学教授を経て，
2009 年 3 月慶應義塾大学定年退職，2009 年 4 月〜
2011 年 3 月東北公益文科大学副学長．理学博士．専
攻は素粒子理論，一般相対性理論．
主な著書：『複素関数』，『キーポイント 複素関数』，
『時間の謎をさぐる』(以上，岩波書店)．

迫田誠治

1963 年鹿児島県に生まれる．1995 年九州大学大学院
理学研究科博士課程修了．慶應義塾大学日吉物理教室
助手を経て，現在防衛大学校応用物理学科講師．博士
(理学)．専攻は素粒子理論．

理工系の数学入門コース／演習 新装版
複素関数演習

1998 年 9 月 4 日　初版第 1 刷発行
2009 年 3 月 5 日　初版第 3 刷発行
2020 年 4 月 15 日　新装版第 1 刷発行
2023 年 4 月 5 日　新装版第 3 刷発行

著　者　表　　実・迫田誠治
　　　　おもて　みのる　さこだせいじ

発行者　坂本政謙

発行所　株式会社 岩波書店
　　　　〒101-8002 東京都千代田区一ツ橋 2-5-5
　　　　電話案内 03-5210-4000
　　　　https://www.iwanami.co.jp/

印刷・理想社　表紙・精興社　製本・牧製本

戸田盛和・広田良吾・和達三樹 編

理工系の数学入門コース

A5 判並製　　　　　　　　　　　[新装版]

学生・教員から長年支持されてきた教科書シリーズの新装版．理工系のどの分野に進む人にとっても必要な数学の基礎をていねいに解説．詳しい解答のついた例題・問題に取り組むことで，計算力・応用力が身につく．

戸田盛和・和達三樹 編

理工系の数学入門コース／演習[新装版]

A5 判並製

──────── 岩波書店刊 ────────
定価は消費税 10％込です
2023 年 4 月現在

戸田盛和・中嶋貞雄 編
物理入門コース ［新装版］
A5 判並製

理工系の学生が物理の基礎を学ぶための理想
的なシリーズ．第一線の物理学者が本質を徹
底的にかみくだいて説明．詳しい解答つきの
例題・問題によって，理解が深まり，計算力
が身につく．長年支持されてきた内容はその
まま，薄く，軽く，持ち歩きやすい造本に．

力　学	戸田盛和	258 頁	2640 円
解析力学	小出昭一郎	192 頁	2530 円
電磁気学 I　電場と磁場	長岡洋介	230 頁	2640 円
電磁気学 II　変動する電磁場	長岡洋介	148 頁	1980 円
量子力学 I　原子と量子	中嶋貞雄	228 頁	2970 円
量子力学 II　基本法則と応用	中嶋貞雄	240 頁	2970 円
熱・統計力学	戸田盛和	234 頁	2750 円
弾性体と流体	恒藤敏彦	264 頁	3300 円
相対性理論	中野董夫	234 頁	3190 円
物理のための数学	和達三樹	288 頁	2860 円

戸田盛和・中嶋貞雄 編
物理入門コース／演習 ［新装版］
A5 判並製

例解　力学演習	戸田盛和 渡辺慎介	202 頁	3080 円
例解　電磁気学演習	長岡洋介 丹慶勝市	236 頁	3080 円
例解　量子力学演習	中嶋貞雄 吉岡大二郎	222 頁	3520 円
例解　熱・統計力学演習	戸田盛和 市村純	222 頁	3520 円
例解　物理数学演習	和達三樹	196 頁	3520 円

──────── 岩波書店刊 ────────
定価は消費税 10% 込です
2023 年 4 月現在

新装版 **数学読本**（全6巻）

松坂和夫著 菊判並製

中学・高校の全範囲をあつかいながら，大学数学の入り口まで独習できるように構成．深く豊かな内容を一貫した流れで解説する．

1 自然数・整数・有理数や無理数・実数などの諸性質，式の計算，方程式の解き方などを解説．　226頁　定価2310円

2 簡単な関数から始め，座標を用いた基本的図形を調べたあと，指数関数・対数関数・三角関数に入る．　238頁　定価2640円

3 ベクトル，複素数を学んでから，空間図形の性質，2次式で表される図形へと進み，数列に入る．　236頁　定価2640円

4 数列，級数の諸性質など中等数学の足がためをしたのち，順列と組合せ，確率の初歩，微分法へと進む．　280頁　定価2970円

5 前巻にひきつづき微積分法の計算と理論の初歩を解説するが，学校の教科書には見られない豊富な内容をあつかう．　292頁　定価2970円

6 行列と1次変換など，線形代数の初歩をあつかい，さらに数論の初歩，集合・論理などの現代数学の基礎概念へ．　228頁　定価2530円

―――――――――― 岩波書店刊 ――――――――――

定価は消費税10%込です
2023年4月現在

松坂和夫 数学入門シリーズ（全6巻）

松坂和夫著　菊判並製

高校数学を学んでいれば，このシリーズで大学数学の基礎が体系的に自習できる．わかりやすい解説で定評あるロングセラーの新装版．

━━━━ 岩波書店刊 ━━━━
定価は消費税 10%込です
2023 年 4 月現在

解析入門（原書第3版） S. ラング，松坂和夫・片山孝次 訳	A5判・544頁	定価 5170 円
続 解析入門（原書第2版） S. ラング，松坂和夫・片山孝次 訳	A5判・466頁	定価 5720 円
確率・統計入門 小針晛宏	A5判・312頁	定価 3520 円
トポロジー入門 松本幸夫	A5判・316頁 オンデマンド版	定価 8800 円
定本 解析概論 高木貞治	B5判変型・540頁	定価 3520 円

──── 岩 波 書 店 刊 ────
定価は消費税 10％込です
2023 年 4 月現在